图 C-01　高层剪力墙结构装配式建筑——上海浦江保障房

图 C-02　建筑面积 10 万 m^2 的框架结构装配式建筑施工工地

图 C-03 构件从车上直接吊装

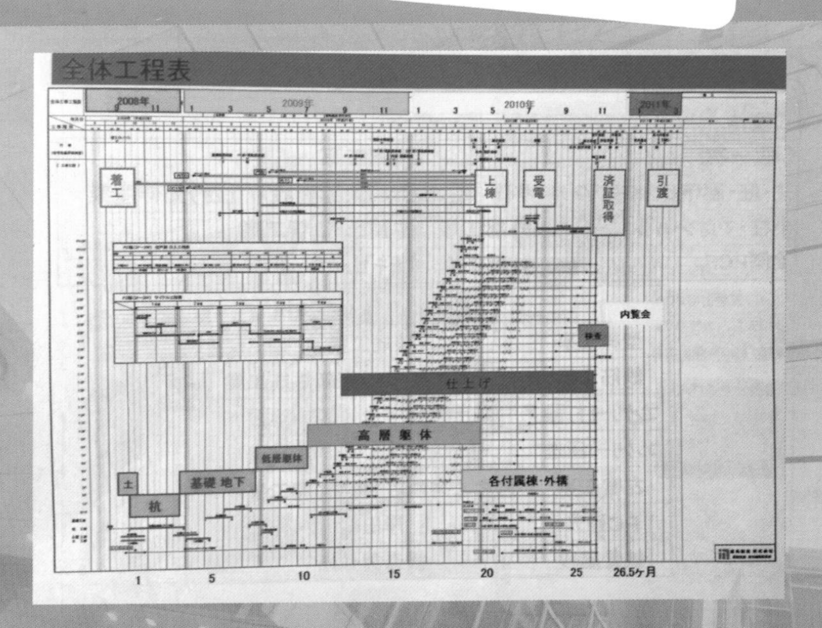

图 C-04 日本装配式工程施工计划表

图 C-05 剪力墙结构套筒灌浆作业

图 C-06 筒体结构外筒构件“零后浇混凝土连接”的高层装配式建筑——日本鹿岛办公楼

图 C-07 剪力墙临时支撑

图 C-08 叠合板楼板浇筑

图 C-09 PC构件图示一览表

类别	PC构件名称与图示
1 楼板	 LB1 实心板  LB2 空心板  LB3 叠合板  LB4 预应力空心板  LB5 预应力叠合肋板（出筋和不出筋） LB6 预应力双T板  LB7 预应力倒槽形板  LB8 空间薄壁板 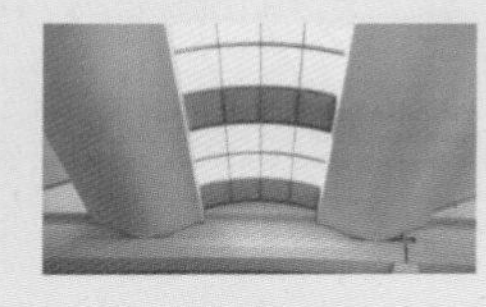 LB9 非线性屋面板 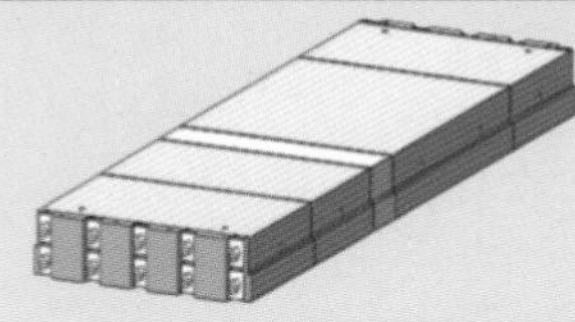 LB10 后张法预应力组合板
2 剪力墙板	 J1 剪力墙外墙板 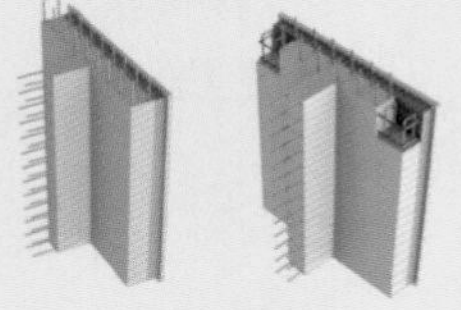 J2 T形剪力墙板 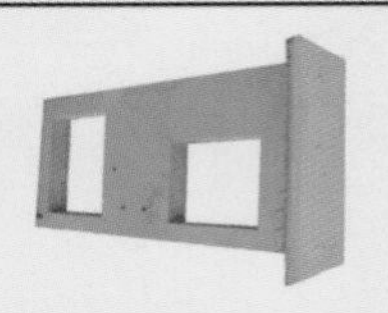 J3 L形剪力墙板 J4 U形剪力墙板 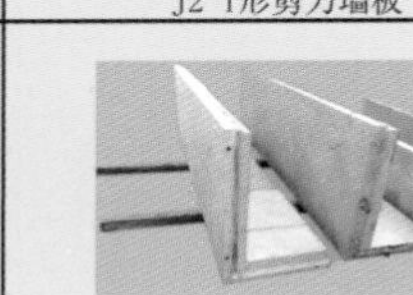 J5 L形外叶板  J6 双面叠合剪力墙板  J7 预制圆孔墙板 J8 剪力墙内墙板  J9 窗下轻体墙板   J10 各剪力墙板夹芯保温板或夹芯保温装饰一体化板
3 外挂墙板	  W1 整间外挂墙板（无窗、有窗、多窗）  W2 横向外挂墙板   W3 竖向外挂墙板（单层、跨层） W4 非线性墙板 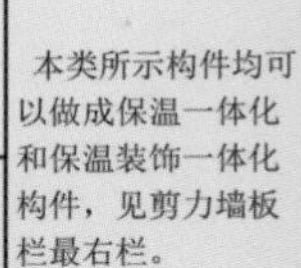 W5 镂空墙板 本类所示构件均可以做成保温一体化和保温装饰一体化构件，见剪力墙板栏最右栏。
4 框架墙板	  K1 暗柱暗梁墙板 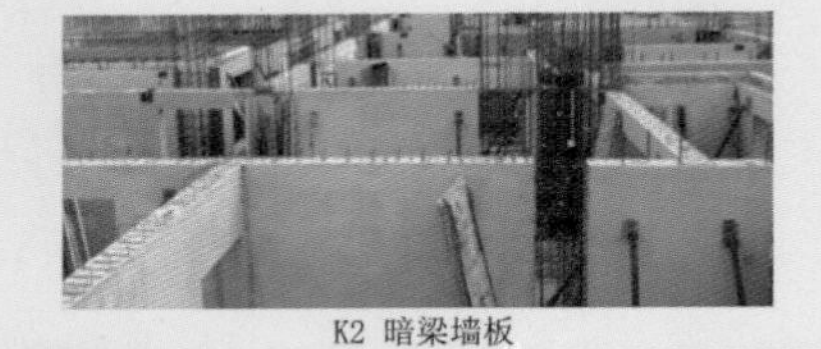 K2 暗梁墙板 本类所示构件均可以做成保温一体化和保温装饰一体化构件，见剪力墙板栏最右栏

图 C-09 PC构件图示一览表 （续）
类别
PC构件名称与图示
5
梁
L1 梁
L2 T形梁
L3 凸形梁
L4 带挑耳梁
L5 叠合梁
L6 带翼缘梁
L7 连梁
L8 U形梁
L9 叠合莲藕梁
L10 工字形屋面梁
L11 连筋式叠合梁
本类所示构件均
以做成保温一体化
和保温装饰一体化
构件，见剪力墙板
栏最右栏。
6
柱
Z1 方柱
Z2 L形扁柱
Z3 T形扁柱
Z4 带翼缘柱
本类所示构件均
以做成保温一体化
和保温装饰一体化
构件，见剪力墙板
栏最右栏。
Z5 带柱帽柱
Z6 带柱头柱
Z7 跨层圆柱
Z8 跨层方柱
Z9 圆柱
7
复合构件
F1 莲藕梁
F2 双莲藕梁
F3 十字形莲藕梁
F4 十字形梁+柱
F5 T形柱梁
F6 草字头形梁柱一体构件
8
其他构件
Q1 楼梯板（单跑、双跑）
Q2 叠合阳台板
Q3 无梁板柱帽
Q4 杯形柱基础
Q5 全预制阳台板
Q6 空调板
Q7 带围栏阳台板
Q8 整体飘窗
Q9 遮阳板
Q10 室内曲面护栏板
Q11 轻质内隔墙板
Q12 挑檐板
Q13 女儿墙板

装配式混凝土结构建筑实践与管理丛书

装配式混凝土建筑——施工安装200问

Precast Concrete Buildings——200 Q&As for Construction and Erection

丛书主编　郭学明
本书主编　杜常岭
副 主 编　王书奎　李　营
参　　编　吴红兵　王松洲　张玉波

本书由装配式混凝土建筑施工经验丰富的作者团队编著，其中两位作者在日本受过装配式建筑专项培训。书中内容涵盖了装配式混凝土建筑施工200个问题的解答，包括装配式建筑施工基本知识、技术要点、作业方法、质量管理、安全管理和成本控制等，对国家标准和行业标准关于装配式建筑施工的要求进行了细化。书中收录了近300幅实例照片和图例，可以让读者更加直观地了解装配式混凝土施工过程与要点。

本书是装配式施工企业管理与技术人员案头必备的工具书，也是工程管理部门、建设单位、监理企业相关人员的参考书，对于相应专业的高校师生也有很好的借鉴、参考和学习价值。

图书在版编目（CIP）数据

装配式混凝土建筑：施工安装200问/杜常岭主编．—北京：机械工业出版社，2018.1（2019.1重印）

（装配式混凝土结构建筑实践与管理丛书）

ISBN 978-7-111-58442-1

Ⅰ.①装…　Ⅱ.①杜…　Ⅲ.①装配式混凝土结构－建筑工程－工程施工－问题解答　Ⅳ.①TU37-44

中国版本图书馆CIP数据核字（2017）第276665号

机械工业出版社（北京市百万庄大街22号　邮政编码100037）

策划编辑：薛俊高　责任编辑：薛俊高

封面设计：马精明　责任校对：刘时光

责任印制：常天培

唐山三艺印务有限公司印刷

2019年1月第1版第2次印刷

184mm×260mm·17印张·3插页·381千字

标准书号：ISBN 978-7-111-58442-1

定价：55.00元

序

我国将用10年左右的时间使装配式建筑占新建建筑的比例达到30%，这将是世界装配式建筑发展史上前所未有的大事，它将呈现出前所未有的速度、前所未有的规模、前所未有的跨度和前所未有的难度。我国建筑行业面临着巨大的转型升级压力。由此，建筑行业管理、设计、制作、施工、监理各环节的管理与技术人员，亟须掌握装配式建筑的基本知识。同时，也需要持续培养大量的相关人才助力装配式建筑行业的发展。

“装配式混凝土结构建筑实践与管理丛书”共分5册，广泛、具体、深入、细致地阐述了装配式混凝土建筑从设计、制作、施工、监理到政府和甲方管理内容，利用大量的照片、图例和鲜活的工程案例，结合实际经验与教训（包括日本、美国、欧洲和澳洲的经验），逐条解读了装配式混凝土建筑国家标准和行业标准。本丛书可作为装配式建筑管理、设计、制作、施工和监理人员的入门读物和工具用书。

我在从事装配式建筑技术引进和运作过程中，强烈意识到装配式建筑管理与技术同样重要，甚至更加重要。所以，本丛书专有一册谈政府、甲方和监理如何管理装配式建筑。因此，在这里我要特别向政府管理者、房地产商管理与技术人员和监理人员推荐此书。

本丛书每册均以解答200个具体问题的方式编写，方便读者直奔自己最感兴趣的问题，同时也便于适应互联网时代下读者碎片化阅读的特点。但我们在设置章和问题时，特别注意知识的系统性和逻辑关系，因此，在看似碎片化的信息下，每本书均有清晰完整的知识架构体系。

我认为，装配式建筑并没有多少高深的理论，它的实践性、经验性非常重要。基于我对经验的特别看重，在组织本丛书的作者团队时，把有没有实际经验作为第一要素。感谢出版社对我的理解与支持，让我组织起了一个未必是大牌、未必有名气、未必会写书但确实有经验的作者队伍。

《政府、甲方、监理管理200问》一书的主编赵树屹和副主编张岩是我国第一个被评为装配式建筑示范城市沈阳市政府现代建筑产业主管部门的一线管理人员；副主编胡旭是我国第一个推动装配式建筑发展的房地产企业一线经理，该册参编作者还有万科分公司技术高管、监理企业总监和构件制作企业高管。

《结构设计与拆分设计200问》一书的主编李青山是结构设计出身，从事装配式结构技术引进、研发、设计有7年之久，目前是三一重工装配式建筑高级研究员；副主编黄营从事结构设计15年之久，专门从事装配式结构设计5年，拆分设计过的装配式项目达上百万平方米。另外两位作者也是经验非常丰富的装配式结构研发、设计人员。

《构件工艺设计与制作200问》一书的主编李营在水泥预制构件企业从业15年，担任过质量主管和厂长，并专门去日本接受过装配式建筑培训，学习归来后担任装配式制作企业预制构件厂厂长、公司副总等。副主编叶汉河是上海城业管桩构件有限公司董事长，其公司多年向日本出口预制构件，也向上海万科等企业提供预制构件。本书其他参编者分别是预制构件企业的总经理、厂长和技术人员。

《施工安装200问》一书的主编杜常岭担任装配式建筑企业高管多年，曾去日本、欧洲、东南亚考察学习装配式技术，现为装配式混凝土专业施工企业辽宁精润公司的董事长。副主编王书奎现在是承担沈阳万科装配式建筑施工的赤峰宏基的总经理，另一位副主编李营是《构件工艺设计与制作200问》的主编，具体指挥过装配式建筑的施工。该书其他作者也有去日本专门接受施工培训、回国后担任装配式项目施工企业的高管及装配式工程的项目经理。

《建筑设计与集成设计200问》一书的主编，我一直想请一位有经验的建筑师担纲。遗憾的是，建筑设计界大都把装配式建筑看成结构设计的分支，仅仅是拆分而已，介入很少，我没有找到合适的建筑师主编。于是，我把主编的重任压给了张晓娜女士。张女士是结构设计出身，近年来从事装配式建筑的研发与设计，做了很多工作，涉足领域较广，包括建筑设计。好在该书较多地介绍了国外特别是日本装配式建筑设计的做法，这方面我们收集的资料比较多，是长项。该书的其他作者也都是有实践经验的设计人员，包括 BIM 设计人员。

沈阳兆寰现代建筑构件有限公司董事长张玉波在本丛书的编著过程中作为丛书主编助理负责写作事务总管和各册书的校订发稿，付出了大量的心血和精力。

在编写这套丛书的过程中，总共 20 多位作者建立了一个微信群，有疑难问题在群里讨论，各分册的作者也互相请教。所以，虽然每个分册署名的作者只有几位，但做出贡献的作者要多得多，可以说，每个分册都是整个丛书创作团队集体智慧的结晶。

我们非常希望献给读者知识性强、信息量大、具体详细、可操作性强并有思想性的作品，作为丛书主编，这是我最大的关注点与控制点。近十年来我在考察很多国外装配式建筑中所获得的资料、拍摄的照片和一些思索也融入了这套书中，以与读者分享。但限于我们的经验和水平有限，离我们的目标还有差距，也会存在差错和不足，在此恳请并感谢读者给予批评指正。

丛书主编　郭学明

前言
FOREWORD

2016年2月，《中共中央国务院关于进一步加强城市规划建设管理工作的若干意见》中提出："力争用10年左右时间，使装配式建筑占新建建筑的比例达到30%"。由此，我国每年将建造几亿平方米的装配式建筑，这将是人类建筑史上，特别是装配式建筑领域史无前例的大事件，它将呈现出前所未有的速度、前所未有的规模、前所未有的跨度和前所未有的难度，我国建筑行业面临着巨大的转型升级压力。

国外装配式建筑是通过大量的理论研究、技术研发、工程实践和管理经验的逐步积累才发展起来的，大多都是经历了几十年的时间，才达到30%以上比例。我国要用10年时间使装配式建筑达到这个比例，这对我国装配式建筑行业的从业人员提出了巨大的挑战。希望本书能为相关技术人员、管理人员以及想进入本行业的人员带来更多的帮助。

本书以《装配式混凝土结构建筑的设计、制作与施工》（郭学明　主编）为基础，以相关国家规范及行业规范为依据，结合各位作者非常丰富的实际施工经验，对PC工程施工部分的内容进行了更为详尽地论述。书中扩展了PC工程建筑部品安装与PC工程设备与管线安装等相关内容；补充了PC施工企业的基本条件和PC工程施工成品保护的内容；细化了PC构件的安装与连接施工工艺、工序；深化了PC构件吊具的设计。书中对装配式混凝土建筑施工200个问题的详细解答，包括了装配式建筑施工的基本知识、技术要点、作业方法、质量管理、安全管理和成本控制等。

我与丛书主编郭学明先生并不相识，他坚持从有实际经验的施工管理者中选择本书主编，我由于多年来一直从事装配式建筑构件生产和现场施工管理及技术工作，目前专门从事装配式建筑施工管理，而被委以重任。副主编李营多年从事水泥基预制构件的技术与管理工作，专门去日本鹿岛集团和一些PC构件厂接受系统培训，多次去欧洲考察，近些年一直担任PC企业的技术副总；副主编王书奎是赤峰宏基建筑（集团）沈阳欣荣基建筑工程有限公司总经理，从2008年开始从事装配式建筑施工，曾经多次到国内外参观考察，对PC工程施工有非常丰富的经验；参编者张玉波多年从事企业管理工作，现为沈阳兆寰现代建筑构件有限公司董事长；参编者吴红兵是龙信建设集团有限公司第五分公司副总经理，专门去日本接受过装配式建筑施工培训，从事工程施工管理多年，PC工程的项目管理和施工经验都非常丰富；参编者王松洲是赤峰宏基建筑（集团）沈阳欣荣基建筑工程有限公司项目经理，多年从事PC工程施工，有丰富的施工经验。

本书共分16章。

第1章和第2章是基础知识，讲述了装配式建筑的基本概念，装配式建筑与传统现浇建筑在施工上的不同，日本怎样进行PC工程施工，PC施工企业应该具有哪些条件、需要哪些人员，包括岗位标准及操作规程等内容。

第3章讲述PC工程施工用设备、设施与专用工具。介绍了PC工程施工用的专用设备、起重设备、吊具、运输设备、灌浆设备、专用工具、安全设施和护具等。

第4章至第8章描述了从施工准备到构件进场、施工用材料与配件、各种PC构件的施工工艺及工序、后浇混凝土等详细的施工过程。该部分内容是本书的重点，其中113个问题的解答涵盖了整个PC工程施工的所有环节和细节。

第9章和第14章介绍了PC工程如何验收以及PC工程施工的质量要点。

第10章至第13章介绍了PC工程建筑部品安装，设备与管线安装，PC工程缝隙处理、节点处理，施工成品保护等。

第15章和第16章重点介绍了PC施工安全与环境保护以及PC施工成本控制的相关内容。

丛书主编郭学明先生不仅指导作者团队搭建本书框架，还对全书进行了两轮详细审核，提出了诸多修改意见，是本书主要思想的重要源头之一。杜常岭是第7章（110~126问）、第9章、第11章、第12章、第13章、第14章的主要编写者；王书奎与王松洲是第2章、第7章（85~109问）、第8章的主要编写者；李营是第1章、第5章、第6章、第10章、第15章、第16章的主要编写者；吴红兵是第3章、第4章的主要编写者；张玉波在本书的编排上，资料、照片的提供方面做了很多实质性的工作。

感谢石家庄山泰装饰工程有限公司设计师梁晓燕、沈阳兆寰现代建筑构件有限公司设计师孙昊为本书绘制了一部分样图及图表；感谢辽宁精润现代建筑安装工程有限公司黄鑫、李梁、张涛、冯超、刘志航为本书提供的资料和照片；感谢重庆科逸卫浴有限公司市场营销总监张艳龙先生提供的图片资料；感谢北京思达建茂科技有限公司总经理郝志强先生提供的套筒和灌浆料资料。

由于装配式建筑在我国发展较晚，有很多施工技术及施工工艺尚未成熟，正在研究探索之中，加之作者水平和经验有限，书中难免有不足和错误，敬请读者批评指正。

主编　杜常岭

目录
CONTENTS

第 4 章　PC 工程施工准备 ······ 45

第1章　装配式混凝土建筑施工概述

1. 什么是装配式建筑？

（1）什么是装配式建筑

在介绍什么是装配式混凝土建筑之前，我们先了解一下什么是装配式建筑。

按常规理解，装配式建筑是指由预制部件通过可靠连接方式建造的建筑。按照这个理解，装配式建筑有两个主要特征：第一个特征是构成建筑的主要构件特别是结构构件是预制的；第二个特征是预制构件的连接方式必须可靠。

按照国家标准《装配式混凝土建筑技术标准》（GB/T 51231—2016）（以下简称《装标》）的定义，装配式建筑是"结构系统、外围护系统、内装系统、设备与管线系统的主要部分采用预制部品部件集成的建筑"。这个定义强调装配式建筑是四个系统（而不仅仅是结构系统）的主要部分采用预制部品部件集成。

（2）装配式建筑的分类

1）按结构材料分类。装配式建筑按结构材料分类，有装配式钢结构建筑、装配式木结构建筑、装配式混凝土建筑、装配式轻钢结构建筑和装配式复合材料建筑（钢结构、轻钢结构与混凝土结合的装配式建筑）等。以上几种装配式建筑都是现代建筑。古典装配式建筑按结构材料分类有装配式石材结构建筑和装配式木结构建筑。

2）按建筑高度分类。装配式建筑按高度分类，有低层装配式建筑、多层装配式建筑、高层装配式建筑和超高层装配式建筑。

3）按结构体系分类。装配式建筑按结构体系分类，有框架结构、框架-剪力墙结构、筒体结构、剪力墙结构、无梁板结构、空间薄壁结构、悬索结构、预制钢筋混凝土柱单层厂房结构等。

4）按预制率分类。装配式建筑按预制率分为：小于5%为局部使用预制构件；5%～20%为低预制率；20%～50%为普通预制率；50%～70%为高预制率；70%以上为超高预制率。

（3）什么是装配式混凝土建筑

按照国家标准《装标》的定义，装配式混凝土建筑是指"建筑的结构系统由混凝土部件（预制构件）构成的装配式建筑"。本书介绍混凝土部件（即预制构件）的安装施工，包括结构系统、围护系统和其他非结构预制构件。

（4）装配整体式和全装配式的区别

装配式混凝土建筑根据预制构件连接方式的不同，分为装配整体式混凝土结构和全装配混凝土结构。

1）装配整体式混凝土结构。按照行业标准《装配式混凝土结构技术规程》（JGJ 1—2014）（以下简称《装规》）和国家标准《装标》的定义，装配整体式混凝土结构是指“由预制混凝土构件通过可靠的方式进行连接并与现场后浇混凝土、水泥基灌浆料形成整体的装配式混凝土结构”。简言之，装配整体式混凝土结构的连接以“湿连接”为主要方式。

装配整体式混凝土结构具有较好的整体性和抗震性。目前，大多数多层和绝大多数高层装配式混凝土建筑都是装配整体式结构，抗震要求较高的低层装配式建筑也多是装配整体式结构。

2）全装配混凝土结构。全装配混凝土结构是指预制构件靠干法连接（如螺栓连接、焊接等）形成整体的装配式结构。

预制钢筋混凝土柱单层厂房就属于全装配混凝土结构。国外一些低层建筑或抗震要求低的多层建筑常常采用全装配混凝土结构。

（5）什么是 PC、PC 构件和 PC 工厂

PC 是英语 Precast Concrete 的缩写，是预制混凝土的意思。

国际装配式建筑领域把装配式混凝土建筑简称为 PC 建筑。把预制混凝土构件简称为 PC 构件，把制作混凝土构件的工厂简称为 PC 工厂。为了表述方便，本书也使用这些简称。

2. 装配式混凝土建筑有哪些结构类型？

装配式混凝土建筑按结构体系分类，有框架结构、框架-剪力墙结构、筒体结构、剪力墙结构、无梁板结构、空间薄壁结构、悬索结构、预制钢筋混凝土柱单层厂房结构等。表 1-1给出了装配式混凝土建筑适用的结构体系。

表 1-1　装配式混凝土建筑适用的结构体系

序号	名称	定　义	平面示意图	立体示意图	说　明
1	框架结构	是由柱、梁为主要构件组成的承受竖向和水平作用的结构			适用于多层和小高层装配式建筑，是应用非常广泛的结构
2	框架-剪力墙结构	是由柱、梁和剪力墙共同承受竖向和水平作用的结构			适用于高层装配式建筑，其中剪力墙部分一般为现浇。在国外应用较多

（续）

序号	名称	定　　义	平面示意图	立体示意图	说　　明
3	剪力墙结构	是由剪力墙组成的承受竖向和水平作用的结构，剪力墙与楼盖一起组成空间体系	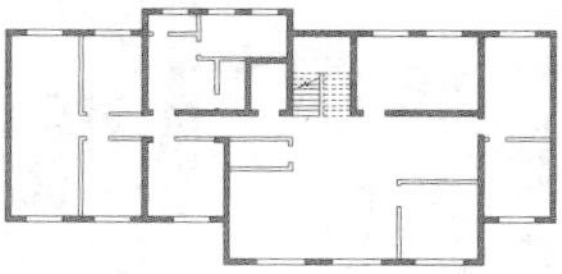	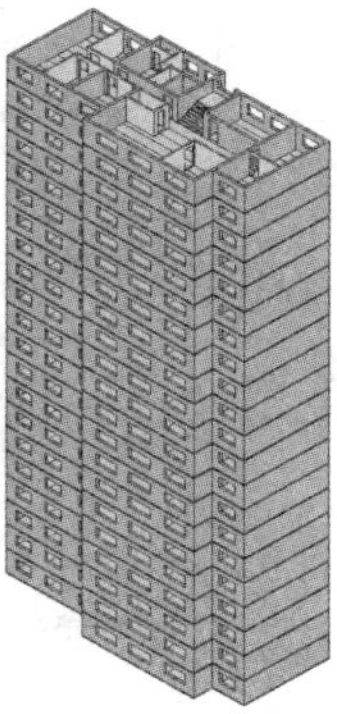	可用于多层和高层装配式建筑，在国内应用较多，国外高层建筑应用较少
4	框支剪力墙结构	是剪力墙因建筑要求不能落地，直接落在下层框架梁上，再由框架梁将荷载传至框架柱上的结构体系	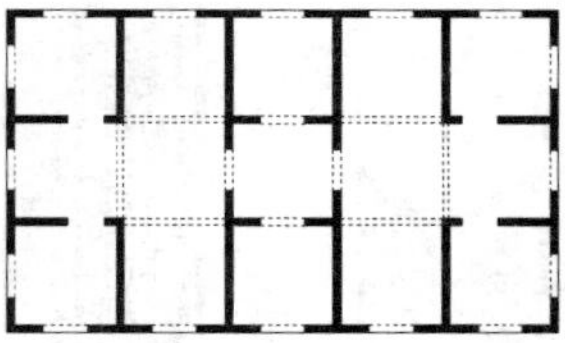		可用于底部商业（大空间）上部住宅的建筑，不是很适合的结构体系
5	墙板结构	由墙板和楼板组成承重体系的结构。有剪力墙结构和暗柱暗梁的框架板结构	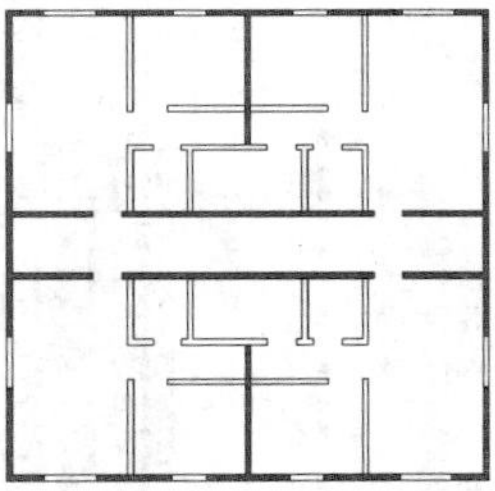	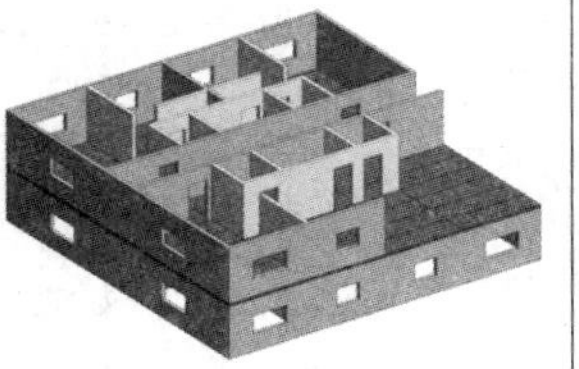	适用于低层、多层住宅装配式建筑
6	筒体结构（密柱单筒）	由密柱框架形成的空间封闭式的筒体		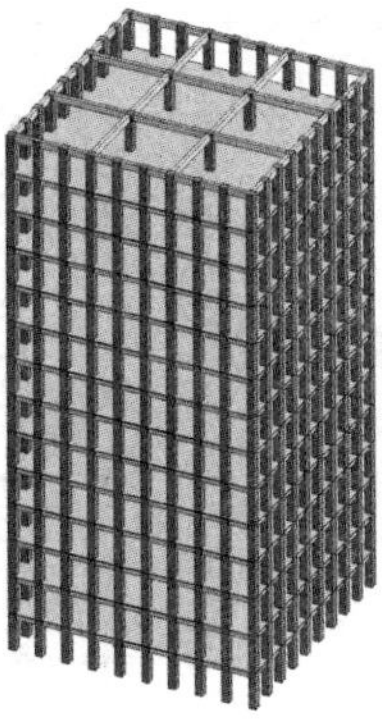	适用于高层和超高层装配式建筑，在国外应用较多

（续）

序号	名称	定　义	平面示意图	立体示意图	说　明
7	筒体结构（密柱双筒）	内外筒均由密柱框筒组成的结构	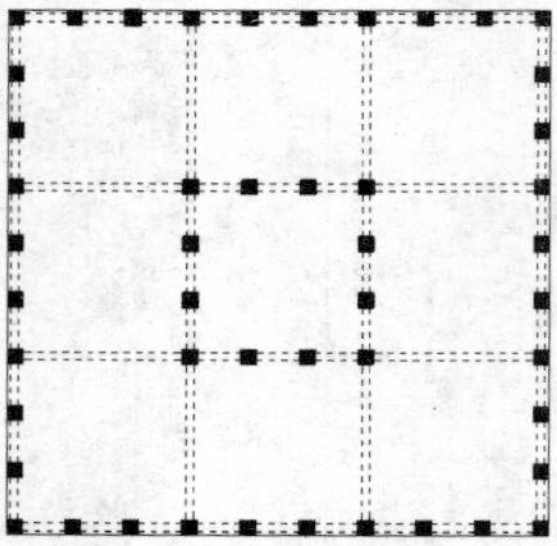		适用于高层和超高层装配式建筑，在国外应用较多
8	筒体结构（密柱+剪力墙核心筒）	外筒为密柱框筒，内筒为剪力墙组成的结构	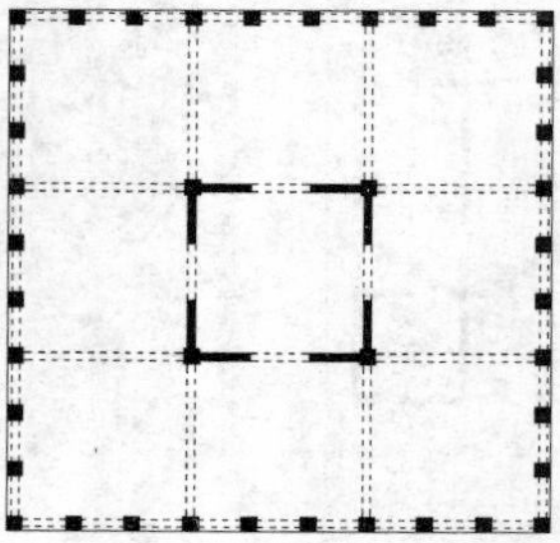	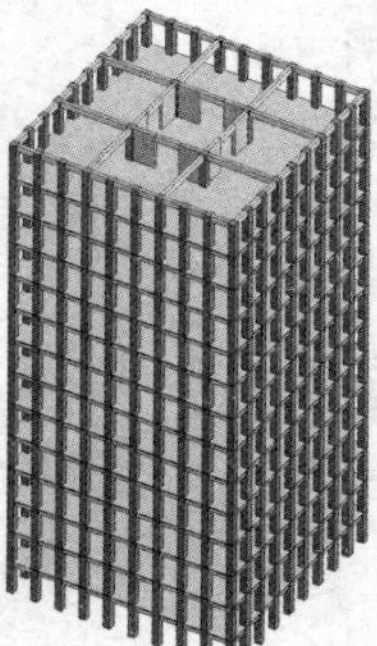	适用于高层和超高层装配式建筑，在国外应用较多
9	筒体结构（束筒结构）	由若干个筒体并列连接为整体的结构	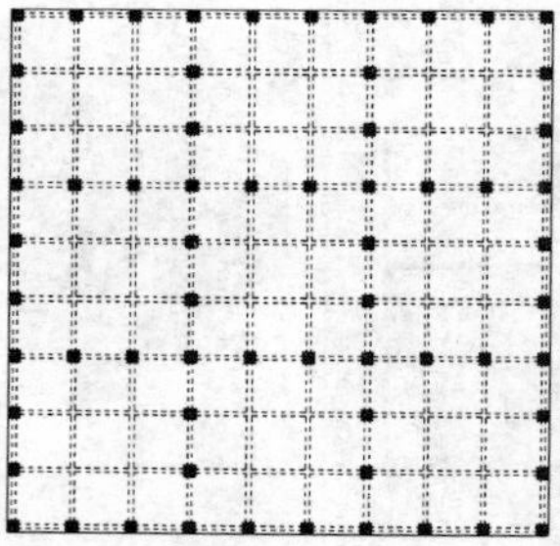	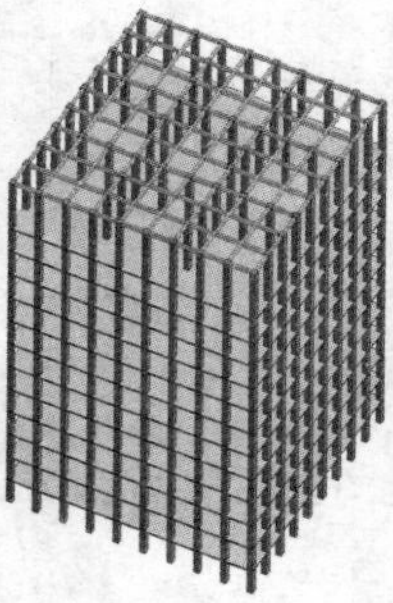	适用于高层和超高层装配式建筑，在国外有应用
10	筒体结构（稀柱+剪力墙核心筒）	外围为稀柱框筒，内筒为剪力墙组成的结构	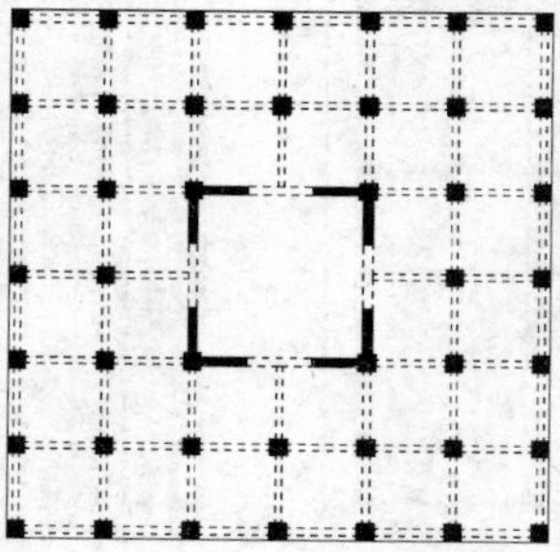	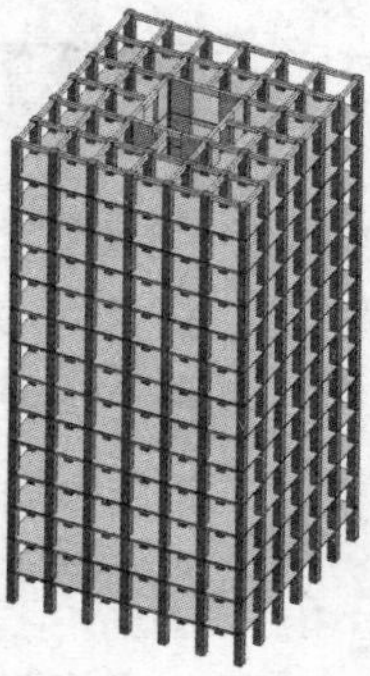	适用于高层和超高层装配式建筑，在国外有应用

（续）

序号	名称	定　义	平面示意图	立体示意图	说　明
11	无梁板结构	是由柱、柱帽和楼板组成的承受竖向与水平作用的结构			适用于商场、停车场、图书馆等大空间装配式建筑
12	单层厂房结构	是由钢筋混凝土柱、轨道梁、预应力混凝土屋架或钢结构屋架组成承受竖向和水平作用的结构			适用用于工业厂房装配式建筑
13	空间薄壁结构	是由曲面薄壳组成的承受竖向与水平作用的结构	—		适用于大型装配式公共建筑
14	悬索结构	是由金属悬索和预制混凝土屋面板组成的屋盖体系	—		适用于大型公共装配式建筑、机场体育场等

3. 装配式混凝土建筑有几种连接方式？

装配式混凝土结构建筑，即 PC 建筑，相当于把现浇混凝土结构拆成一个个预制构件，再通过可靠的连接方式装配起来，因此，连接是装配式混凝土建筑最为关键的技术环节。

装配式混凝土结构建筑主要连接方式有钢筋套筒灌浆连接、钢筋浆锚搭接连接、后浇混凝土连接、叠合构件后浇混凝土连接、螺栓连接和焊接等，主要连接方式如图 1-1 所示。下面对主要连接方式进行具体讨论。

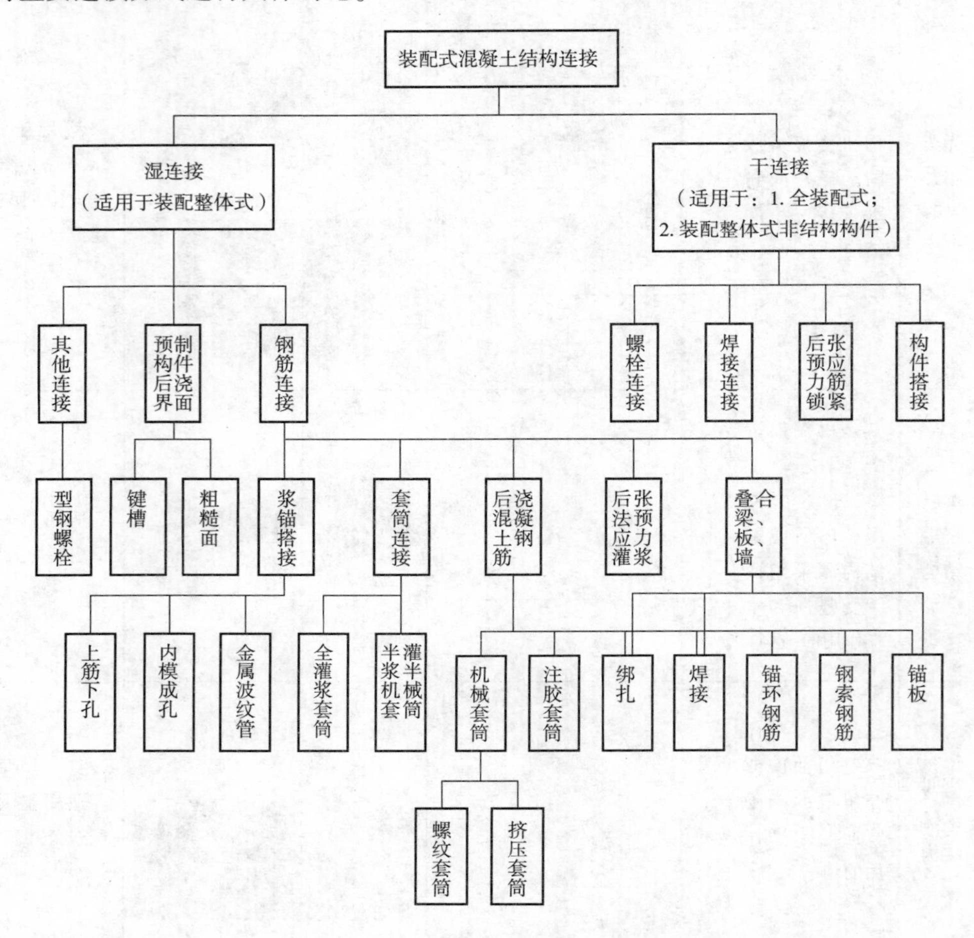

图 1-1　装配式混凝土结构主要连接方式

(1) 套筒灌浆连接

套筒灌浆连接是装配式混凝土建筑中目前竖向构件连接应用最广泛，也是最安全最可靠的连接方式。套筒按结构形式分为全灌浆套筒和半灌浆套筒，如图 1-2 所示。

套筒灌浆连接的工作原理是：将需要连接的带肋钢筋插入金属套筒内“对接”，在套筒内注入高强早强且有微膨胀特性的灌浆料，灌浆料在套筒筒壁与钢筋之间形成较大的正向应力，在钢筋带肋的粗糙表面产生较大的摩擦力，由此得以传递钢筋的轴向力。如图 1-3 ~ 图 1-7 所示。

1）全灌浆套筒。接头两端均采用灌浆方式连接钢筋的灌浆套筒，日本最常用这种连接套筒。

2）半灌浆套筒。接头一端采用灌浆方式连接，另一端采用非灌浆方式连接钢筋的灌浆套筒，通常另一端采用螺纹连接，目前我国最常用的就是这种连接套筒。

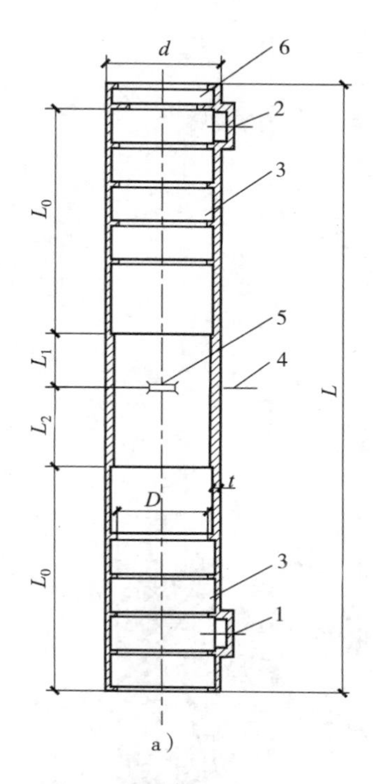

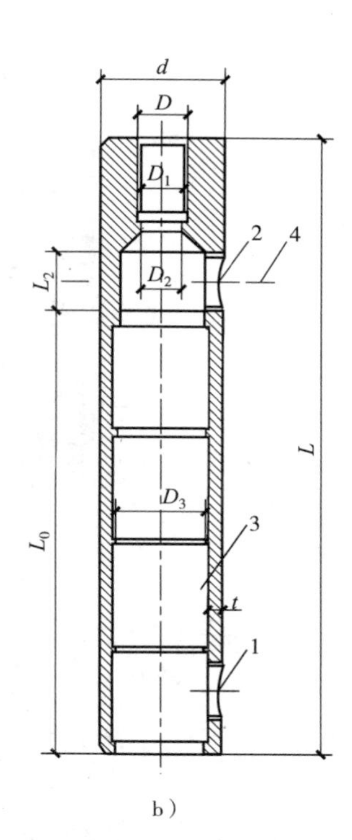

注：D_3 不包括灌浆孔、排浆孔外侧因导向、定位等其他目的而设置的比锚固段环形凸起内径偏小的尺寸。

D_3 可以为非等截面。

图 1-2　套筒构造图

a）全灌浆套筒　b）半灌浆套筒

1—灌浆孔　2—排浆孔　3—剪力槽　4—强度验算用截面　5—钢筋限位挡块　6—安装密封垫的结构

L—灌浆套筒总长　L_0—锚固长度　L_1—预制端预留钢筋安装调整长度　L_2—现场装配端预留钢筋安装调整长度

t—灌浆套筒壁厚　d—灌浆套筒外径　D—内螺纹的公称直径　D_1—内螺纹的基本小径

D_2—半灌浆套筒螺纹端与灌浆端连接处的通孔直径　D_3—灌浆套筒锚固段环形凸起部分的内径

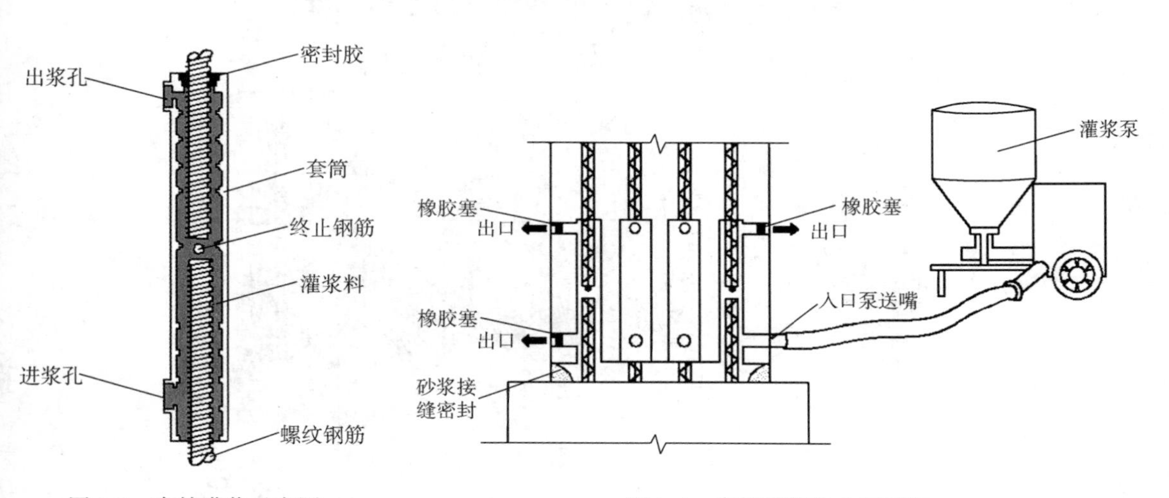

图 1-3　套筒灌浆示意图

图 1-4　套筒灌浆作业原理图

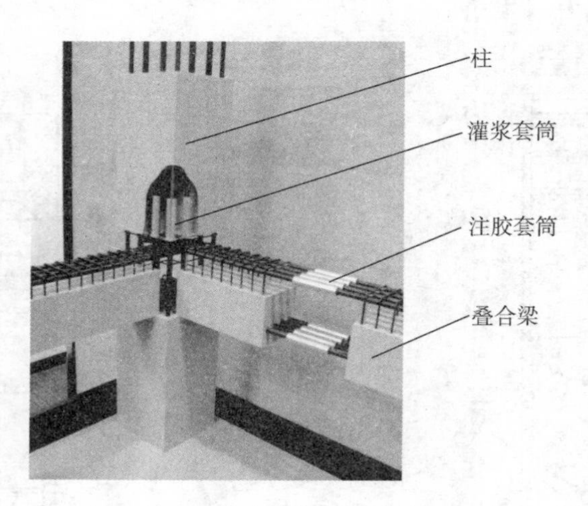

图 1-5 套筒灌浆实物样品

图 1-6 下面柱子伸出钢筋

图 1-7 上面柱子对应下面柱子钢筋位置是套筒

（2）浆锚搭接连接

浆锚搭接的工作原理是：将需要连接的带肋钢筋插入预制构件的预留孔道里，预留孔道内壁是螺旋形的。钢筋插入孔道后，在孔道内注入高强早强且有微膨胀特性的灌浆料，锚固住插入钢筋。在孔道旁边，是预埋在构件中的受力钢筋，插入孔道的钢筋与之“搭接”。这种情况属于有距离搭接。

浆锚搭接有两种方式，一是浆锚孔用金属波纹管，如图 1-8 所示；二是两根搭接的钢筋外圈有螺旋钢筋，它们共同被螺旋筋所约束，如图 1-9 所示。

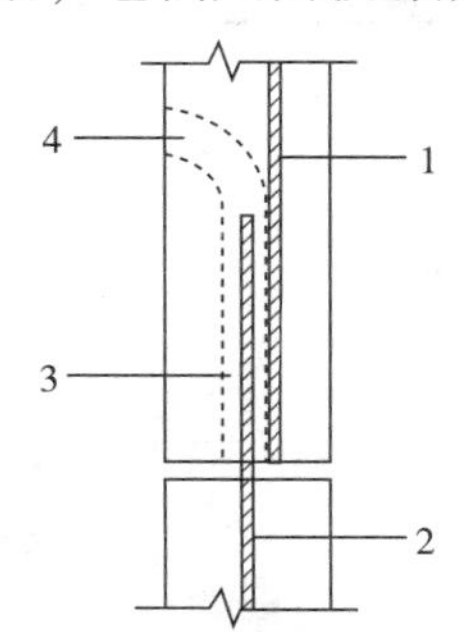

图 1-8　波纹管浆锚搭接示意

1—连接钢筋　2—插筋　3—波纹管

4—管孔

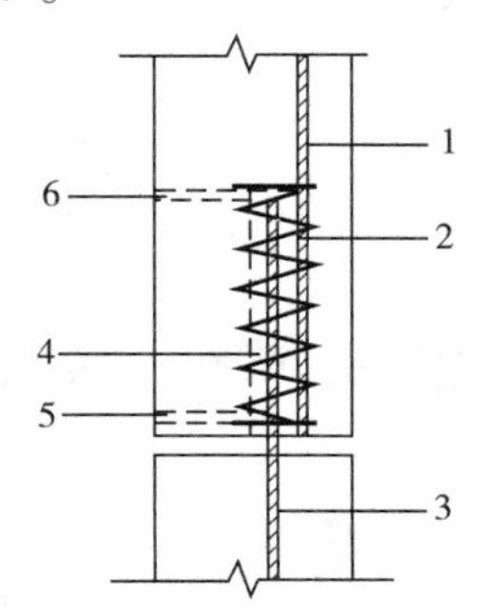

图 1-9　螺旋钢筋浆锚搭接示意

1—连接钢筋　2—箍筋　3—插筋

4—空腔　5—灌浆孔　6—出浆孔

浆锚搭接方式，预留孔道的内壁是螺旋形的，有两种成型方式：一是预埋金属波纹管（图 1-10）做内模，不用抽出。此方法简便易行，欧洲标准也有相关规定。二是埋置螺旋的金属内模，构件达到强度后旋出内模。金属内模方式旋出内模时容易造成孔壁损坏，也比较费工，不如金属波纹管方式可靠简单。国家标准《装标》规定，采用金属波纹管以外的方式需试验验证。浆锚搭接还有一种方式，孔在下方，钢筋在上部，不是安装后灌浆，而是孔内灌浆后插入钢筋，此方法在欧洲标准中有，但我国规范中没有，如图 1-11 所示。

图 1-10　金属波纹管浆锚搭接实物

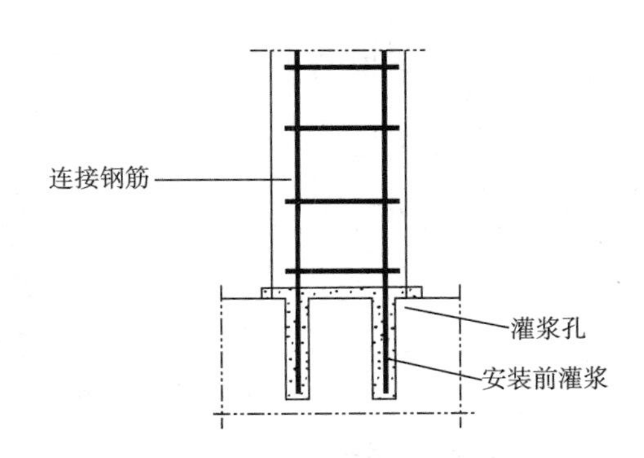

图 1-11　孔内灌浆后安装示意图

（3）叠合连接

叠合连接是预制板（梁）与现浇混凝土叠合的连接方式，将构件分成预制和现浇两部分，通过现浇部分与其他构件结合成整体。包括叠合楼板、叠合梁、双面叠合剪力墙板等，如图 1-12 ~ 图 1-15 所示。

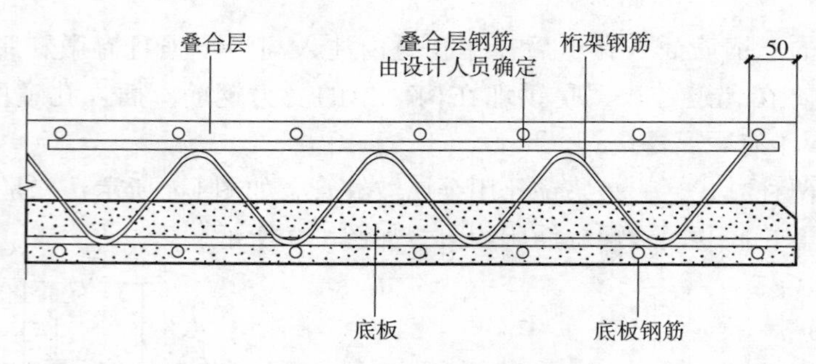

图 1-12　叠合楼板简图

图 1-13　叠合楼板

图 1-14　叠合梁施工安装图

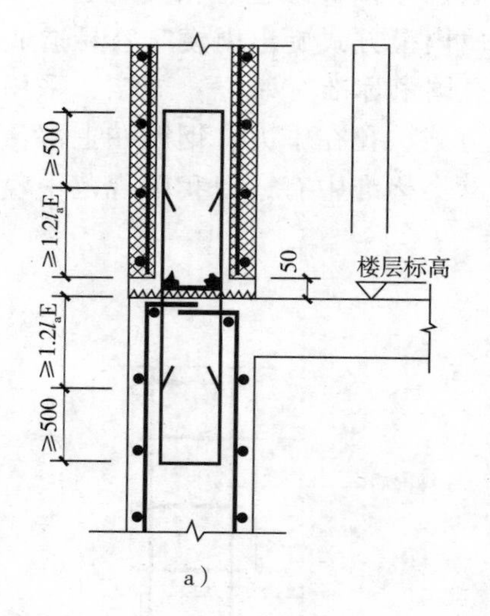

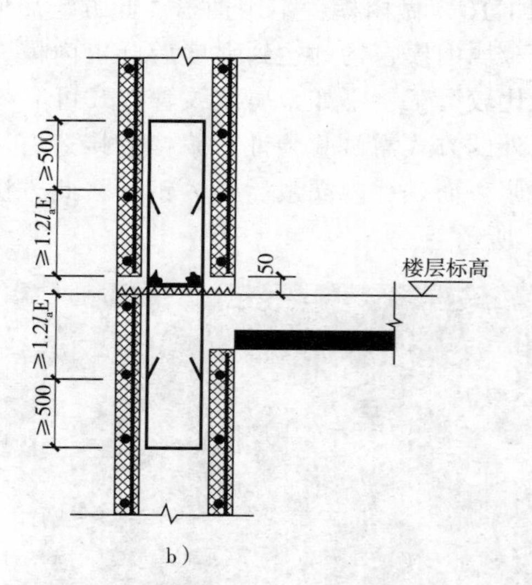

图 1-15　双面叠合剪力墙板施工安装示意图

a）楼层位置连接（与现浇墙连接）　b）楼层位置连接（与叠合墙连接）

（4）后浇混凝土连接

后浇混凝土的钢筋连接方式有：搭接、焊接、套筒注胶连接、套筒机械连接、锚环连接、钢丝绳索套加钢筋销连接等，如图 1-16 ~ 图 1-20 所示。

钢丝绳索套加钢筋销连接是欧洲常见的连接方法，用于墙板与墙板之间后浇区竖缝构造连接。相邻墙板在连接处伸出钢丝绳索套交汇，中间插入竖向钢筋，然后浇筑混凝土。

预埋伸出钢丝绳索套比出筋方便，适于自动化生产线，现场安装简单，作为构造连接，是非常简便的连接方式，目前国内规范对这种连接方式尚未有规定。

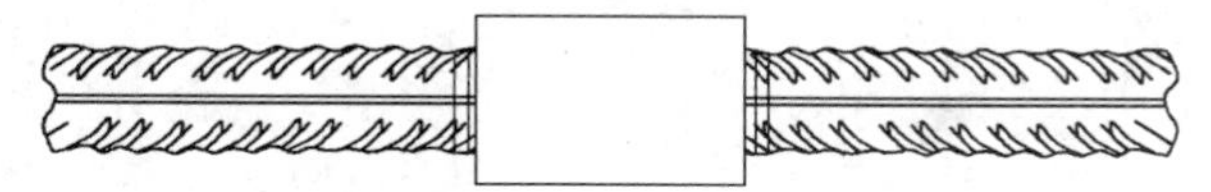

图 1-16　套筒机械连接

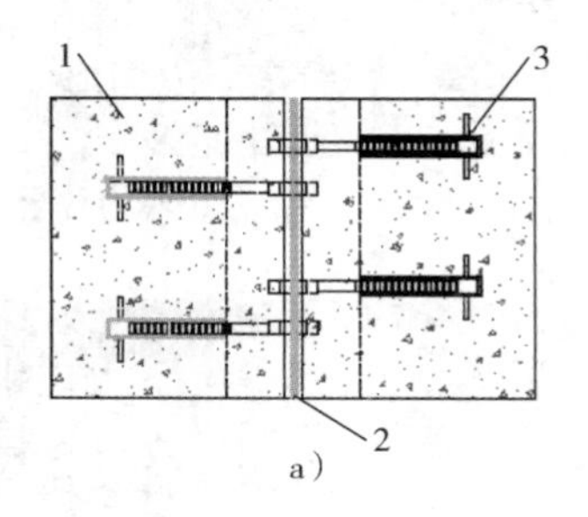

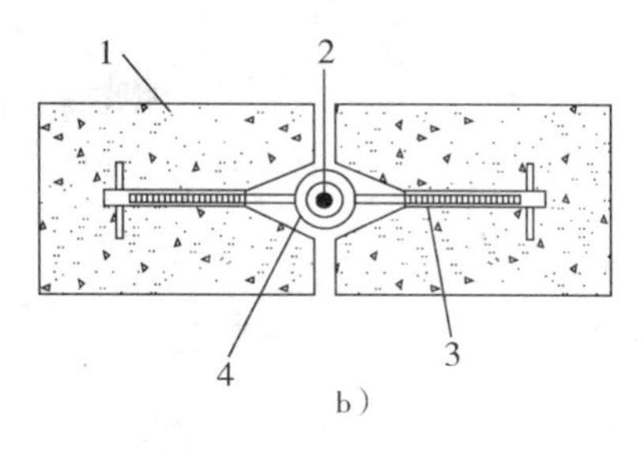

图 1-17　锚环连接

a）墙板连接立面图　b）墙板连接断面图

1—预制墙板　2—钢筋　3—带螺纹的预埋件　4—连接锚环

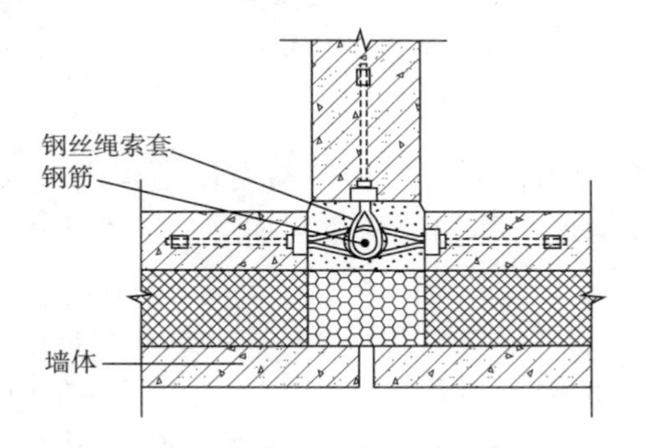

图 1-18　钢丝绳索套加钢筋销连接原理

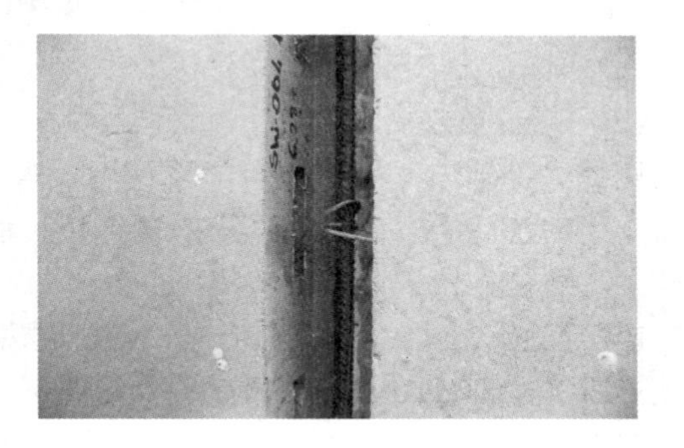

图 1-19　钢丝绳索套加钢筋销连接实例

在后浇混凝土连接工艺中，为保证预制构件和后浇混凝土的结合度，常需要在预制混凝土构件上的连接面（与后浇混凝土连接的区域）上进行粗糙面处理或者键槽构造处理。

1）粗糙面处理。对于压光面（如叠合板叠合梁表面）在混凝土初凝前“拉毛”形成粗糙面，如图 1-21 所示。

对于模具面（如梁端、柱端表面），可在模具上涂刷缓凝剂，拆模后用水冲洗未凝固的水泥浆，露出骨料，形成粗糙面，如图 1-22 所示。

图 1-20　钢丝绳索套

2）键槽构造处理。键槽是靠模具凸凹成型的。日本 PC 柱子底部的键槽如图 1-23 所示。

在欧洲国家，预应力空心楼板侧面，为了增加板的抗剪性能，是既有粗糙面，又有键槽，如图 1-24 所示。

图 1-21　预应力叠合板压光面处理粗糙面

图 1-22　缓凝剂处理的叠合梁粗糙面

图 1-23　日本 PC 柱底键槽

图 1-24　楼板侧面粗糙面 + 键槽

（5）螺栓连接

螺栓连接是用螺栓和预埋件将预制构件与预制构件或预制构件与主体结构进行连接。前面介绍的套筒灌浆连接、浆锚搭接连接、后浇筑连接和钢丝绳索套加钢筋销连接都属于湿连接。螺栓连接属于干连接。

螺栓连接是全装配混凝土结构的主要连接方式。可以连接结构柱梁。非抗震设计或低抗震设防烈度设计的低层或多层建筑，当采用全装配混凝土结构时，可用螺栓连接主体结构。

图 1-25 是欧洲一座全装配混凝土框架结构建筑，柱梁体系都是用螺栓连接。图 1-26 是螺栓连接柱子的示意图。图 1-27 是螺栓连接墙板示意图。图 1-28 是美国凤凰城图书馆螺栓连接柱子的细部图，螺栓连接构造示意图如图 1-29 所示。

图 1-25　螺栓连接的框架结构全装配式建筑

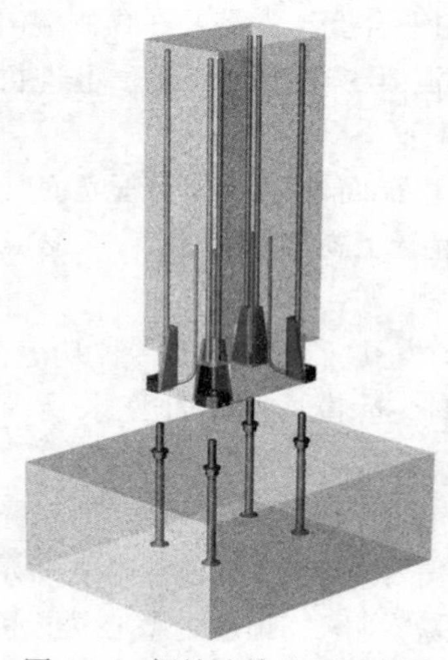
图 1-26　螺栓连接柱子示意图

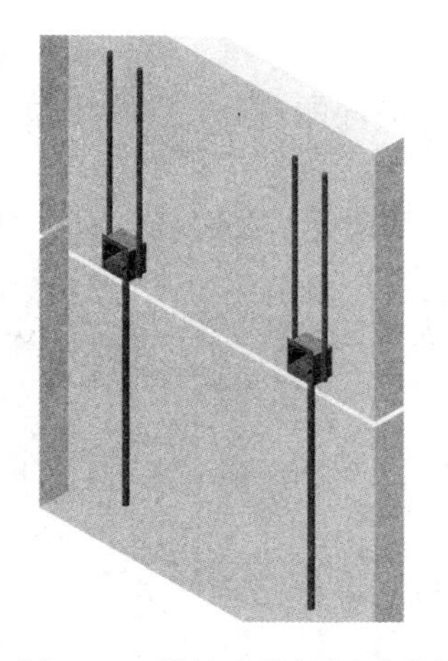

图 1-27　螺栓连接墙板示意图

图 1-28　美国凤凰城图书馆预制柱采用螺栓连接

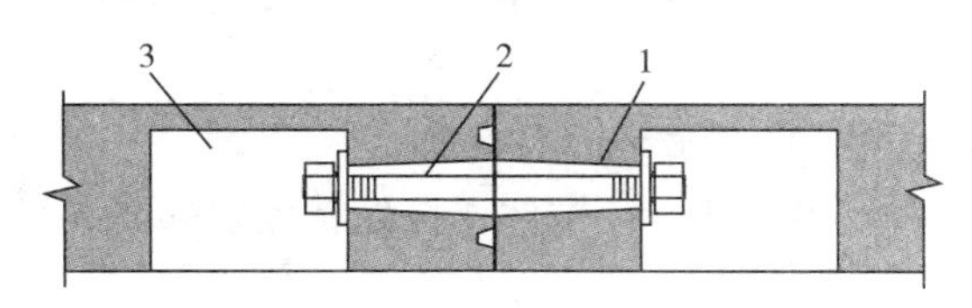

图 1-29　螺栓连接构造示意图

1—螺栓孔　2—螺栓　3—安装孔

（6）焊接连接

焊接连接方式是在预制混凝土构件中预埋钢板，构件之间如钢结构一样用焊接方式连接。与螺栓连接一样，焊接方式在装配整体式混凝土结构中，仅用于非结构构件的连接。在全装配混凝土结构中，可用于结构构件的连接。

欧洲装配式混凝土建筑楼板之间连接、楼板与梁之间会用到焊接连接形式，欧洲标准也有相应规定，如图 1-30 所示。

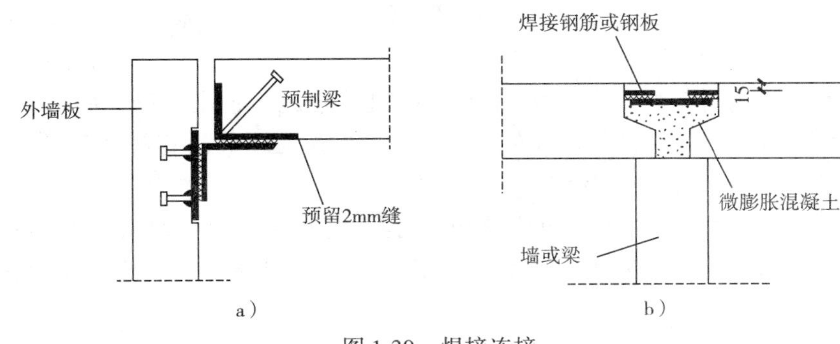

图 1-30　焊接连接

a）外墙板与梁的连接　b）楼板与梁的连接

4. 装配式建筑与传统现浇建筑在施工上有什么不同？

装配式建筑与传统现浇建筑在施工上有以下几个方面的不同：

1）作业环节不同，增加了预制构件的安装和连接。

2）管理范围不同，不仅管理施工现场，还要前伸到PC构件的制作环节，例如：技术交底、计划协调、构件验收等。

3）与设计的关系不同，以往是按照图样施工，现在设计要考虑施工阶段的要求，例如：构件重量、预埋件、机电设备管线、现浇结点模板支设预埋等。设计阶段由被动式变成互动式。

4）施工计划不同，施工计划分解更详细，年计划、月计划、周计划、日计划等。不同工种要有不同工种的计划。

5）所需工种不同，除传统现浇工种外又增加了起重工、安装工、灌浆料制备工、灌浆工及部品安装工。

6）施工设备不同，需要吊装大吨位的预制构件，因此对起重机设备要求不同。

7）施工工具不同，专用吊装架、灌浆料制备工具、灌浆工具以及安装过程中专用工具。

8）施工设施不同，施工中固定预制构件使用的斜支撑、叠合楼板的支撑、外脚手架、防护措施等。

9）测量放线工作量不同，测量放线工作量加大。

10）施工精度要求不同，现浇与PC构件连接处精度要求高。

5. 施工安装企业与设计和构件制作单位应当有怎样的互动？

（1）与设计方的互动

1）如果项目实行总承包制，设计之时施工方已经确定，这时施工方应向设计方提供施工设备能力，场地情况、施工环节的要求与约束条件。

例如，需埋设在PC构件中的施工过程所需要的预埋件包括：起吊、翻转、安装、临时支撑、调节安装高度、后浇筑模板固定、安全护栏固定、机电设备、管线等预埋件，这些预埋件设置在什么位置合适，如何锚固，会不会与钢筋、套筒、箍筋太近影响混凝土浇筑，会不会因位置不当导致构件裂缝，如何防止预埋件应力集中产生裂缝等，都需要在构件制作图设计中予以考虑和体现。

2）如果不是总承包模式，设计图完成之后才能确定施工企业。施工企业中标后的第一件事就要与设计方互动，进行图样审核，检查有没有施工环节没有考虑的预埋预留事项，再根据施工经验与施工方法提出要求。

3）构件的吊装、存放以及构件安装后的支撑，都需要设计人员在图样上给出明确要求。例如，有些小型构件使用捆绑式吊装，设计需要给出捆绑位置，否则会因为捆绑不当造成构件损坏。

（2）与构件制作方的互动

1）施工企业根据安装计划向工厂提出供货计划，要详细到天。

2）对每层楼的构件都应确定装车顺序。

3）在施工过程中应检查计划实施的情况，根据实际情况的变化及时调整。

4）为了实现直接在车上一次性吊装，必须同工厂就装车时间、运输时间做周密的安排。（包括白天城市限制大车进出，采用夜间运输方案时的各种具体细节）。

5）一次性吊装需在车上检查质量，对不合格品应有补救预案，并由工厂落实。对于存量少的构件要有两个备用的构件。

6）产品在施工过程中出现与工厂有关的质量问题的补救措施。

7）出现问题或质量缺陷的互动机制。

6. 不同结构体系 PC 工程的施工流程是怎样的？

不同结构体系的 PC 构件施工流程以及施工顺序各不相同，这里给出三种不同结构的 PC 构件施工工艺流程：

（1）框架结构 PC 施工工艺流程，如图 1-31 所示。

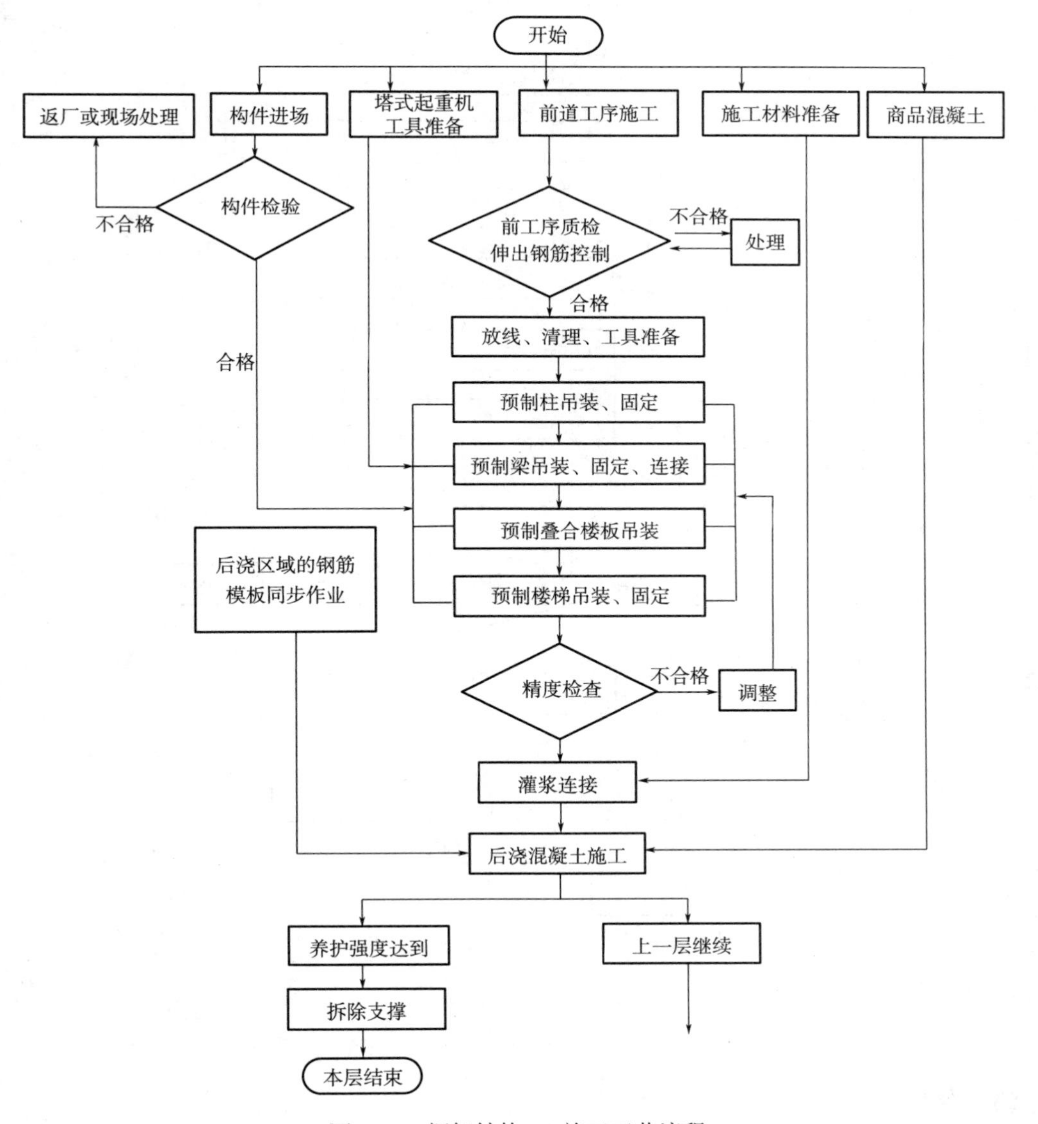

图 1-31　框架结构 PC 施工工艺流程

（2）剪力墙结构 PC 施工工艺流程，如图 1-32 所示。

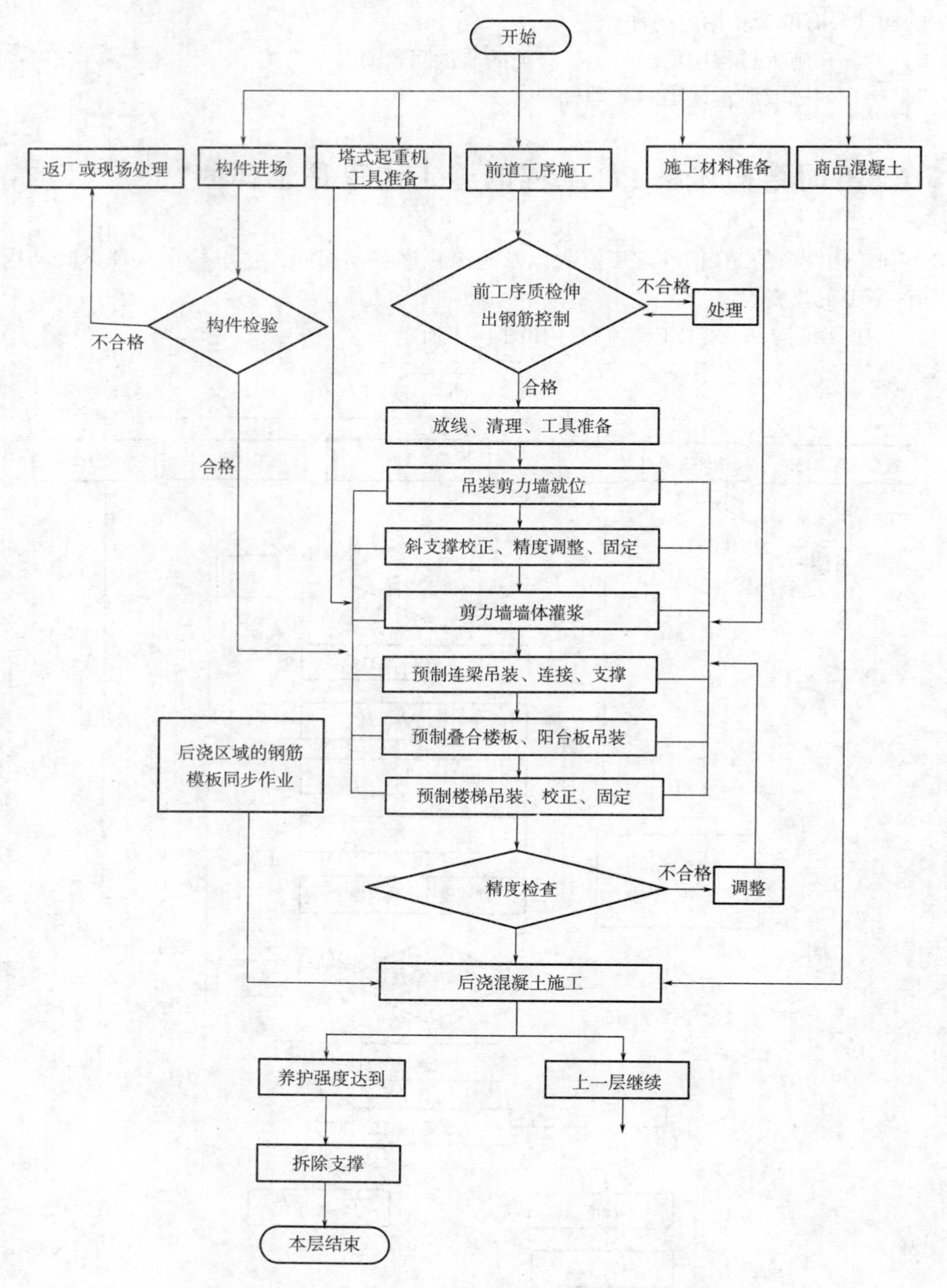

图 1-32　剪力墙结构 PC 施工工艺流程

（3）外挂墙板施工工艺流程，如图 1-33 所示。

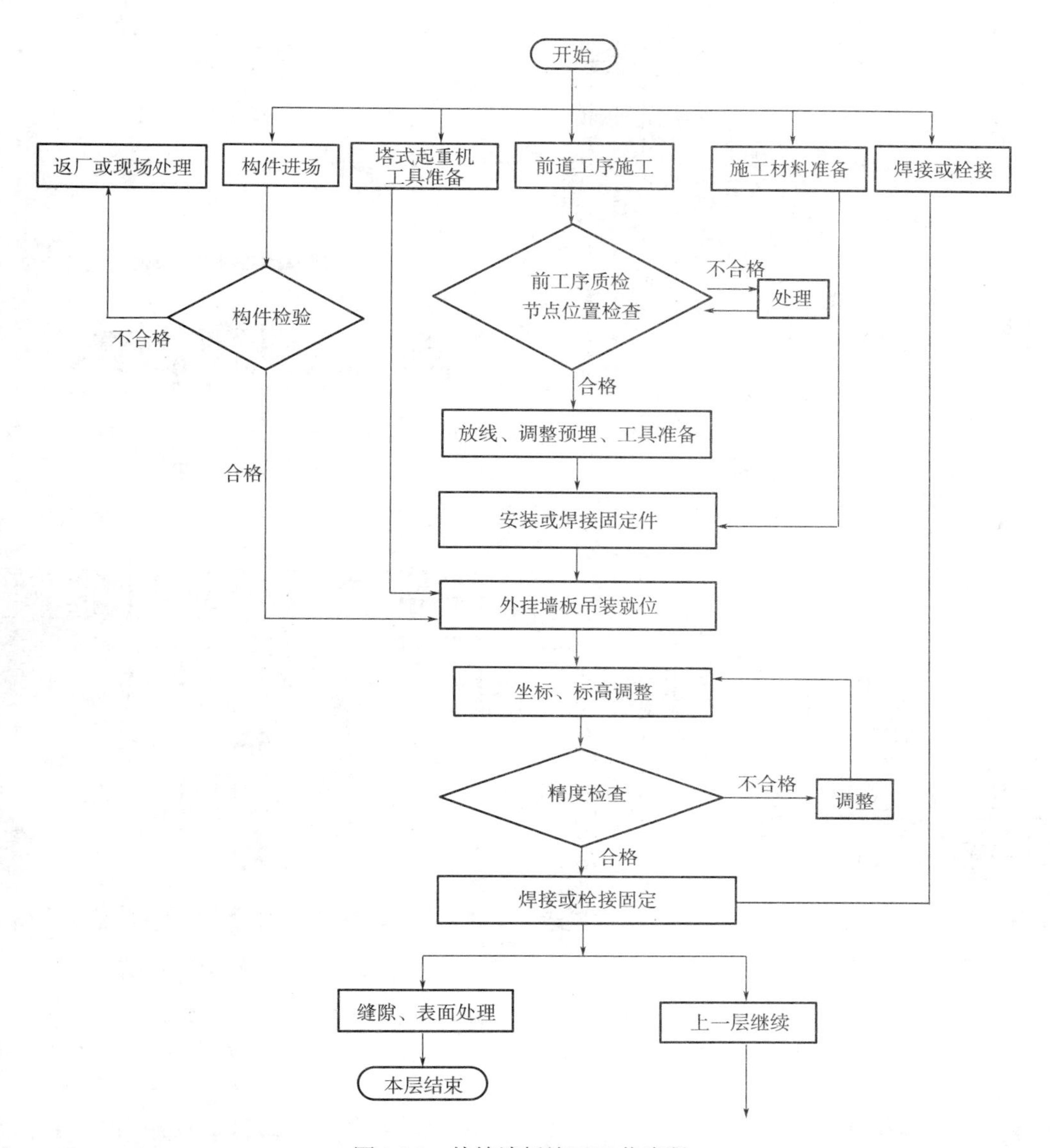

图 1-33 外挂墙板施工工艺流程

 7. 如何形成 PC 工程施工工具化、标准化的工装系统？

国家标准《装标》要求装配式混凝土建筑施工宜采用工具化、标准化的工装系统。国家标准所说的工装系统是指装配式混凝土建筑部品、部件存放吊装、安装过程中所用的工具化、标准化吊具、支撑架体等产品，包括：

1）标准化插放架如图 1-34 所示。

2）模数化通用一字吊梁如图 1-35 所示。

3）框式吊梁如图 1-36 所示。

图 1-34　标准化插放架

图 1-35　一字吊梁

4）吊装预埋件、起吊装置、吊钩吊具如图 1-37 所示。

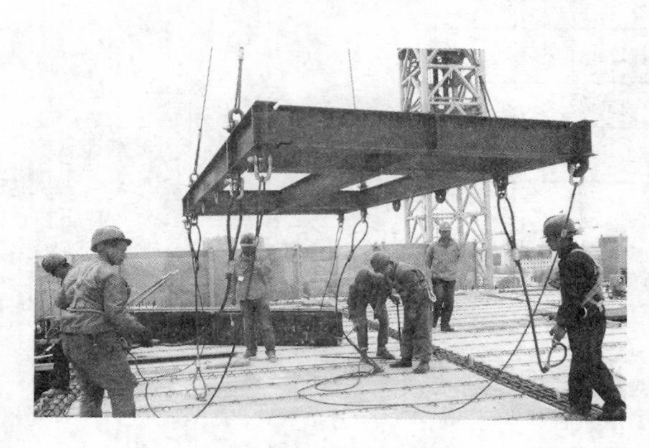

图 1-36　框式吊梁

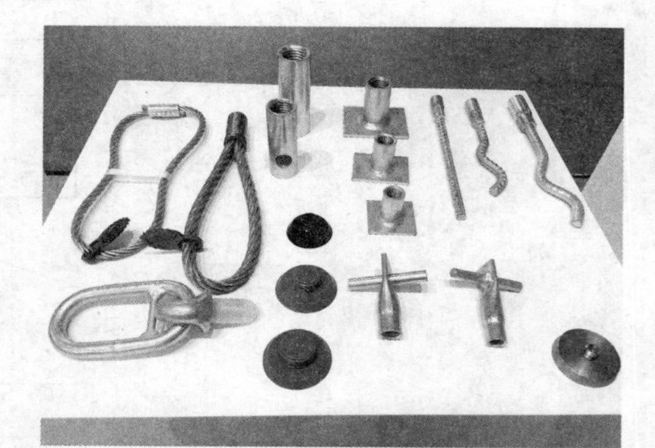

图 1-37　吊装预埋件及吊具

5）预制墙板斜支撑如图 1-38 所示。

6）叠合板独立支撑如图 1-39 所示。

图 1-38　竖向 PC 构件斜支撑

图 1-39　叠合楼板独立支撑

7）外围护体系整体爬架如图1-40所示。

8）定型现浇结点模板，采用定型钢模板或铝合金模板。

除以上国家标准列出的项目外，还应当包括：

1）现浇钢筋定位装置。

2）内隔墙板翻转及安装机械如图1-41所示。

图1-40 外围护体系整体爬架

图1-41 隔墙条板安装机械人
（资料由山东天意机械公司提供）

3）常用电动工具。

4）用于调整标高以及坐标的专用工具。

5）打胶以及处理表面的小工具等，如图1-42所示。

图1-42 打胶专用工具

工装系统的定型产品及施工操作均应符合国家现行有关标准及产品应用技术手册的有关规定，在使用前应进行必要的施工验算。

要实现工具化、标准化的工装系统，并不是一个施工企业能完成的，需要与工具生产厂家来定制标准化的工装系统，比如独立支撑体系以及整体爬升架已经实现了专业厂家生产，吊装架也应该让专业的厂家加工生产。工装系统标准化需要全社会共同来完成。

8. 日本怎样进行PC工程施工？

本书作者中有多位曾经在日本学习装配式建筑技术，包括施工技术，对日本装配式建筑施工有非常深的印象。日本施工企业协同性强、计划细致、要求严格、培训到位、施工质量精良，简略介绍如下：

(1) 日本PC工程施工扁平化的承包方式

日本PC化施工不像我国建筑工程施工层层转包宝塔式的方式，而是扁平化的分包方式。一个项目分包方至少有50个企业，多的达上百个企业参与施工。

扁平化承包的架构减少了层级关系，方便了管理。建筑质量的责任由专业化制造工厂分担。工厂有厂房、有设备，质量责任容易追溯。

(2) 计划协同性强

1）日本PC工程施工组织设计和施工计划编制得非常详细。因为日本的建筑施工工序穿插作业特别密切，所以要靠工程管理团队编制详细的施工计划，计划定量到每一天的人员、物料、工具等。工程管理团队以及分包商，在编制计划方面下很大的功夫。

2）图1-43是日本PC项目施工平面布置图，包括起重机覆盖范围画得都很详细，这是一个在施工现场制作PC构件的项目，所以起重机布置得比较多；图1-44是日本PC工程进度总计划图，能看出楼层与时间的关系。

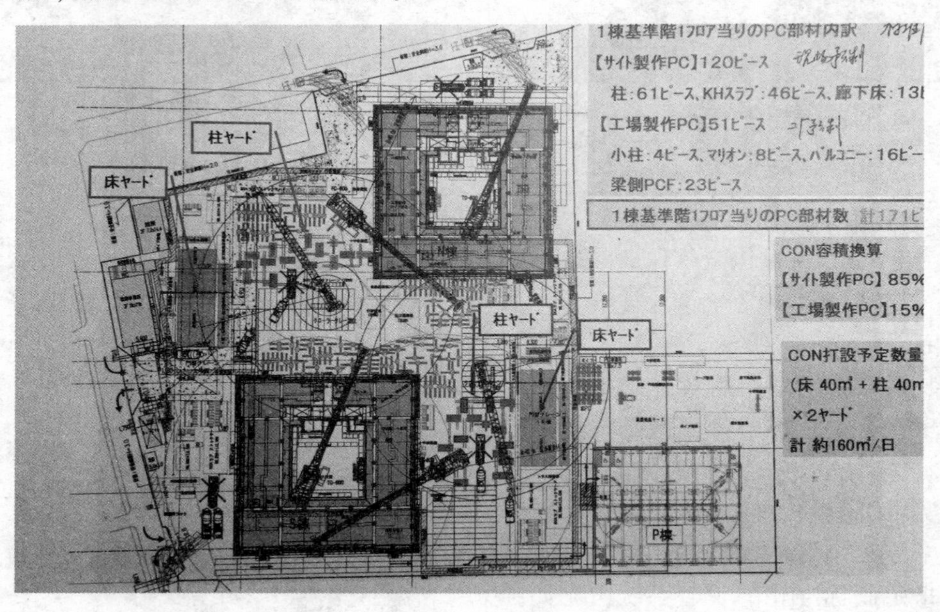

图1-43　日本PC项目施工平面布置图

3）日本的工地都有很大的会议室并且配有投影仪每天进行“打合”，讨论计划，落实细节，完善更改计划，确保计划真实有效，动态管理随时进行中。每天制定目标，按目标执行计划，统计检查执行情况，按实际情况调整，严格执行PDCA循环（PDCA是计划、实施、检查、调整的英语首字母组合）。

4）日本的PC构件吊装大都是从车上直接吊装（图1-45），不用存放堆场，也减少了起重机使用。管理人员编制的吊装计划细分到每天每小时吊装哪一个PC构件。而且PC工厂一定确保那个时间段PC构件运送到施工现场。

(3) 培训到位关注细节

1）每天早上全体施工人员开班前会，总结前一天的工作情况，安排当天的工作内容。重点强调前一天出现的问题及解决办法。除了进度、质量外，施工现场对安全培训也非常

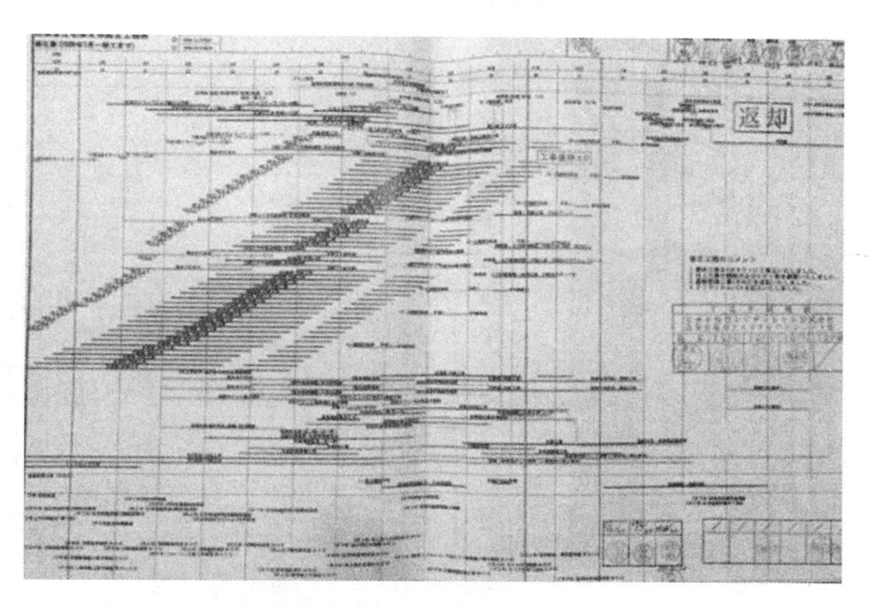

图 1-44　日本 PC 工程进度总计划图

重视，安全标识挂图随处可见。

2）日本的施工图与我国的施工图不同，有详细的深化设计，包含了施工工法、施工流程、施工材料、详细节点以及质量标准等。机电图和装修图都是每个房间一张图，给施工工人带来了极大的方便，以保证不出错，不用让工人来回翻图找图。日本在深化设计阶段下很大的功夫。

3）在日本的工地上班要常换拖鞋。日本装配式建筑项目现场的办公室都是穿拖鞋上班（图 1-46），工作环境干净。另外，日本的施工现场因内装同步进行，质检人员以及水、电、气等方面的试车人员，进出内装修完成的房间都要换拖鞋。

图 1-45　日本 PC 工程施工构件直接从车上吊装

图 1-46　日本 PC 工程施工现场办公室穿拖鞋上班

4）在日本的项目现场是聚集人才的地方，在工地经常看到东京大学（日本最好的大学）毕业生担任项目经理，而且他们以有这么一份工作为荣，节假日或者休息日会请家属来施工现场拍照留念。他们对能参与这么漂亮、伟大的建筑施工有一种职业荣耀感，受到全社会的尊重。

(4) PC工程结构施工概略

日本柱梁体系结构一个楼层施工周期的情况如图1-47所示。

第1天 ①放线

第1天 ②搭设叠合板支撑架

第2天 ③吊装叠合板

第2天 ④吊装叠合梁

第3天 ⑤绑扎楼板钢筋

第4天 ⑥吊装柱子

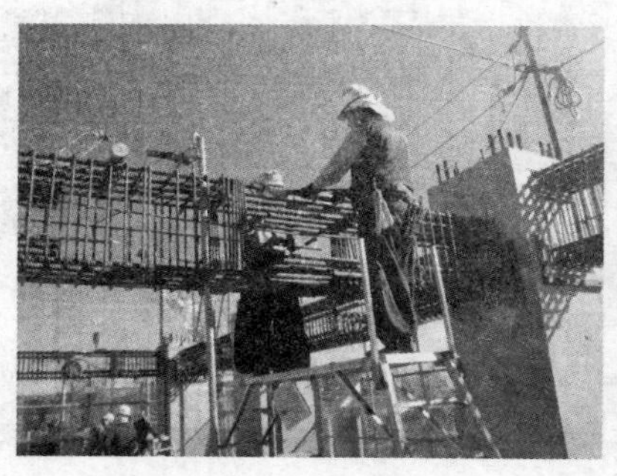

第5天 ⑦绑扎梁节点区钢筋

第5天 ⑧浇筑混凝土

图1-47 日本柱梁体系结构施工周期概略

（5）其他专业施工跟随主体结构流水作业

日本 PC 工程机电、内装在结构 2 ~ 3 层之后就可以尾随进行。如此，当主体结构封顶时，其他专业的施工也即将结束。笔者在日本看到一座 45 层的超高层建筑，主体结构刚刚封顶，装修已经施工到 42 层了，连地毯都铺好了，水、暖、电和煤气具备调试条件，所以整个项目的工期大大缩短，如图 1-48 ~ 图 1-50 所示。

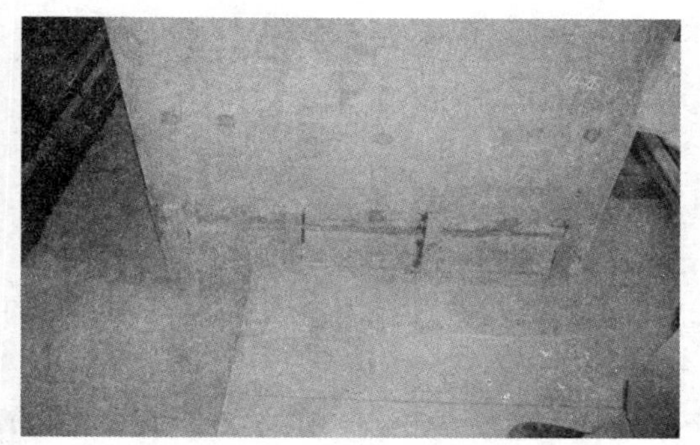

图 1-48　日本 PC 项目主体结构还在施工

图 1-49　日本 PC 项目机电、内装修同步进行

图 1-50　日本 PC 项目内装修完成

第 2 章　PC 施工企业基本条件

9. PC 施工企业应具备哪些条件?

PC 施工是目前国内新兴的一种全方位装配式混凝土结构施工技术，只有具备一定条件的施工企业才能够保障 PC 施工的顺利进行和工程结构质量与安全。

对于 PC 施工企业应具备的条件，目前我国尚无统一规定。住房和城乡建设部只是鼓励和推荐实施 PC 工程设计、生产、施工一体化的工程总承包模式。各省市地方政府的规定各不相同。如上海市、深圳市和浙江省已经在政府项目率先推行总承包制，辽宁省政府也在酝酿推行之中。上海市还要求 PC 施工企业必须具备国家认可的一级及以上建筑施工企业资质。

对于 PC 施工企业除满足政府或业主的一些硬性要求条件以外，还须具备以下条件:

(1) 具有一定的 PC 施工管理经验，掌握一定的国内外先进 PC 施工技术。

(2) 具备健全完整的 PC 施工管理体系和质量保障体系。

(3) 具备一定数量具有 PC 施工经验的专业技术管理人员和专业技术工人。

(4) 具有能够满足 PC 施工的大型吊装运输设备及各种专用设备。

10. PC 工程施工应建立怎样的管理体系?

PC 工程施工管理与传统工程施工管理大体相同，同时也具有一定的特殊性。只有健全完善的 PC 项目管理体系才能保证 PC 项目正常有序地进行施工。对于 PC 施工企业管理不但要建立传统工程应具备的项目进度管理体系、质量管理体系、安全管理体系、材料采购管理体系以及成本管理体系等，还需针对 PC 工程施工的特点，构件起重吊装、构件安装及连接等，补充完善相应管理体系，包括 PC 构件的生产、运输、进场存放和安装计划，构件的进场、存放、安装、注浆顺序，构件的现场存放位置及塔式起重机安装位置等。

11. PC 工程施工应配备哪些管理人员和技术人员?

一个完整的 PC 项目应配备项目经理、技术总工、吊装指挥、质量总监，下辖：起重工、信号工、技术工人、塔式起重机操作员、测量工、安装工、临时支护工、灌浆料制备工、灌浆工、修补人员。其组织架构如图 2-1 所示。

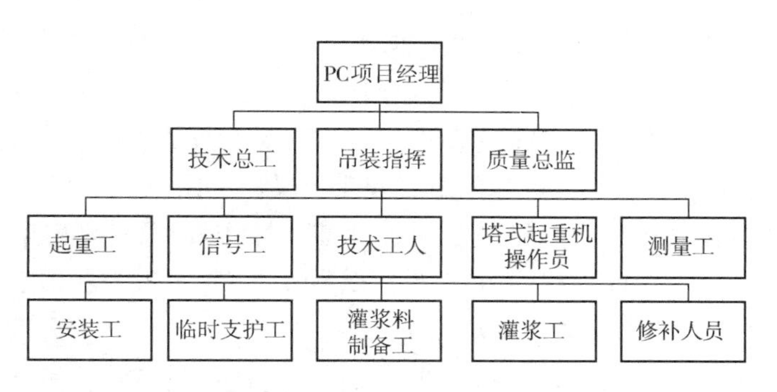

图 2-1　PC 施工组织架构图

(1) 项目经理

PC 施工的项目经理除了具备组织施工的基本管理能力外，应当熟悉 PC 施工工艺、质量标准和安全规程，有非常强的计划管理意识。

(2) 技术总工

熟悉 PC 施工技术各个环节，负责施工技术方案及措施的制定和编制，组织技术培训和现场技术问题处理等。

(3) 吊装指挥

吊装作业的指挥人员，熟悉 PC 构件吊装工艺、流程和技术质量要点等。要有一定的组织协调能力，安全质量意识较强。

(4) 质量总监

熟悉 PC 构件出厂的质量标准、PC 施工材料检验标准和施工质量标准，负责编制质量方案和操作规程，组织各个环节的质量检查验收等。

12. PC 工程施工应配备哪些专业技术工人？哪些岗位必须持证上岗？

PC 工程施工除需配备传统现浇工程所需配备的钢筋工、模板工、混凝土工等工种以外，还需增加一些专业性较强的工种，如起重工、安装工、灌浆料制备工、灌浆工等。PC 施工前，企业需对上述所有工种进行 PC 施工技术、施工操作规程及流程、施工质量及安全等方面的专业教育和培训。对于特别关键和重要的工种，如起重工、信号工、安装工、塔式起重机操作员、测量工、灌浆料制备工以及灌浆工等，必须经过培训考核合格后，方可持证上岗。

13. PC 施工企业需要制定哪些岗位标准和操作规程？

为了保证 PC 结构工程顺利施工，保证工程施工质量与施工安全，PC 施工企业除需制定所需传统工种的岗位标准和操作规程之外，还需根据 PC 工程的施工特点，制定如下岗位标准和操作规程：

（1）塔式起重机操作员岗位标准和操作规程

PC构件重量较重，构件的起重吊装工作属于高危险作业。同时，PC构件的安装精度要求较高，安装构件时，有多个套筒或浆锚孔需要同时对准连接钢筋才能安装到位。这就要求PC工程施工企业要制定详细严谨的塔式起重机操作员岗位标准和操作规程。在施工操作过程中，塔式起重机操作员应严格遵守岗位标准和操作规程，坚守岗位，服从指挥，集中精力，精心操作，才能保证工程施工安全，保证PC构件安装质量和进度。

（2）信号工岗位标准和操作规程

信号工也称为吊装指令工，向塔式起重机操作员传递吊装信号。信号工应熟悉PC构件的安装流程和质量要求，全程指挥构件的起吊、降落、就位、脱钩等工序。该工种是PC安装保证质量、效率和安全的关键工种。信号工应严格遵守岗位标准和操作规程，其技术水平、质量意识、安全意识和责任心都应当过硬。

（3）安装工岗位标准和操作规程

安装工负责PC构件的起吊、就位、安装和调节等工作，施工中要直接操作构件的起重吊装。安装工要熟练掌握不同构件的安装特点和安装要求，施工操作过程中，要与塔式起重机操作员和信号工严密配合，严格遵守相应的岗位标准和操作规程，才能保证构件的安装质量和施工安全。

（4）灌浆料制备工岗位标准和操作规程

灌浆料制备工负责灌浆料的搅拌配制，灌浆料的配制质量直接影响PC工程构件连接关键节点的工程质量。故灌浆料制备工需熟练掌握灌浆料的性能和配制要求，严格按照灌浆料的配合比进行浆料配制，严格遵守灌浆料制备工的岗位标准和操作规程。

（5）灌浆工岗位标准和操作规程

灌浆工负责构件连接节点的灌浆注浆工作，灌浆工需熟练掌握灌浆料的使用性能及灌浆设备的机械性能，严格执行灌浆工的岗位标准和操作规程。施工过程中，灌浆工与灌浆料制备工要协同作业，才能保证构件连接关键节点的工程质量。灌浆工的质量意识和责任心要强，要经过专业培训，并经考试合格后，方可持证上岗。

14. 对PC施工管理人员、技术人员和技术工人应进行怎样的培训？

PC施工企业在PC施工前，应对现场管理人员、技术人员和技术工人进行全面系统的教育和培训，培训主要包含技术、质量、安全等以下方面内容：

1）PC施工相关的各项施工方案的策划、编制和实施要求。如构件场地运输存放方案、塔式起重机的选型和布置方案、构件保护措施方案、吊具设计制作及吊装方案、现浇混凝土伸出钢筋定位方案、构件临时支撑方案、灌浆作业技术方案、脚手架方案、后浇区模板设计施工方案、构件接缝施工方案、构件表面处理施工方案等。

2）各种PC构件进场的质量检查和验收要求及操作流程。

3）各种PC构件的吊运安装技术、质量、安全要求及操作流程，包含构件的起吊、安装、校正及临时固定。

4）PC 构件安装完毕后的质量检查验收要求和操作流程。

5）PC 构件安装连接和灌浆连接的技术、质量、安全要求及操作流程。

6）PC 构件安装连接和灌浆连接后的质量检查验收要求。

7）其他安全操作培训，如安全设施使用方法及要求、临时用电安全要求、作业区警示标志要求、动火作业要求、起重机吊具吊索日常检查要求、劳动防护用品使用要求等。

以上培训要根据工人文化水平不高、对文字的理解力可能有偏差、记忆力有限、人员流动性较大等特点，最好是把培训内容制成图片、语音或者视频等，以方便工人学习和理解。

第3章　PC工程施工用设备、设施与专用工具

15. PC工程施工应配备哪些设备？

PC工程施工与传统工程施工所配备的施工设备有所不同，应配备以下工程施工设备。

（1）起重量大、精度高的起重设备。

（2）灌浆设备。

1）浆料调制设备。

2）灌浆泵。

3）手动灌浆枪。

（3）剪刀式升降平台。

（4）曲（直）臂车（高处作业车）。

（5）场内平板运输车（规划有构件堆场时用）。

（6）楼层小型起重设备（安装部品和墙板）等，如图3-1所示。

图3-1　楼层小型起重设备

16. PC工程施工起重机有哪些类型？

（1）PC工程施工的特点是起重量大、精度高，在选择起重设备时要根据整体工程情况，重点考虑起重量、起重精度和幅度，国内现在一般有以下几种可供选择。

1）固定式塔式起重机（平臂式、动臂式，又可分为附着式和内爬式）。

2）移动式塔式起重机（履带式、轨道式、轮胎式、汽车式）。

3）履带起重机。

4）汽车式起重机。

（2）常用起重机型号选用，见表3-1。

表3-1　常用起重机型号选用表

序号	塔式起重机型号	形　式	臂长/m	最大起重量/t	尖端荷载/t	独立高度/m	生　产　商
1	STT553	附着	80	24	3.55	49.6	抚顺永茂建筑机械有限公司
2	C7030	固定附着、行走、内爬	70	16	3.0	53.2	四川建筑机械（集团）股份有限公司
3	QTZ400	附着	80	25	3.0	72.4	中联重科股份有限公司
4	MC480	附着	80	25	3.0	76.11	马尼托瓦克起重设备（中国）有限公司
5	QTP-550	附着	80	25	3.6	72.4	沈阳三洋建筑机械有限公司

（3）起重机选择

为了达到安全、高效、拆装便利、施工通用等，起重机选用和布置必须满足以下要求：

1）起吊重量：

$$起吊重量 =（构件重量 + 吊具重量 + 吊索重量）\times 1.5 系数 \quad (3\text{-}1)$$

2）起重机幅度：起重机幅度是指吊点与起重机中心点的距离，如图 3-2 所示。起重机幅度与吊重参数见表 3-2。

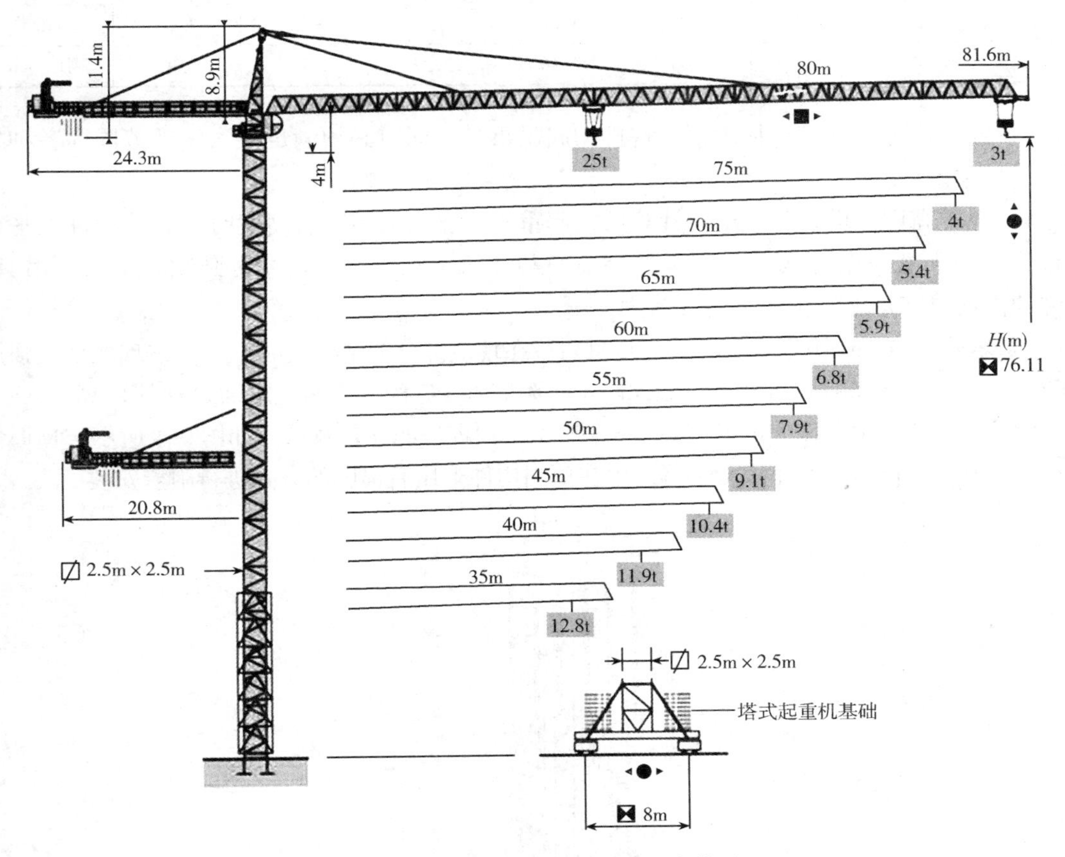

图 3-2　塔式起重机幅度起重量参数图

表 3-2　起重机幅度与吊重参数表

幅度/m		3.5～14.8	15	17.5	20	22.5	25	27.5
吊重/t	α=2	12.50						
	α=4	25.00	24.49	20.22	17.09	14.71	12.84	11.32

幅度/m		30	32.5	35	37.5	40	42.5	45
吊重/t	α=2	11.3	10.25	9.36	8.59	7.92	7.33	6.81
	α=4	10.07	9.02	8.13	7.36	6.69	6.10	5.58

（续）

幅度/m		47.5	50	52.5	55	57.5	60	62.5
吊重/t	α=2	6.35	5.93	5.55	5.21	4.9	4.62	4.36
	α=4	5.11	4.70	4.32	3.98	3.67	3.39	3.13
幅度/m		65	67.5	70	72.5	75	77.5	80
吊重/t	α=2	4.12	3.9	3.69	3.5	3.32	3.16	3.00
	α=4	2.89	2.67	2.46	2.27	2.09	1.92	1.77

3）起重能力：应满足最大幅度构件的起吊重量，同时必须满足最大幅度范围内各种构件的起吊重量。

4）起重高度：塔式起重机应计算塔式起重机独立高度与附着高度时吊起的构件能平行通过建筑外架最高点（或构件安装最高点）以上2m处；计算高度时必须将吊索、吊具、构件的高度总和加上安全距离合并考虑。

5）塔式起重机的附着：当塔式起重机附着在现浇部分的结构上时，应考虑现浇结构强度时间与吊装进度之间的时间差。当塔式起重机附着在PC构件上时，应通过模拟计算，在PC构件设计阶段确定附着点的位置，如图3-3所示。预埋件的形式及尺寸如图3-4所示。预埋件须在工厂制作构件时一并完成，不得采用在预制构件上用后锚固的方式进行附着安装。

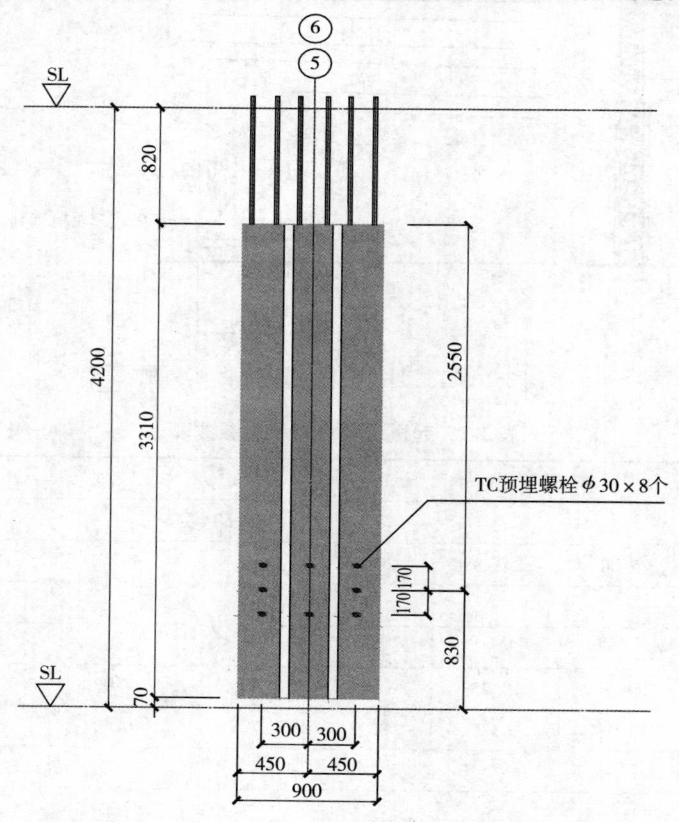

图3-3 塔式起重机附着在PC上位置

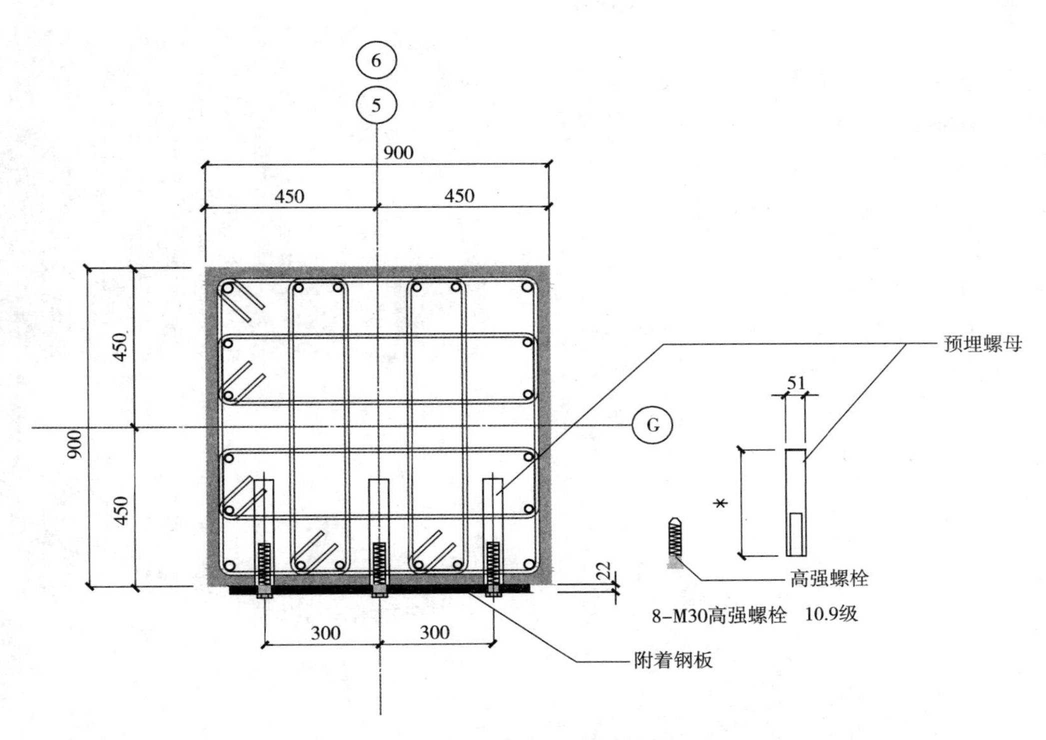

图3-4　附着预埋螺栓的形式和尺寸

6）起升速度：起升速度决定了PC工程的安装效率，在选择起重设备时，要考虑在满足安全性能的前提下尽可能选择起升速度快的起重设备；起升速度与起重量及起重机的起重参数有关，在选择时查看相关参数表，见表3-3。

表3-3　起升速度参数表

机构		α=2		α=4	
		m/min	t	m/min	t
24t	90LFV60	0~38	12.0	0~19	24.0
		0~46	10.0	0~23	20.0
		0~72	4.0	0~36	8.0
	90LFV60DB1	0~40	12.0	0~20	24.0
		0~96	4.0	0~48	8.0
		0~160	1.0	0~80	2.0
20t	90LFV50	0~37	10.0	0~18	20.0
		0~44	8.0	0~22	16.0
		0~75	3.0	0~37	6.0
	75LFV50DB1	0~32	10.0	0~16	20.0
		0~96	3.0	0~48	6.0
		0~150	1.0	0~75	2.0

7）控制精度：PC 构件安装时，需要对位及调整，所以吊装时的精度控制及稳定性非常重要。当然起重机的起重量越大，精度和稳定性越好。塔式动臂与塔式平臂两种起重机，动臂的精度和稳定性比平臂要好很多。平臂起重机因为结构设计的原因，在起重时受构件重量及惯性影响，使得精度差一些。

8）常用起重设备：塔式平臂起重机，如图 3-5 所示；塔式动臂起重机，如图 3-6 所示；履带式起重机，如图 3-7、图 3-8 所示；汽车式起重机，如图 3-9 所示。

图 3-5　塔式平臂起重机

图 3-6　塔式动臂起重机

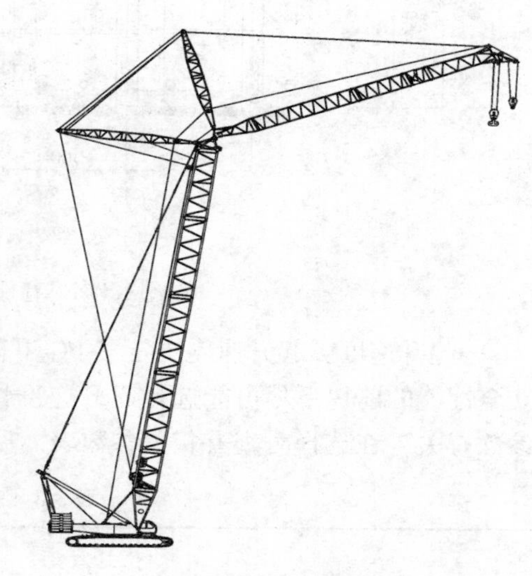

图 3-7　履带式起重机

图 3-8　履带式起重机

图 3-9　汽车式起重机

9）起重机常规选择：

①高层与多层建筑选择塔式起重机，必须考虑安拆方便。

②高层建筑的裙房部分 PC 构件安装，在塔式起重机幅度无法覆盖的情况下，吊装可选用履带起重机或汽车式起重机。

③房屋建筑高度在 20m 以下的住宅或厂房结构，可选择履带起重机或汽车式起重机进行吊装。

④高层建筑在采用内爬式塔式起重机时，拆除时可在屋面安装小型起重机来拆除主塔起重机。

17. PC 构件吊装需用什么吊具？如何进行吊具设计？

PC 构件吊装必须使用专用的吊具进行吊装作业，一般需配备吊索（钢丝绳、铁链条、专用吊带）、卸扣、钢制吊具、专用吊扣等。

（1）吊装专用吊具

1）点式吊具：点式吊具实际就是用单根吊索或几根吊索吊装同一构件的吊具，如图 3-10、图 3-11 所示。

图 3-10　点式吊具一

图 3-11　点式吊具二

2）梁式吊具（一字形吊具）：采用型钢制作并带有多个吊点的吊具，通常用于吊装线形构件（如梁、墙板等），如图 3-12 所示；或用于柱安装，如图 3-13 所示。

图 3-12　梁式吊具一

图 3-13　梁式吊具二

3）架式吊具（平面式吊具）：对于平面面积较大、厚度较薄的构件，以及形状特殊无法用点式或梁式吊具吊装的构件（如叠合板、异形构件等），通常采用架式吊具，如图3-14所示。

4）特殊吊具：为特殊构件而量身定做的吊具，如图3-15、图3-16所示。

图3-14 架式吊具

图3-15 特殊吊具一

（2）吊装吊具设计

1）吊装吊具设计时，首先要对本项目所有PC构件的几何尺寸、单个重量、吊点设置部位精确掌握，对柱、梁、板、墙、楼梯、楼梯休息平台、阳台等构件设计专用或通用的构件吊具。

2）吊索与吊具、构件的水平夹角不宜小于60°，不应小于45°；梁式吊具与构件之间采用吊索连接时，吊索与构件的角度宜为90°，如图3-17所示；架式吊具与构件之间采用吊索连接时，吊索与构件的水平夹角应大于60°。

3）钢丝绳吊索宜采用压扣形式制作，如图3-18所示。

4）卸扣的选用，原则上应选用标准产品，对新技术新产品应进行试验验证后选用。

5）所有吊索、卸扣都须有产品检验报告、合格证，并挂设标牌。

6）所有钢制吊具必须经专业检测单位进行探伤检测，合格后方可使用。

图3-16 特殊吊具二

图3-17 吊索与构件的角度为90°

图3-18 压扣型钢丝绳吊索

（3）PC构件吊具设计方法

1）柱吊具设计。

①卸车吊具：通常采用点式或梁式吊具，如图3-10、图3-12、图3-17所示（如果直接从运输车上吊装，可以省去卸车吊具，直接用吊装吊具进行吊装即可）。

②吊装吊具：通常采用梁式吊具。吊具连接构件的吊索根据柱的形式确定，要注意柱在起吊立起时吊索与柱预留钢筋间能顺利穿过，如图3-13、图3-16所示。

2）梁吊具设计。

①梁的卸车与吊装一般都采用同一吊具，常规使用梁式吊具，如图3-12所示。

②由于构件的长度不一样，所以梁式吊具的吊索距离应当制作成可调整型，如图3-19所示。

③连接起重机与吊具的吊索为固定吊索。

④梁的吊装要考虑调节梁的水平状态，所以在设计吊具时应设置能调节水平的挂设点，并采用挂设手拉葫芦的方式来调节构件水平，如图3-12所示。

图3-19 可调（吊索距离）梁式吊具

3）平面板式构件吊具设计。

①PC楼板一般分为叠合楼板、空心楼板、双T楼板、华夫楼板（图3-20）等。

图3-20 华夫楼板（在平面上有竖直穿过的圆孔）

②常用叠合楼板的厚度在60mm左右，所以采用多吊点吊装，可采用架式吊具进行设计，如图3-14所示。在吊架上设计多个耳环挂设滑轮，使吊索在各个吊点受力均匀。

③大型工程的楼板（如双T板）可采用点式吊具，如图3-11所示。

4）竖向板式构件吊具设计。

①竖向板式构件一般有：剪力墙板、外墙挂板、框架结构填充墙板等。

②竖向板式构件通常用靠放架进行运输与存放，设计采用梁式（图3-21）或点式吊具。

③采用平放运输方式的，要设计卸车吊具，可采用点式或架式吊具；翻转立起可采用点式或梁式吊具设计。

5）楼梯、阳台吊具设计。

①楼梯吊具可采用架式或点式吊具。

②主要需考虑吊装时楼梯的水平和倾角正确，采用下部吊索长度调整的方法进行设计，并具有可调性。

③阳台吊具的设计参照板吊具，也需考虑水平调整，便于安装。

（4）吊索与吊具验算

1）吊装工具及吊索设计要点。

①吊具下侧挂重点对称布置，吊具上面起吊点对称布置。

②吊具宜采用成品型钢。

③吊钩两侧吊索长度应事先计算确定，且不可随意改变。

2）吊具与吊索的受力简图和计算。

图 3-21　竖向板式构件采用梁式吊具

①吊具与吊索的受力简图。吊具受力简图，吊具及吊索示意图如图 3-22 所示，吊具及吊索受力简图，如图 3-23、图 3-24 所示。吊具采用工字钢制作，构造措施须满足《钢结构设计规范》（GB 50017—2003）的要求。

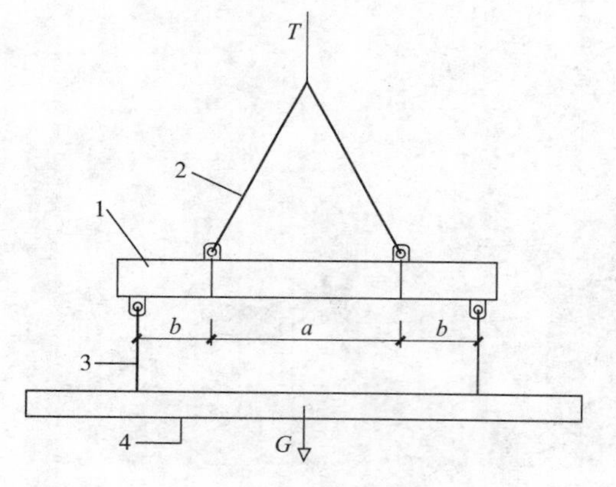

图 3-22　吊具及吊索示意图

1—吊具　2—斜吊索　3—垂直吊索　4—预制构件

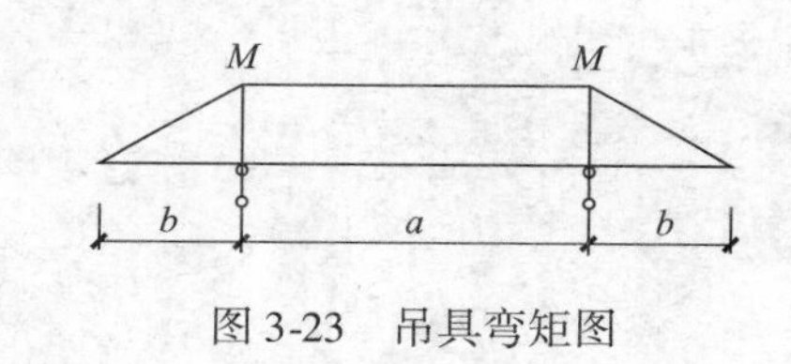

图 3-23　吊具弯矩图

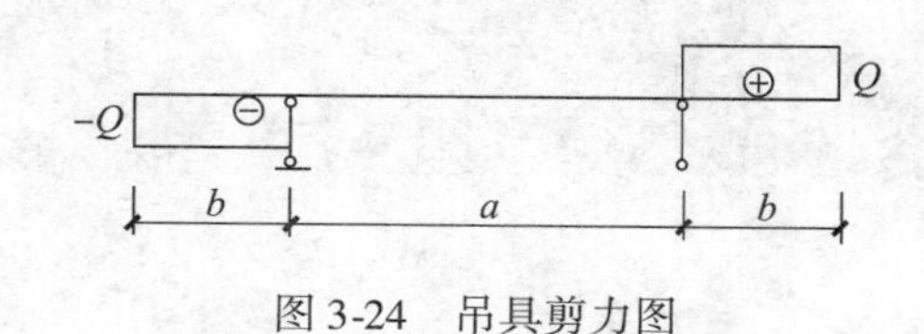

图 3-24　吊具剪力图

②吊具与吊索受力计算。

a）吊具所受的弯矩为

$$M = \frac{Gb}{2} \tag{3-2}$$

式中　M——作用在吊具上弯矩设计值；

G——构件重力荷载设计值；

b——吊具斜拉索连接点到竖直拉锁点距离。

b）型钢截面正应力计算

$$\sigma = \frac{M}{\gamma_x W_{nx}} \tag{3-3}$$

式中　σ——作用在吊具截面上正应力设计值；

M——作用在吊具上弯矩设计值；

W_{nx}——吊具截面抵抗矩；

γ_x——塑性发展系数，本书取1.0。

c）吊具所受的剪力计算

$$Q = \frac{G}{2} \tag{3-4}$$

式中　Q——作用在吊具上的剪力设计值；

G——构件重力荷载设计值。

d）吊具所受应力计算

$$\tau = \frac{QS_x}{I_x t_w} \tag{3-5}$$

式中　τ——作用在吊具上的剪应力设计值；

Q——作用在吊具上的剪力设计值；

t_w——型钢腹板厚度；

S_x——型钢截面净矩；

I_x——型钢截面惯性矩。

e）吊索的承载力计算

$$T \leqslant fA \tag{3-6}$$

式中　T——作用在吊锁上的拉力设计值；

A——吊索的截面面积；

f——吊索强度设计值。

3）吊具安全系数的选取

《混凝土结构设计规范》（GB 50010—2010）条文说明9.7.6条确定钢筋吊环抗拉强度时考虑折减系数。折减系数可参考构件的重力分项系数取1.2，吸附作用引起的超载系数取1.2，钢筋弯折后的应力集中对强度折减系数取为1.4，动力系数取为1.5，钢丝绳角度对吊装环承载力影响系数取为1.4。《混凝土结构设计规范》（GB 50010—2010）条文说明10.9.8中给出，综合以上因素最不利系数为4.23，日本技术人员在计算吊具时，安全系数取10。本书建议吊具与吊索安全系数不应小于5，不宜小于10。

18. PC构件在工地内如何进行水平运输？

（1）PC构件在工地内水平运输有两种情况

1）构件从厂内运输到工地，在车上直接起吊安装，这种情况不需要水平运输。

2）构件进场不能直接安装，在施工现场的临时存放场地存放的，且场地不在起重机覆盖范内时，需要水平运输。

（2）工地内构件水平运输

1）使用汽车平板运输车，如图3-25所示，根据构件大小选择运输车长度及载重。

2）现场道路要充分考虑宽度、转弯半径、雨后通行能力等。

3）运输时，车上要配置枕木、橡胶垫，特殊构件要制作支架。

4）车上应配备绑带、紧固器具，确保场内运输构件的安全。

图3-25 汽车平板运输车

19. 如何选配灌浆设备与工具？

灌浆作业是PC安装最重要的一环，选择好灌浆设备和工具至关重要。灌浆作业一般分为机械灌浆和手动灌浆两种。

（1）灌浆料制备工具

手提式搅拌器或搅拌机、调浆搅拌桶、电子秤、刻度量杯、平板手推车等，见表3-4。

表3-4 灌浆料制备工具

名　称	冲击转式砂浆搅拌机	电子秤、刻度量杯	平板手推车	搅 拌 桶
主要参数	功率：1200～1400W 转速：0～800rpm 可调 电压：单相220V/50Hz 搅拌头：片状或圆形花栏	称量程：30～50kg 感量精度：0.01kg 刻度量杯：2L、5L	600mm×800mm	Φ300 × H400，不锈钢平底桶
用途	浆料搅拌	精确称量干料及水	水平运输	调制浆料
图片	33cm 25cm 60cm 87cm			

（2）灌浆工具

电动灌浆泵、手动灌浆枪、灌浆料斗等，见表 3-5。

表 3-5　灌浆工具

类　型	电动灌浆泵	手动灌浆枪	灌浆料斗
型号	JM—GJB 5D 型	—	自制
电源	3 相，380V/50Hz	无	无
额定流量	≥3L/min（低速） ≥5L/min（高速）	手动	
额定压力	1.2～1.6MPa	—	
料仓容积	料斗 20L	枪腔 0.7L	根据实际确定
图片			根据实际情况确定 （图 3-26）

图 3-26　灌浆料斗

20. PC 工程施工应配备哪些专用或特殊的设施？

由于 PC 工程与传统现浇建筑不同，施工时需要一些专用及特殊的设施，这些设施可分为施工设施和安全设施两种。其中施工设施主要有可调节斜支撑系统、水平构件支撑系统、可移动登高设备、人字梯等；安全设施主要有专用安全围护栏杆、提升式脚手架、救生索（生命线）、高处作业防坠器、安全绳与自锁器组合、楼梯临时安全护栏等。

（1）施工设施

1）可调节斜支撑系统：由支座、调节丝杆、钢管、锁紧螺母、固定销（或螺栓）组成，如图3-27所示。

图3-27　可调节斜支撑系统细部及安装现场图

2）水平构件支撑系统：可采用专业定制或传统钢管搭设，但必须设置高度可调装置，在梁底和板底采用100mm×100mm木方垫衬，如图3-28所示。

图3-28　水平构件支撑系统

3）可移动登高设备：剪刀式升降平台，用于支撑安装、框架梁安装、吊具脱钩等工作，如图3-29所示。

4）人字梯：最好采用玻璃钢人字梯，如图 3-30 所示。

图 3-29 剪刀式升降平台

图 3-30 玻璃钢人字梯

（2）安全设施

1）专用安全护栏：用于吊装和灌浆作业的护栏，并在预制构件时将预埋件浇入构件内，如图 3-31 所示。

图 3-31 专用护栏

2）提升式脚手架：是随着吊装工作同步随之升高的一种提升式外脚手架，如图 3-32 所示。

3）救生索（生命线）：用于叠合楼板（或安全带无处挂设的作业场合）吊装时，操作人员挂设安全带的钢丝绳；生命线钢丝绳应选用直径 12mm 的软钢丝绳制作，如图 3-33 所示。

图 3-32 提升式外脚手架

图 3-33 救生索（生命线）

4）防坠器：用于高处作业时，高挂低用的防坠落设施；防坠器应根据作业高度及半径合理选用，如图3-34所示。

5）安全绳：用于狭窄空间与较高筒体内安装构件时采用安全绳与自锁器组合的设施，如图3-35、图3-36所示。

图3-34　防坠器

图3-35　安全绳

6）楼梯临时安全护栏：由于装配式楼梯安装后马上就可以使用，这时为了防止意外，安装后应马上在楼梯边上加装安全护栏以进行保护，如图3-37所示。

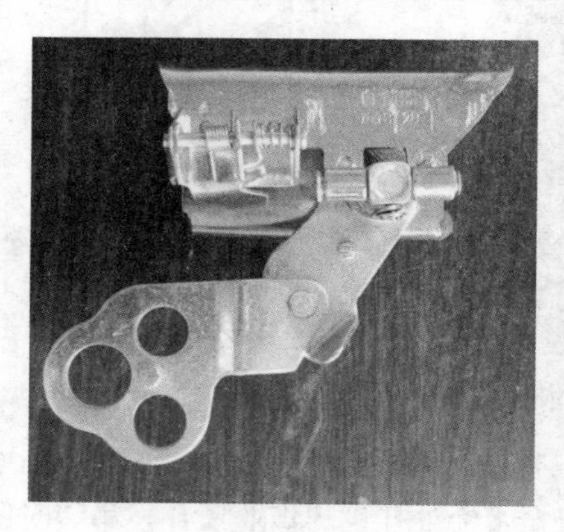

图3-36　自锁器

图3-37　楼梯临时安全护栏

21. PC工程施工应配备哪些专用工具与仪器？

PC安装需要专用的工具和仪器，包括用于校正构件垂直、水平、轴线精度的工具与仪器和灌浆料测试工具与仪器。

（1）构件安装校正工具与仪器

1）校正柱脚轴线位置的专用工具：柱脚调节器，如图3-38所示。

2）校正柱顶部轴线位置及垂直度的专用仪器：经纬仪、红外线标线仪，如图3-39所示。

图 3-38　柱脚调节器

图 3-39　红外线标线仪

3）校正梁水平及柱梁标高的高精度水准仪，如图 3-40 所示。

4）校正梁轴线位置及墙垂直度的红外线垂直投点仪，如图 3-41 所示。

图 3-40　高精度水准仪

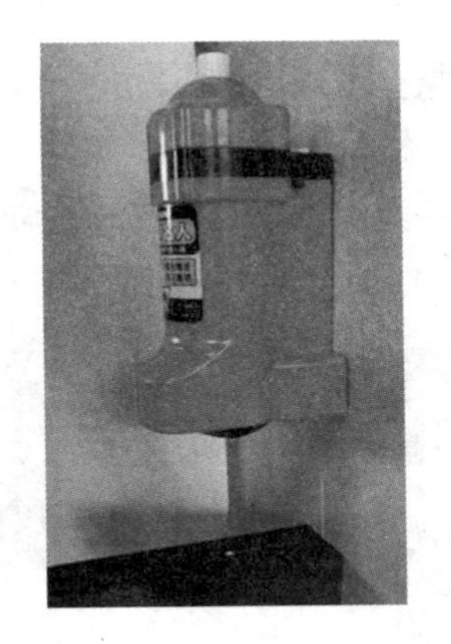

图 3-41　红外线垂直投点仪

5）校正楼梯的水平尺。

（2）灌浆料测试工具与仪器

1）灌浆料测试工具：灌浆料测试工具见表 3-6。

表 3-6　灌浆料测试工具

检测项目	工具名称	规格参数	照　片
流动度检测	圆截锥试模	上口 × 下口 × 高 Φ70mm × Φ100mm × 60mm	
	钢化玻璃板	长 × 宽 × 厚 500mm × 500mm × 6mm	—
抗压强度检测	试块试模	高 × 宽 × 长 40mm × 40mm × 160mm 三联	

2）灌浆料测试仪器：电子测温仪，如图 3-42 所示。

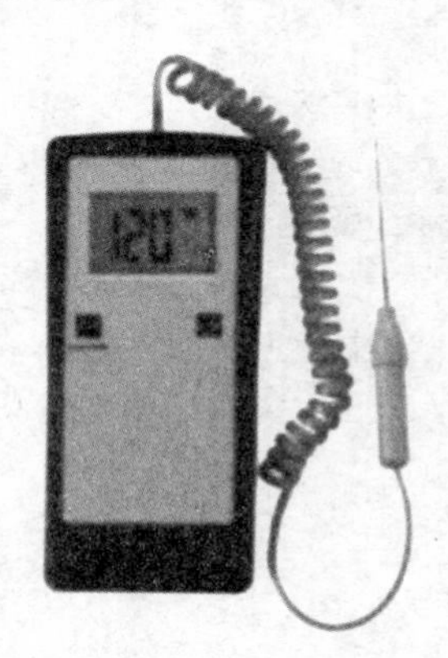

图 3-42　电子测温仪

22. PC 工程施工应当配置哪些安全设施和护具？

PC 工程安装需配备的安全设施见第 20 问；另需配备警示牌、警示带、警示杆、警示锥等，如图 3-43 所示；个人防护用具有安全鞋、安全帽、安全带、防风镜等。

图 3-43　警示锥、警示杆

第4章　PC工程施工准备

23. PC工程施工须做哪些准备工作？

PC工程施工前的准备是指从熟悉研究设计图样到第一个单元试吊装这段时间的工作，主要包括以下内容：

（1）熟悉研究施工图样。在设计交底时向设计方进一步了解设计意图，提出审读图样时发现的问题，与设计方互动，寻求解决方案。

（2）进行PC构件（和其他部品）制作厂家的选择或招标工作；如果由甲方指定PC构件（和其他部品）制作厂家，则需要与之进行衔接互动。

（3）查勘施工现场，了解场地、道路、空间和其他周边环境情况。

（4）按照国家标准《装标》的要求，“结合设计、生产、装配一体化的原则整体策划，协同建筑、结构、机电、装饰装修等专业要求，制定施工组织设计。”“施工组织设计应体现管理组织方式吻合装配工法的特点。”

（5）根据装配式混凝土建筑工程的特点和具体项目的实际情况配置项目施工组织的机构和专业管理人员、技术人员、施工作业人员。落实职责分工。编制施工作业人员进场计划。所配备的人员应具备装配式建筑施工岗位所需要的基础知识和技能。

（6）对管理人员、技术人员和施工作业人员进行施工组织设计交底和质量、安全技术交底。

（7）宜采用BIM技术对施工全过程特别是关键工艺进行信息化模拟，指导施工。精确定量定时，提高效率，降低成本。

（8）编制详细的施工作业计划，落实到天；根据施工进度计划向PC制作工厂和其他部品制作工厂提供部品部件供货计划，签订供货合同。

（9）制定部品部件进场质量检验方案，特别是从运输构件车辆上直接吊装时如何进行质量检验的方案。

（10）制定现浇混凝土部分确保施工精度的工艺方案和检查措施。

（11）设计编制PC安装施工方案并实施，内容包括：

1）按照大型PC构件或其他整体部品的运输安装要求，进行并完成工地现场道路和场地设计。

2）根据最大构件重量与位置确定起重设备型号及安装位置。

3）设计车辆停靠位置、卸车、堆放、吊装方法、校正方法、加固方式、封模方式、灌浆操作、养护措施、试块试件制作、检验检测要求等。

4）在不能从运输车上直接吊装的情况下，设计PC构件场内堆放位置、编制堆放方案。制作或采购相关机具，如靠放架、垫木等。

（12）根据施工作业进度计划和施工方案，编制装配式安装施工所需要设备、设施和工具采购或加工计划，包括：灌浆机、灌浆枪、橡胶塞、温度仪、搅拌器、流动度测试工具、浆料试块模、枕木、支撑架材料、升降操作平台、人字梯、水平尺、钢尺、卷尺、墨斗、墨汁、经纬仪、水准仪、红外线投线仪、钢垫块等。根据国家标准要求，尽可能采用标准化、工具化的工装系统。根据构件形状、重量和安装要求，设计、加工或选用各种吊具、吊索、临时支撑设施、模架体系等。

（13）按照行业标准《装规》的要求，进行模拟构件连接接头的灌浆试验，对灌注质量和接头抗拉强度进行检验。检验合格后方可进行安装施工。

（14）选择有代表性的单元进行PC构件试安装。并根据试安装结果及时调整改进施工工艺，完善施工方案。

（15）按照国家标准《装标》的要求，对于施工中采用的新技术、新工艺、新设备，应做到：

1）应经过试验和技术鉴定，按有关规定进行评审、备案。

2）施工前进行评价并制定专门的技术方案。

3）施工方案报监理单位审批后实施。

（16）编制安全施工方案，主要内容包括：

1）起重机选择与安拆。

2）吊具吊索验算与验收检查。

3）临时支撑体系受力验算与验收检查。

4）安全护栏等防护设施设置、固定与检查。

5）高处作业安全措施与设施的设置与检查。

6）劳动防护用品（安全帽、防风镜、工作服、手套、安全带、安全鞋）的配置、发放与使用情况检查。

7）编制安全培训计划并实施，包括操作规程培训、安全防范重点培训和班前培训等。

24. PC工程施工企业如何审读PC工程图和构件图？重点关注哪些环节？

（1）PC工程图与传统现浇工艺以平面表示法为主的工程图不一样，增加了布置图（装配用）、连接节点图和构件制作图。布置图有平面布置图（图4-1）、立面布置图（图4-2）、剖面布置图（图4-3）和细部布置图，给出了构件的布置与相互关系。构件连接节点图如图4-4所示，PC构件制作加工图如图4-5～图4-9所示。审读PC工程图样主要注意以下几个方面：

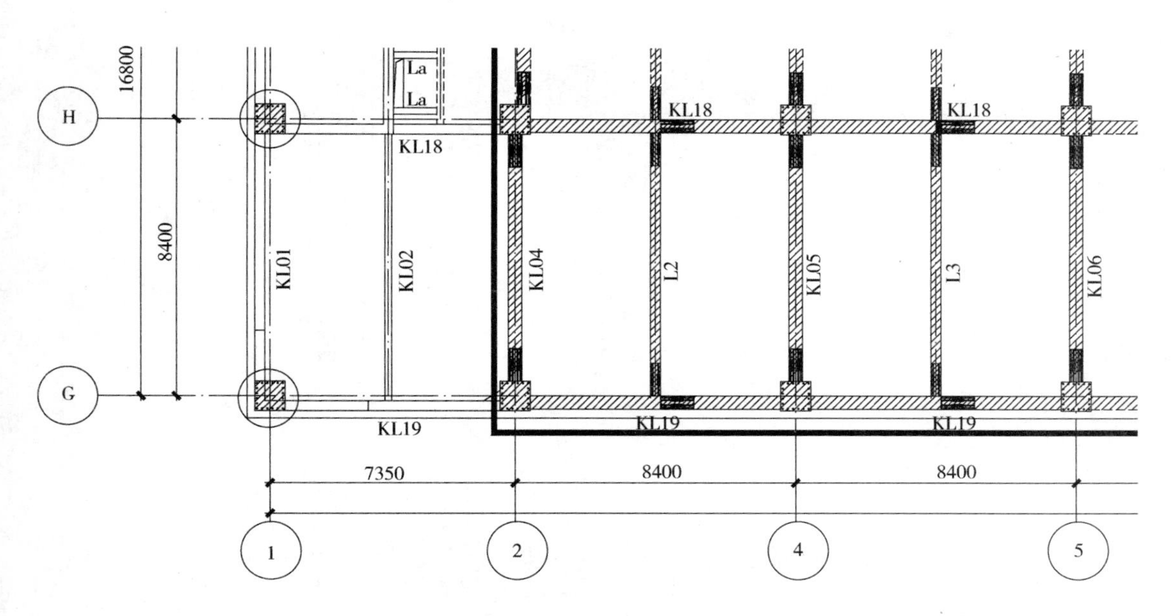

图 4-1　PC 平面布置图

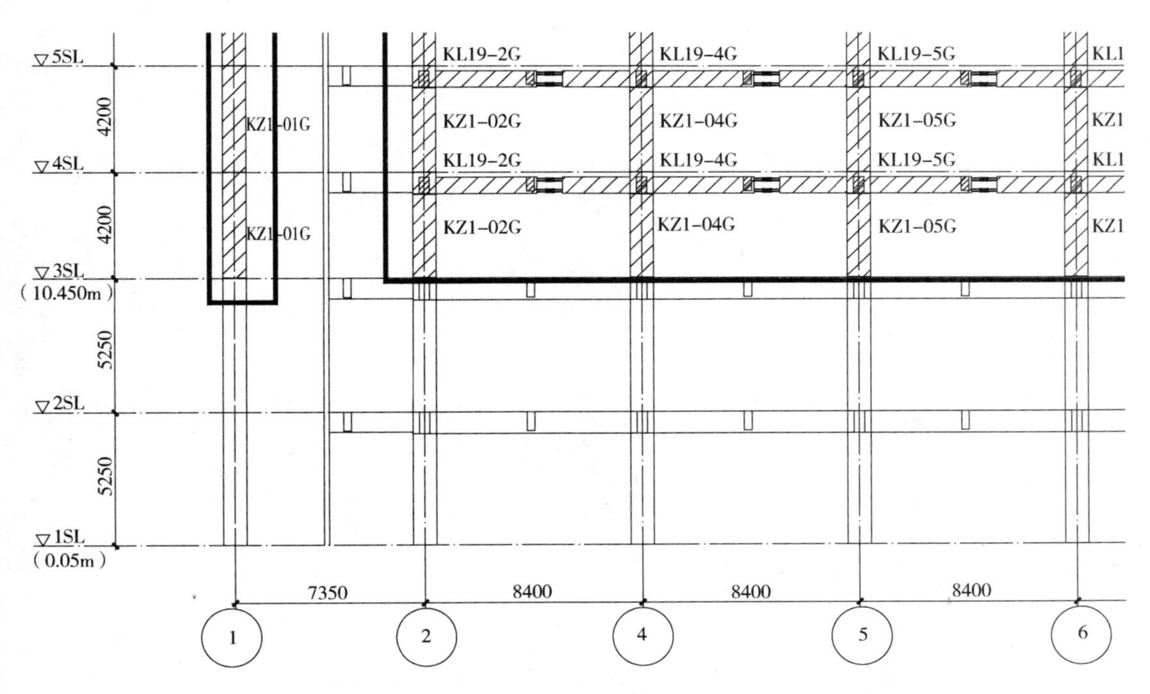

图 4-2　PC 立面布置图

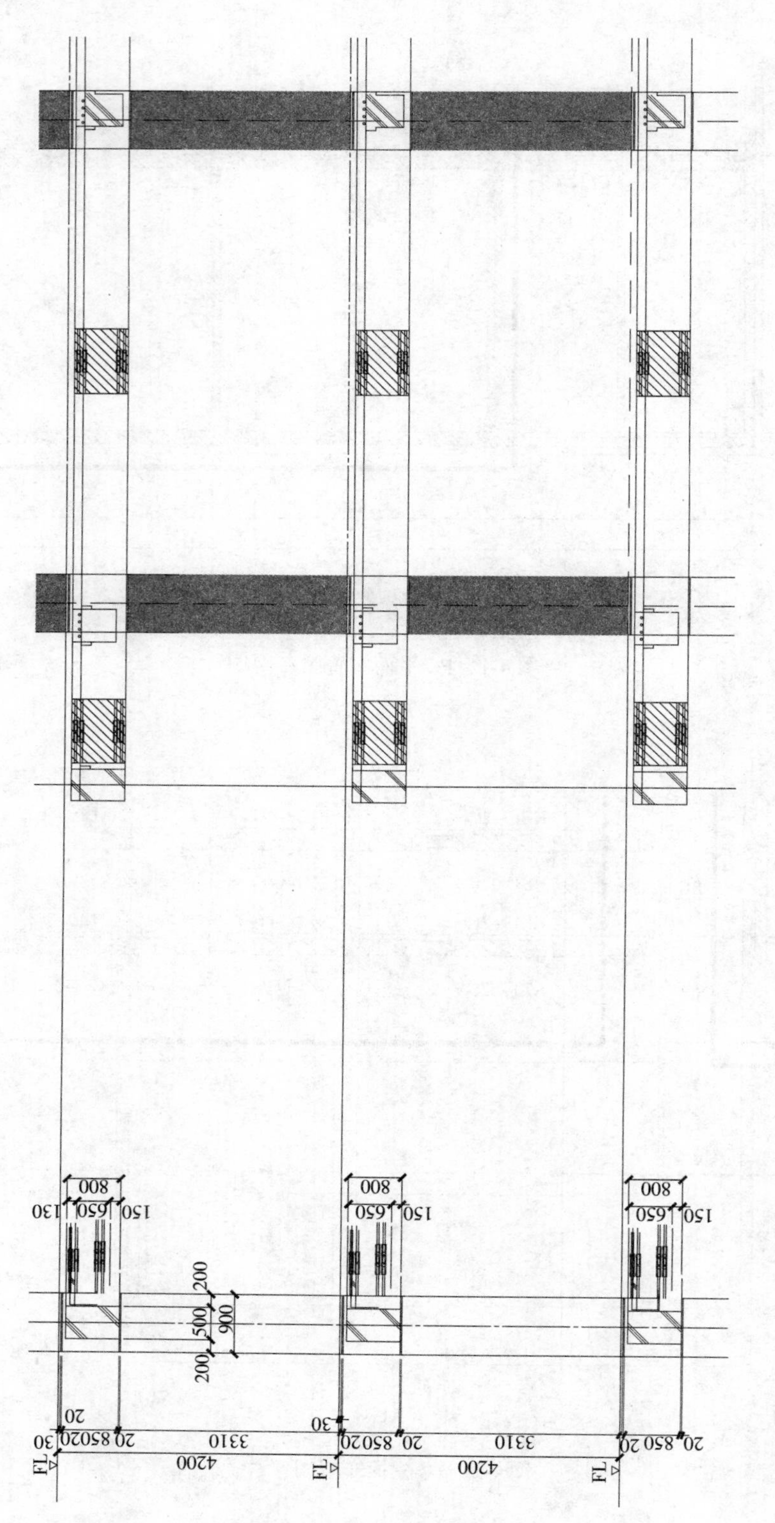

图4-3　PC剖面布置图

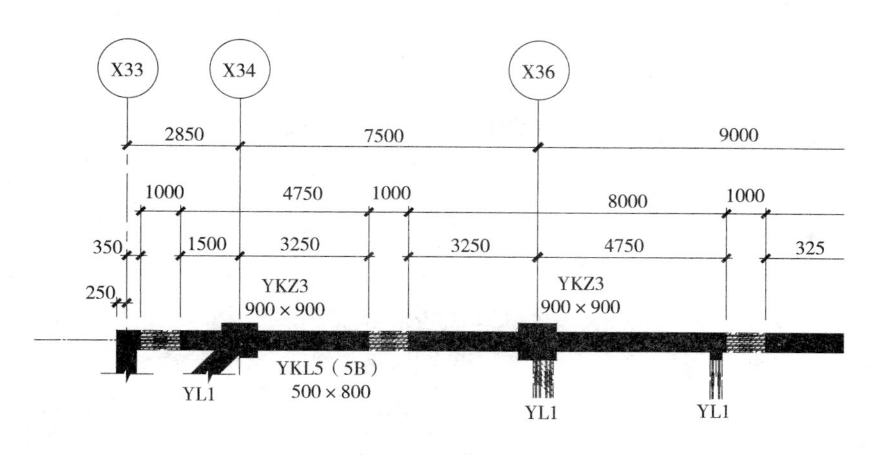

图 4-4　PC 构件连接节点图

1）审读 PC 工程图，必须是具有 PC 施工经验的技术人员进行。

2）充分了解工程的结构形式。

3）应有设备管线和内装等各专业人员协同审图。

4）按照平面布置图内各种构件的型号，对照检查所有构件制作加工图是否齐全。

5）构件连接图中各种构件之间连接所采用的形式是否详细。

6）PC 构件制作加工图所示的几何尺寸有无残缺。

（2）对 PC 工程图样需要重点关注的内容：

1）构件的平面分布情况。

2）预制与现浇混凝土的衔接处，支模空间是否受限而无法操作。

3）按照构件连接顺序，是否有无法安装的构件（比如预留钢筋无法穿入等）。

4）构件安装后其累计长、高、宽度是否超出结构总尺寸。

5）需要立起翻转的构件，其吊点设置位置是否符合吊装要求。

6）用于机电安装预留孔洞的位置、几何尺寸是否符合机电安装要求及机电安装要求在结构上需要固定的预埋件设置是否齐全（如：水电井留洞、预埋管线对口、预埋线盒位置、避雷引下线、消防管道支架埋件、电缆桥架固定埋件等）。

7）用于内装的预留孔洞及装修要求在结构上需要固定的预埋件设置是否齐全。

8）用于 PC 安装所需校正加固、模板固定、外脚手架固定、安全设施固定、构件间连接等的预埋件是否满足安装要求；并要仔细复核其型号、位置、绝对和相对尺寸。

9）对现浇预留钢筋位置、长度进行确认，应对其与 PC 构件连接形式、连接位置仔细复核。

10）根据 PC 工程图样，编制详细的 PC 工程专项施工方案，确定是否需要增加预埋件，有必要增加的，须与 PC 构件厂协调研讨预制植入方案。

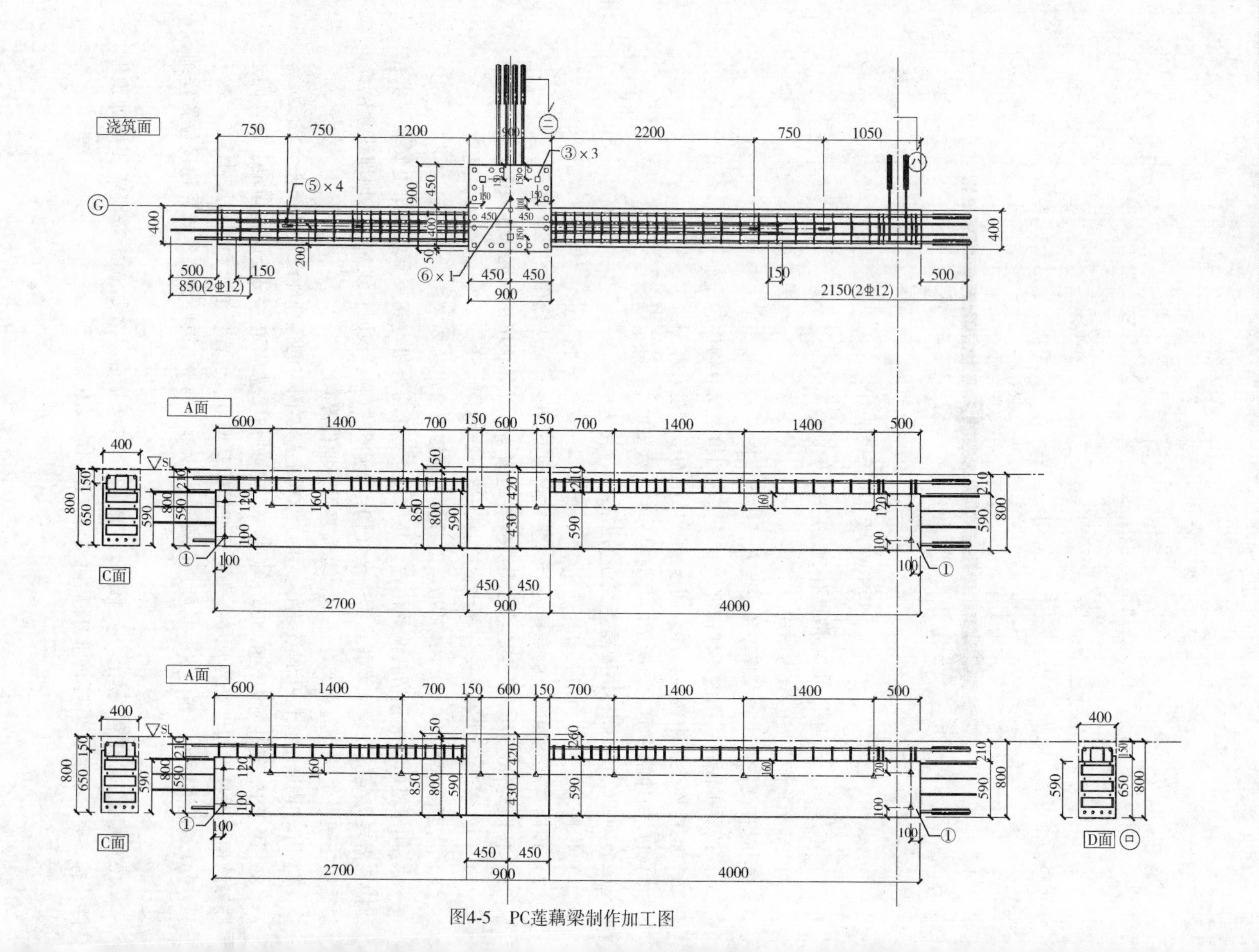

图4-5 PC莲藕梁制作加工图

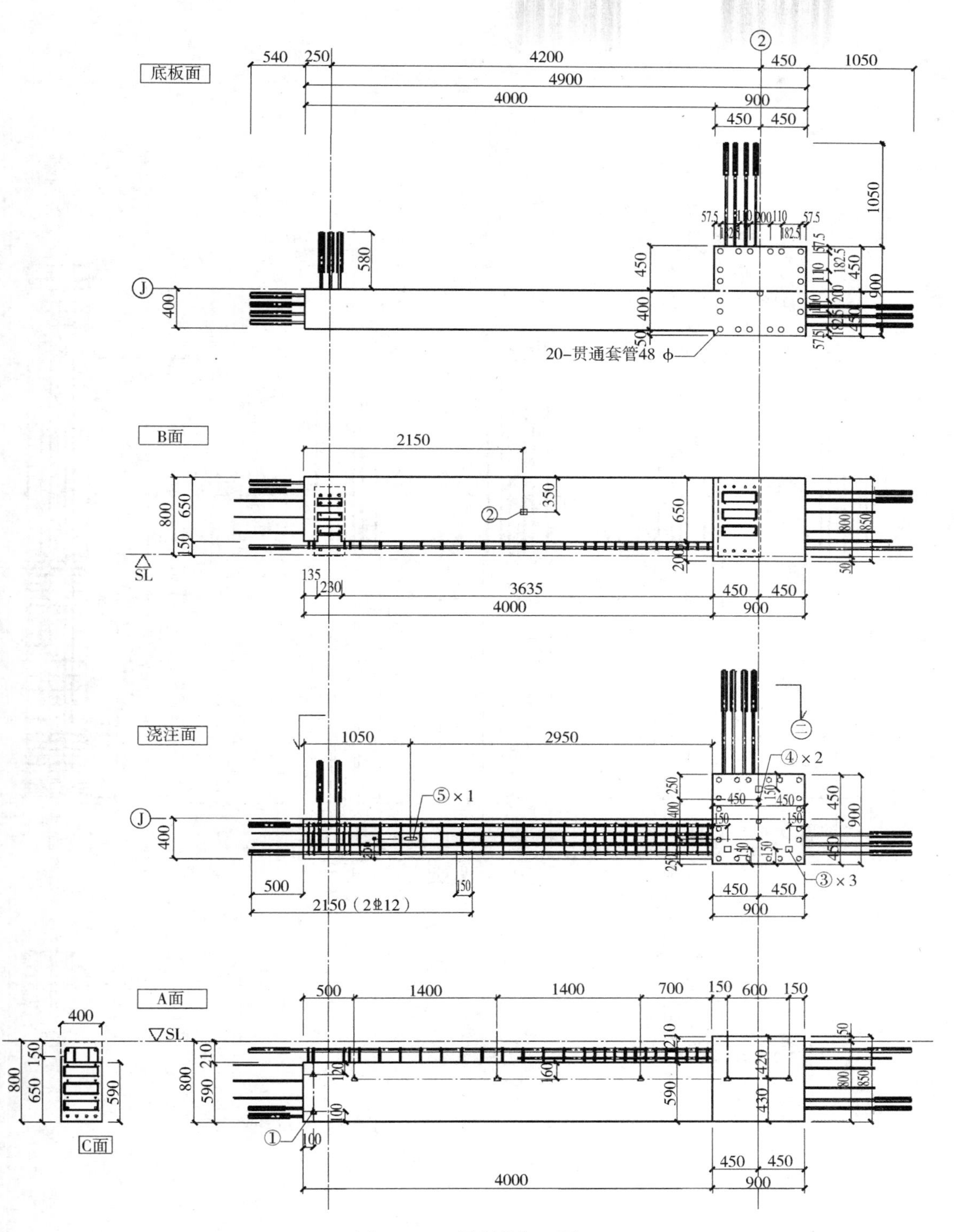

图 4-6　PC 梁制作加工图

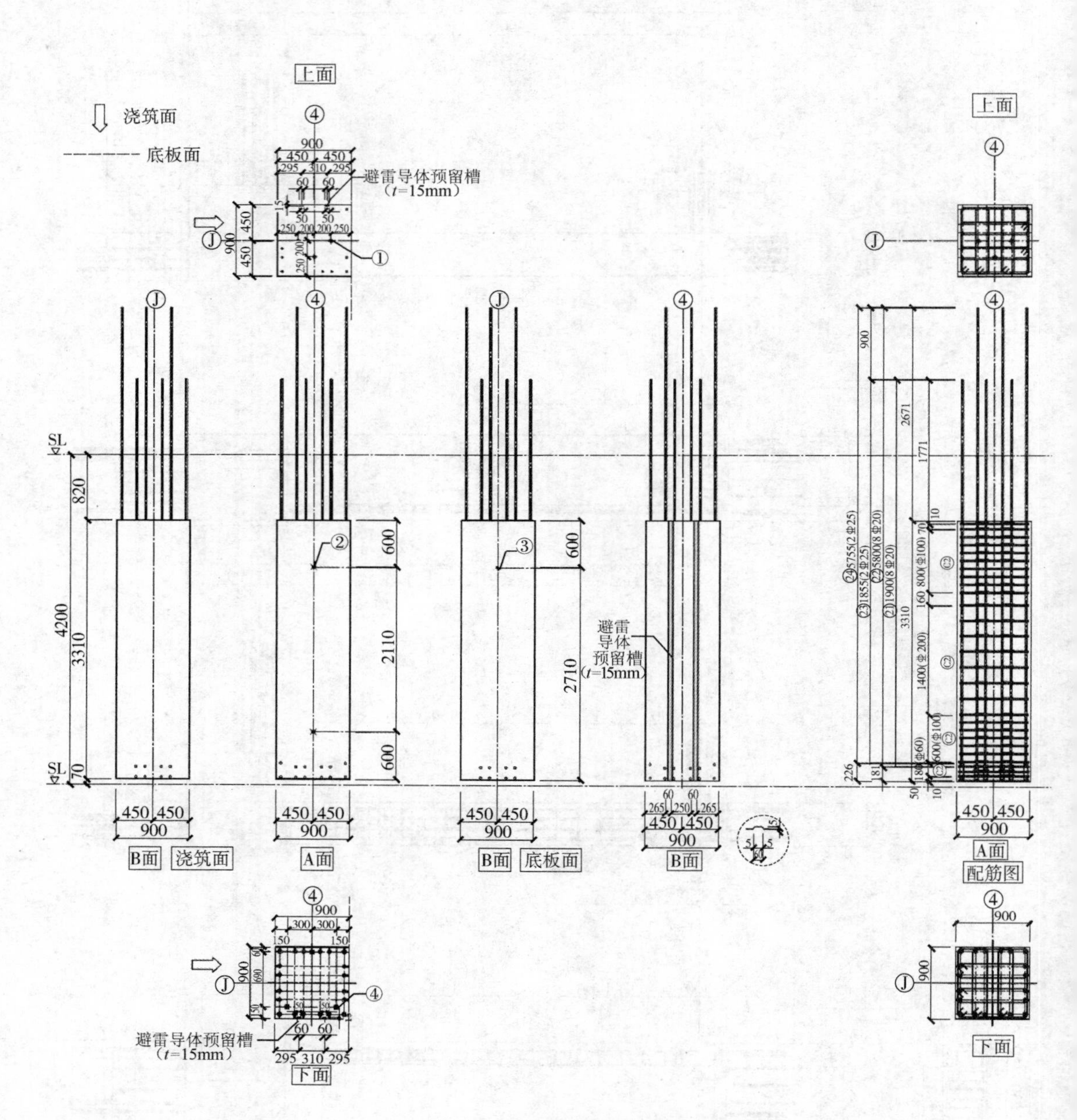

图 4-7　PC 柱制作加工图

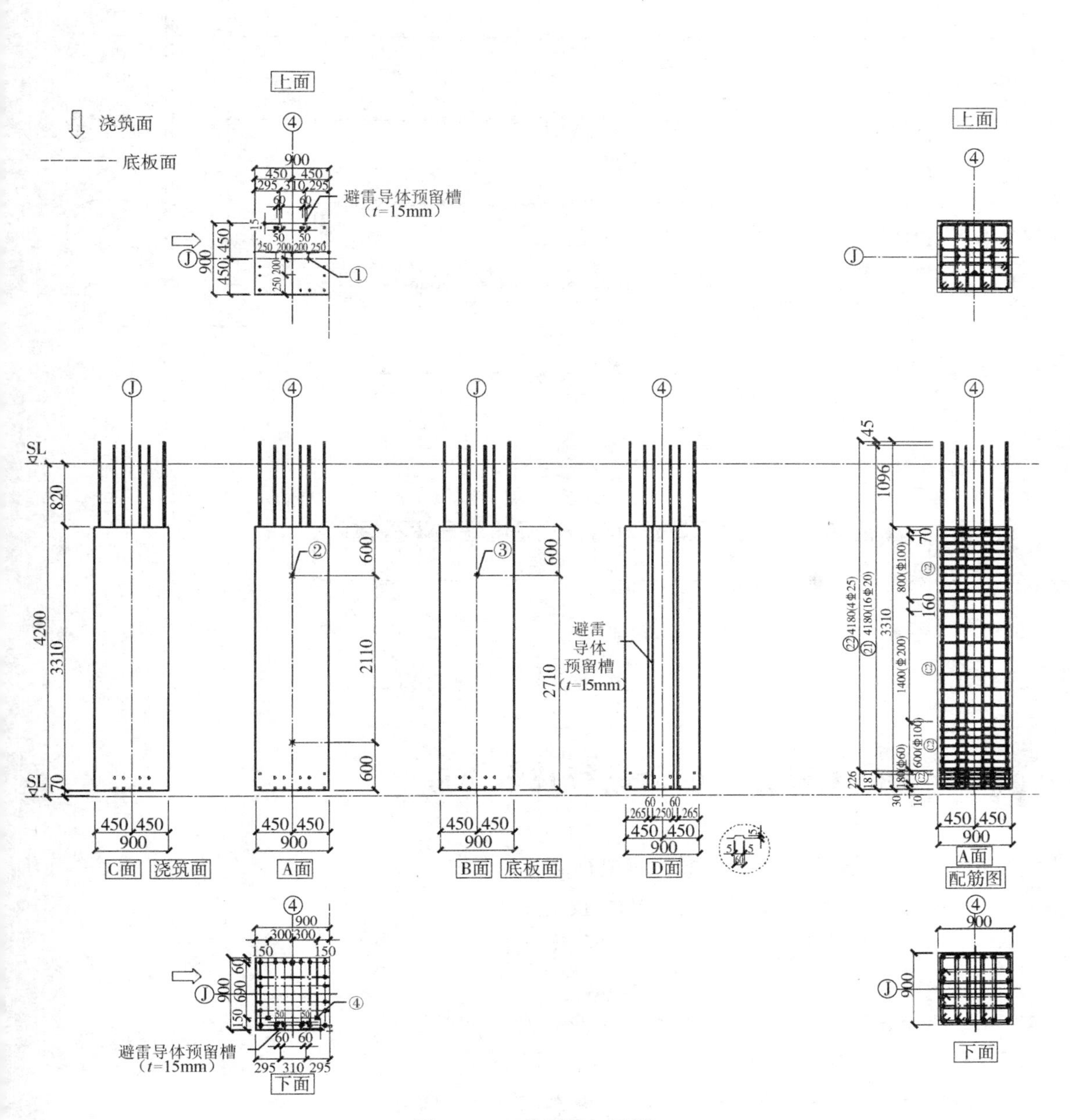

图 4-8　PC 柱制作加工图

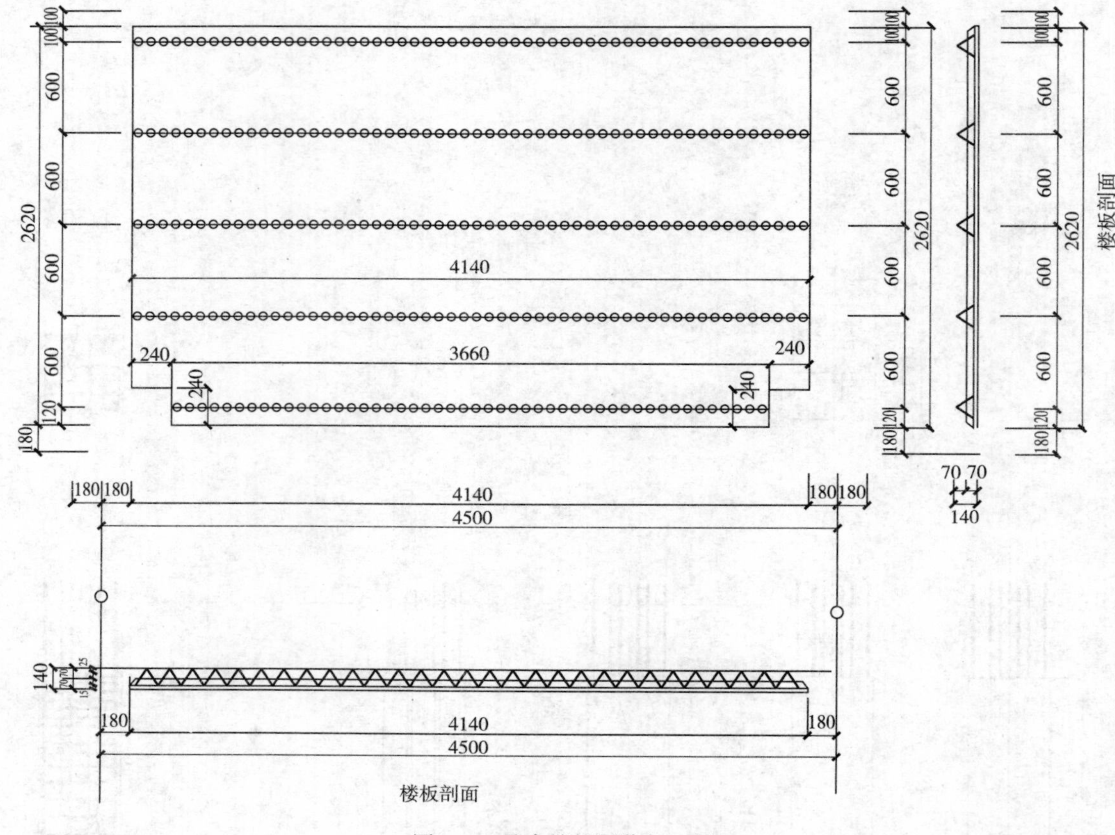

图 4-9　叠合楼板制作加工图

25. PC 工程施工如何进行技术交底?

(1) PC 工程施工技术交底的主要内容

1) 构件装卸车及构件场内运输安全技术交底。

2) 柱吊装、校正、加固、封模安全技术交底。

3) 梁吊装校正、加固安全技术交底。

4) 墙吊装、校正、加固、封模 (坐浆) 安全技术交底。

5) 灌浆安全技术交底。

6) 外挂墙板吊装、校正、加固、打胶安全技术交底。

7) 阳台、挑台吊装、校正、加固安全技术交底。

8) 叠合楼板吊装、校正安全技术交底。

9) 楼梯安装安全技术交底。

10) 后浇混凝土部分的钢筋、模板、混凝土浇筑安全技术交底。

11) 水平构件支撑系统施工安全技术交底。

12) 支撑系统拆除安全技术交底。

13）安全设施设置技术交底。

（2）安全技术交底的要求和方式

1）安全技术交底要依据审批确认的专项施工方案为基础。

2）依据专项施工方案工艺流程，对各个操作环节进行详细说明。

3）安全技术交底要图文并茂、直观、简练、易懂，宜辅以微信图片、视频等方式。

4）对每个操作环节的技术要求要明确。

5）针对 PC 工程施工全过程，明确施工安全措施。

6）围绕每个操作环节，明确相对应安全设施的设置方法及要求。

7）尽可能地采用有代表性单元制作的模型进行 PC 工程安全技术交底。

8）宜采用培训方式进行安全技术交底。

9）当改变工艺或有新员工入场时，必须重新进行全面的安全技术交底。

（3）安全技术交底范例

安全技术交底范例见表 4-1。

表 4-1　框架柱灌浆安全技术交底

工 程 名 称		交 底 部 位	预制构件灌浆
施 工 单 位		日　　期	2017 年　月　日

一、施工准备

1）主要材料：灌浆料、坐浆料

2）机具设备：手持式搅拌器、搅拌桶、自来水、电子秤、温度计、量杯、玻璃板、流动度测试模、卷尺、壁纸刀、小推车、灌浆机器、橡胶堵头、试块模具、小铁板等

二、工艺原理

灌浆料为特制高强度灌浆料——CGMJM-Ⅵ型钢筋接头灌浆料，是一种专业研制单位研发生产与钢筋连接灌浆套筒相匹配的专门用于钢筋灌浆连接的细骨料水泥基灌浆料，其初始流动度≥300mm，1d 抗压强度≥35MPa，28d 抗压强度≥85MPa，自加水搅拌开始，可操作时间为 30min。

三、施工工艺流程

（一）灌浆料拌和方法

1）灌浆料使用前的外观检查及加水量计算：使用 CGMJM-Ⅵ型钢筋接头灌浆料时，打开任何批次产品包装袋后，均应首先检查材料外观，确定产品粉料和骨料混合均匀，无有受潮结块现象，方可称量使用。产品应按规定的加水量加水搅拌，加水量根据产品加水率为 11.5%，则该批次灌浆料 20kg/袋所需拌合水的重量为 $20 \times 11.5 \div 100 = 2.3$（kg）

2）搅拌机、灌浆泵等工具就位后，称取干粉加水率所需用水，将水先倒入搅拌桶内，先加约 70% 干粉边加料边搅拌，直至加完，一般情况搅拌约 3～5min，搅拌均匀后，静置约 2min 排气，然后使用电动灌浆泵（或手动灌浆枪）按施工方案中规定的操作规程进行灌浆作业

3）灌浆料的搅拌及注入的温度环境为 5～40℃

（二）灌浆工作顺序

1）先开动灌浆机，加少量水进行试压并润滑泵与管路

2）将灌浆嘴与灌浆口紧密连接好

3）加入调制好的浆料，启动灌浆机

4）使用灌浆枪或灌浆泵对套筒灌浆，套筒的排浆孔溢出砂浆即应立即封堵灌浆口和排浆口

（续）

工程名称		交底部位	预制构件灌浆
施工单位		日　期	2017年　月　日

5）多个接头连通灌浆时，为防止灌浆过程中窝气现象造成连通腔不能充满，应从最边缘下部的一个接头的灌浆口进行灌浆，禁止两个灌浆口同时灌浆，并及时将溢出砂浆的排浆口用专用堵塞塞住，待所有套筒排浆口均有砂浆溢出时，停止灌浆

6）对于因连通腔过长，腔内压力较大，造成个别接头砂浆未灌满时，应先堵死已完成灌浆的接头的灌浆口，然后针对未完成的接头进行单一灌浆，直至砂浆从排浆口溢出

7）按照规范规定制作现场试块，置于与结构件临近的环境下

8）灌浆完毕，立即用水清洗搅拌机、灌浆泵和灌浆泵管等器具

（三）注意事项

1）本接头灌浆料适用环境温度为5～40℃，在该温度区间，灌浆可操作时间为30min

2）气温高于25℃时，灌浆料应储存于通风、干燥、阴凉处，运输过程中应注意避免阳光长时间照射

3）夏季晴天时，由于阳光照射，预制构件表面温度远高于气温。当表面温度高于30℃时，应预先采取降温措施

4）拌合水水温应控制在20℃以下，不得超过25℃，尽可能现取现用

5）搅拌机和灌浆泵应尽可能存放在阴凉处，使用前应用水降温并润湿，搅拌时应避免阳光直射

6）按照现场检验规定，每个工作班取样不得少于1次，每楼层取样不得少于3次；试块制作3组，用于测定1d、28d同条件养护的抗压强度

柱封模灌浆流程：

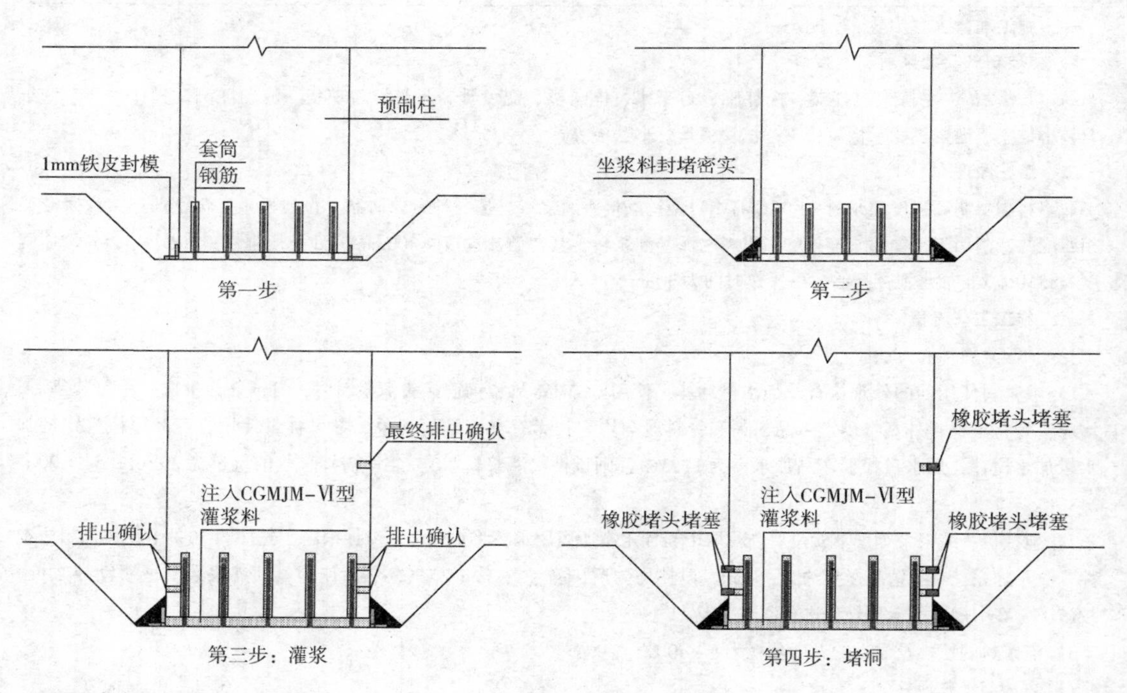

（四）安全注意事项

1）进入现场戴合格安全帽，系好下颌带，锁好带扣

2）作业前，应按规定穿戴好个人防护用品，如手套、安全帽、安全带等

3）在楼层临边洞口做好防护，系好安全带，登高灌浆必须带安全带

（续）

工程名称		交底部位	预制构件灌浆
施工单位		日　期	2017 年　月　日
4）电动工具必须经过检验合格后，才能使用，使用过程中做好防护措施 5）施工区域做好临时防护措施，非施工人员严禁进入施工区域			
交底人：			
被交底人：			

26. PC 工程施工组织设计依据什么规定？包括哪些内容？重点是什么？

（1）PC 工程施工组织设计编制依据的主要标准、规程和规范

1）《工程测量规范》（GB 50026—2007）。

2）《装配式混凝土建筑技术标准》（GB/T 51231—2016）。

3）《装配式混凝土结构技术规程》（JGJ 1—2014）。

4）《钢筋套筒灌浆连接应用技术规程》（JGJ 355—2015）。

5）《高层建筑混凝土结构技术规程》（JGJ 3—2010）。

6）《混凝土结构工程施工质量验收规范》（GB 50204—2015）。

7）《钢筋连接用套筒灌浆料》（JG/T 408—2013）。

8）《钢筋机械连接技术规程》（JGJ 107—2016）。

9）《混凝土结构工程施工规范》（GB 50666—2011）。

10）《建筑施工高处作业安全技术规范》（JGJ 80—2016）。

11）《塔式起重机安全规程》（GB 5144—2006）。

12）有关机电安装、装饰装修等相关专业的技术标准规范等。

（2）PC 工程施工组织设计的主要内容

1）工程项目概况。

2）工程地理位置。

3）工程所在位置道路交通情况。

4）编制依据。

5）现场总平面布置图。

6）场内构件堆放、场内运输、场内道路等设计方案。

7）根据施工平面布置图、构件重量设计起重机械类型及安装位置、提升方案、安拆方案。

8）吊具吊索设计方案（附验算、检测）、起重方案。

9）现场测量放线方案。

10）支撑系统设计、制作加工、安装方案。

11）各种型号PC构件吊装、校正、加固、灌浆方案（吊装流程、每个构件安装时间段、各个程序各工种人员配置）。

12）后浇混凝土施工方案。

13）施工人员组织计划、培训方案及计划。

14）大型设备、吊具吊索、加固支撑、PC安装工具、器具、检测仪器、测量仪器及各种配套材料进场计划。

15）总进度计划、分项工程施工计划。

16）质量检查计划（测量放线质量要求、构件及部品进场质量检查、构件安装精度要求、施工期间灌浆料分时间检测数据、灌浆工作质量要求及记录）。

17）工艺检验、试块制作方案。

18）工序验收计划方案。

19）各工序安全技术交底。

（3）PC工程施工组织设计的重点

1）起重机械的选择。

2）构件及部品进场质量检查。

3）各种构件的吊装方案。

4）支撑系统方案。

5）灌浆工程的专项方案。

6）安全技术交底的完整性。

27. 如何编制PC工程施工计划？如何做到各施工环节顺畅无缝衔接？

PC工程施工计划主要包含了PC安装计划、机电安装计划、内装计划等，同时将各专业计划形成流水施工，体现了PC工程缩短工期的优势。

（1）PC安装计划

1）测算各种规格型号的构件，从挂钩、立起、吊运、安装、加固、回落一个工作流程在各个楼层所用的工作时间数据。

2）依据测算取得的时间数据计算一个施工段所有构件安装所需起重机的工作时间。

3）对采用的灌浆料、浆锚料、坐浆料要制作同条件试块，试压取得在4h（坐浆料）、18h、24h、36h时的抗压强度，依据设计要求去确定后序构件吊装开始时间。

4）根据以上时间要求及吊装顺序，编制按每小时计的构件要货计划、吊装计划及人员配备计划。

5）根据PC工程结构形式的不同，在不影响构件吊装总进度的同时，要及时穿插后浇混凝土所需模板、钢筋等其他辅助材料的吊运，确定好时间节点。

6）在编排计划时，如果吊装用起重机工作时间不够，吊运辅助材料可采取其他垂直运输机械配合。

7）根据构件连接形式，对后浇混凝土部分，确定支模方式、钢筋绑扎及混凝土浇筑方案，确定养护方案及养护所需时间，以保证下一施工段的吊装工作进行。

8）计划内容主要包含：测量放线、运输计划时间、各种构件吊装顺序和时间、校正加固、封模封缝、灌浆顺序及时间、各工种人员配备数量、质量监督检查方法、安全设施配备实施、偏差记录要求、各种检验数据实时采集方法、质量安全应急预案等。

（2）机电安装计划、内装计划

1）通常在结构施工达三至四个楼层时，所有部品部件安装完毕后即可进入机电安装施工。

2）在外墙门窗等完成后就可进入内装施工。

（3）PC 工程施工衔接

1）PC 工程不同于传统建筑施工，可将 PC 安装、机电安装、内装组合成大流水作业方式。

2）PC 安装施工中，将生产计划与安装计划要做到无缝对接。

3）PC 安装计划中，要将起重机的工作以每小时来计划，合理穿插各种料具运输，要使各项工作顺畅。

28. 如何编制 PC 构件与建筑部品进场详细计划？

依据 PC 工程施工计划要求，根据确定的吊装顺序和时间，编制 PC 构件及建筑部品的进场计划，主要包括以下内容：

1）确定每种型号构件的模板制作、安装、钢筋入模、混凝土浇筑、脱模、养护、检查、修补完成具备运送条件的循环时间。

2）依据 PC 安装计划所要求的各种型号构件计划到场时间，以及各种部品部件的生产及到场时间，确定构件及部品部件的加工制作时间点，并充分考虑不可预见的风险因素。

3）计划中必须包含构件及部品部件运输至现场、到场检验所占用的时间。

4）根据 PC 安装进度计划中每一个施工段来组织生产和进场所需构件及部品部件。

5）在编制 PC 构件及部品进场计划时，要详细列出构件型号，对应型号的具体到场时间要以小时计。

6）每种型号及规格的构件及部品部件应在计划数量外有备用件。

7）对于在车上直接起吊并采取叠放装车运输的构件，应根据吊装顺序逆向装车。

在这里笔者提供一个整个工程构件进场计划总表和每层楼构件的详细进场时间计划表，供读者参考，见表 4-2 和表 4-3。

表 4-2　整个工程构件进场计划总表

××工程 PC 构件进场计划总表

项目	各层构件进场时间																				
	4 月				5 月						6 月						7 月				
	10	20	25	30	5	10	15	20	25	30	4	9	14	19	24	29	4	9	14	19	24
第 20 层构件																					◎
第 19 层构件																				◎	
第 18 层构件																			◎		
第 17 层构件																		◎			
第 16 层构件																	◎				
第 15 层构件																◎					
第 14 层构件															◎						
第 13 层构件														◎							
第 12 层构件													◎								
第 11 层构件												◎									
第 10 层构件											◎										
第 9 层构件										◎											
第 8 层构件									◎												
第 7 层构件								◎													
第 6 层构件							◎														
第 5 层构件						◎															
第 4 层构件					◎																
第 3 层构件				◎																	
第 2 层构件			◎																		
第 1 层构件		◎																			
试验安装单元构件	◎																				

注：本计划表是各层全部构件进场计划总表，各楼层构件进场详细计划、顺序与进场的具体时间见楼层进场构件明细表。

表 4-3 每层楼构件进场时间计划表

作业区域	构件类别	序号	构件名称	构件数量	构件进场时间与安装时间																				备注
					14 日					15 日					16 日					17 日					
					8 点	10 点	12 点	14 点	16 点	8 点	10 点	12 点	14 点	16 点	8 点	10 点	12 点	14 点	16 点	8 点	10 点	12 点	14 点	16 点	
1 轴线到8 轴线	外墙构件	1	剪力墙外墙板	16	8	8																			
		2	剪力墙外墙板	6			6																		
		3	阳台板	6				6																	
		4	空调板	6					6																
		5	L 形外叶板	2					2																
	内墙板	6	剪力墙内墙板	24						8	8	8													
		7	剪力墙内墙板	12									8	4											
		8	连梁	9										3	6										
	楼板	9	叠合楼板	24												8	8	8							
		10	叠合楼板	12															6	6					
	楼梯板	11	楼梯板	4																	4				
8 轴线到16 轴线	外墙构件	12	剪力墙外墙板	16	8	8																			
		13	剪力墙外墙板	6			6																		
		14	阳台板	6				6																	
		15	空调板	6					6																
		16	L 形外叶板	2					2																
	内墙板	17	剪力墙内墙板	24						8	8	8													
		18	剪力墙内墙板	12									8	4											
		19	连梁	9										3	6										
	楼板	20	叠合楼板	24												8	8	8							
		21	叠合楼板	12															6	6					
	楼梯板	22	楼梯板	4																	4				

29. 如何编制劳动力计划和培训计划？

PC工程施工劳动力计划的编制：

（1）根据PC工程的总体施工计划确定各专业工种。

（2）根据PC工程的结构形式与安装方案确定操作人员数量。

（3）多栋建筑可以采用以栋为流水作业段编制；独幢建筑采用以区域划分为流水作业段编制；单体建筑较小无法采用区域划分流水段时，可采用按工序流水施工编制，尽量避免窝工。

（4）PC安装工程一般包括的工种有：测量工、起重司索工、信号工、起重机操作员、监护人、安装校正加固工、封模工（模板工）、灌浆工、钢筋工、混凝土工、架子工、电焊工、电工等。

1）测量工：测定轴线、标高，测放轴线、控制线、构件位置线。

2）起重司索工：属特种工种，实施构件装卸、吊装挂索。

3）信号工：属特种工种，指挥构件起吊、安装，与起重机操作员、安装校正人员协同配合构件安装。

4）起重机操作员：属特种工种，听从信号工的指挥指令进行吊装作业。

5）安装校正加固工：实施构件安装、校正、加固。

6）封模工（模板工）：灌浆部位的封模，后浇混凝土的模板、水平构件支撑系统工程施工。

7）灌浆工：属特殊工种，进行灌浆作业。

8）钢筋工、混凝土工、架子工、电焊工、电工等工种相同于传统建筑。

9）监护人：吊装作业时各危险点专业监护人员，及时发出危险信号，要求其他作业避让危险。

（5）PC工程施工常规配备人员参考数量，见表4-4。

表4-4　PC工程施工常规配备人员数量参考表（每班）

工种	起重机操作员	信号指挥工	司索工	安装校正	监护人	测量员	封模工	灌浆工	电工	其他工种
人数	1	2	2	3	2	2	1	3	1	依工程量

PC工程施工人员培训计划主要包括以下内容：

（1）全员岗前培训。

（2）专项操作技能培训。

1）宜采用制作代表性单元的模型进行安装顺序模拟培训。

2）建立微信群，采用图片、小视频等手段进行培训，也可采用3D动画进行安装培训。

3）对每个工序的安装所采用的工装工具使用方法培训。

4）明确规定各种构件、部品部件安装技术要求、安装方法及安装偏差范围。

5）对灌浆作业技术要求、操作方法进行专项培训。

（3）安全操作培训。

1）各工序的安全设施使用方法及要求。

2）吊装作业各环节危险源分析及应对措施。

3）吊装作业各环节安全注意事项及防范措施。

4）高空作业安全措施。

5）临时用电安全要求。

6）作业区警示标志实施要求。

7）动火作业安全要求。

8）起重机、吊具、吊索日常检查要求。

9）受限空间安全操作要求。

10）个人劳动防护用品使用要求。

11）进场三级教育培训。

（4）每日班前教育培训。

1）必须取得培训合格证后方可上岗。

2）根据每日施工内容进行班前安全技术交底。

30. 如何编制材料与配件计划？

（1）根据 PC 工程施工图样的要求，确定配套材料与配件的型号、数量，常规使用的主要有以下几种：

1）材料：灌浆料、浆锚料、坐浆料、钢筋连接套筒、密封胶、保温材料等。

2）配件：橡胶塞、海绵条、双面胶带、各种规格的螺栓、钢垫片、模板加固夹具等。

（2）材料与配件的计划。

1）根据材料与配件型号及数量，依据施工计划时间以及各施工段的用量制定采购计划。

2）根据当地市场情况，确定外地定点采购与当地采购的计划。

3）外地定点采购的材料与配件要列出清单，确定生产周期、运输周期，并留出时间余量。

4）对于有保质期的材料，要按施工进度计划确定每批采购量。

5）对于有检测复试要求的材料，必须考虑复试时间与使用时间的相互关系。

31. 如何编制机具设备计划？

机具设备是 PC 工程施工过程中非常重要的一环，须在前期准备工作中完成。

（1）机具设备的种类

1）起重机设备。

2）高空作业设备。

3）浆料调制机具。

4）灌浆机械。

5）吊装吊具。

6）构件安装专用工具。

7）可调斜支撑系统。

8）水平构件支撑系统。

9）封模料具。

10）安全设施料具。

（2）机具设备的租用、定制与采购计划

1）PC施工所用的机具，有很多是需要租用或定制加工的，如：吊具、构件安装专用工具、可调斜支撑系统、封模料具、专用安全设施料具等。

2）市场能采购（或租赁）到的机具，如：起重机设备、高空作业设备、浆料调制机具、灌浆机械、水平构件支撑系统等。

3）所有机具设备的租用、定制、采购计划应提前确定，并根据施工计划要求及时到场。

32. 如何编制配件、部件外委加工件计划？

1）PC工程的较多配件、部件是传统施工所没有的，各种结构形式的PC工程所用配件、部件也不相一致，所以需根据本工程特点，经设计确定配件、部件的形式、材质、性能等，进行外委加工。

2）外委加工的配件和部件要经过设计、验算后确定。

3）在选择外委加工企业时，对其加工实力进行考察评定。

4）确定外委加工单位后，确定加工周期与施工周期同步。

5）所有外委加工的配件和部件，应先加工样品，经试用后对其缺陷进行修正，再进行批量加工。

6）对于外委加工的配件与部件所用的常规配套材料，确定数量后可在市场上采购。

33. 如何编制安全施工计划？

（1）安全施工计划是依据PC工程施工方案所包含的各个工作环节所必须采取的安全措施、应配备的安全设施、施工操作安全要领、危险源控制方法的安排与预案。

（2）编制安全施工计划的要点：

1）起重机械的主要性能及参数、机械安装、提升、拆除的专项方案制定。

2）PC安装各施工工序采用的安全设施或作业机具的操作规程要求。

3）PC安装各分项工作安全技术交底。

4）PC吊装用吊具、吊索、卸扣等受力部件的检查计划。

5）高空作业车、人字梯等登高作业机具的检查计划。

6）个人劳动防护用品使用检查计划。

7）安全施工计划要落实到具体事项，责任人和实施完成时间。

34. PC 工程施工技术方案的主要内容是什么？

PC 工程施工需要事先制定详细的施工技术方案，其主要内容包括：工地内运输构件车辆道路设计、构件运输吊装流程、构件安装顺序、构件进场验收、起重设备配置与布置、构件场内堆放与运输、现浇混凝土伸出钢筋误差控制、构件安装测量与误差控制、构件吊装方案、构件临时支撑方案、灌浆作业方案、外墙挂板安装方案、后浇混凝土施工方案、防雷引下线连接与防锈蚀处理、外墙板接缝处理施工方案等。下面分别进行讨论。

（1）工地内运输构件车辆的道路设计

运输构件车辆车身较长（一般为 17m），负载较重，PC 工程施工现场应设计方便车辆进出、调头的道路。如果不采用硬质路面，须保证道路坚实，路面平整，排水通畅。

（2）构件运输吊装流程

尽可能实现构件直接从运输车上吊装，减少了卸车、临时堆放、场内运输等环节。为此需了解工厂到工地道路限行规定，工厂制作和运输计划必须与安装计划紧密合拍。

如果无法实现或无法全部实现直接吊装，应考虑卸车—临时堆放—场内运输方案，需布置堆场、设计构件堆放方案和隔垫措施。当工地塔式起重机作业负荷饱满或没有覆盖卸车地点时，须考虑汽车式起重机卸车的作业场地。

（3）构件安装顺序

制定构件安装顺序，编制安装计划，要求工厂按照安装计划发货。

（4）构件进场验收

1）确定构件进场验收检查的项目与检查验收方法。

2）当采用从运输车上直接吊装方案时，进场检查验收在车上进行，由于检查空间和角度都受到限制，须设计专门的检查验收办法以及准备相应的检查工具，无法直接观察的部位可用探镜检查。

3）当采用临时堆放方案时，制定在场地检查验收的方案。

（5）起重设备配置与布置

1）起重设备的选型与配置根据构件重量、起重机中心距离最远构件的距离、吊装作业量和构件吊装作业速度确定。目前 PC 施工常用塔式起重机见第 3 章第 16 问。

2）起重设备的布置宜进行图上作业，起重机有效作业区域应覆盖所有吊装工作面，不留盲区。最常见的布置方式是在建筑物旁侧布置，日本也有筒体结构建筑，将塔式起重机布置在建筑物中心的核心筒位置。

3）对层数不高平面范围较大的裙楼，塔式起重机不易覆盖时，可采用汽车式起重机方案，汽车式起重机作业场地应符合汽车式起重机架立的要求。

（6）构件场内堆放与运输

施工现场无法进行车上直接吊装，就需要设计构件堆放场地与水平运输方案，包括：

1）确定构件堆放方式、隔垫方式，设计靠放架等。

2）根据构件存放量与堆放方式计算场地面积。

3）选定场地位置、设计进场道路和场地构造等；要求场地坚实，排水顺畅。

4）如果场地不在塔式起重机作业半径内，须设计构件装卸水平运输方案。

（7）现浇混凝土伸出钢筋误差控制

现浇混凝土伸出钢筋的位置如果误差超过2mm，就无法与预制构件准确对接，因此必须制定可靠的措施，保证伸出钢筋定位准确，且不会在混凝土振捣时移位或偏斜。常用的办法是用带孔模板定位，如图4-10所示。

（8）构件安装测量与误差控制

1）测量定位方式。柱、内墙板等构件按轴线定位。外墙板、阳台板、飘窗、挑檐板等构件，平行于板面方向按轴线定位；垂直于板面方向按表面界面定位。楼板、楼梯板、梁平面位置按轴线定位，竖向位置按板面标高定位，如图4-11所示。

图4-10　预留钢筋定位板

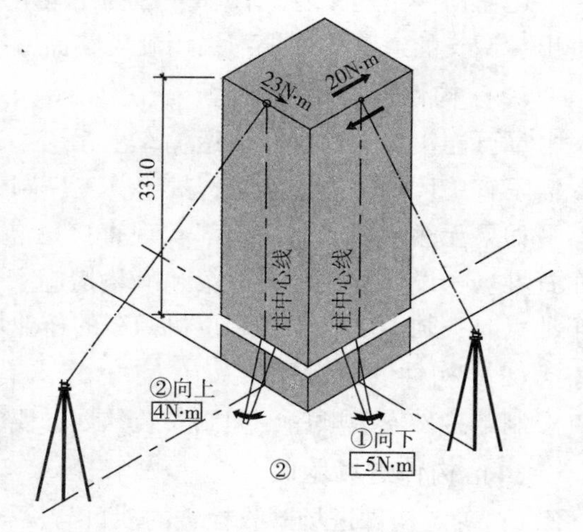

图4-11　柱轴线定位

2）允许误差控制。根据图样要求，列出各种构件安装允许误差，在构件安装部位标识或拉线。

3）平整度、竖直度控制。制定水平构件平整度、竖向构件竖直度测量控制方案。

（9）构件吊装方案

构件吊装方案包括：

1）吊具设计。不同构件的吊具设计或选用，详见第3章第17问。

2）安装工具与配件计划。如安装外墙挂板用的螺栓、垫板、电动扳手等。

3）构件翻转作业方案。对水平运输的柱子、竖直运输的楼梯板等构件设计翻转方案。

4）构件标高调整和水平接缝高度定位方案。

5）构件牵引就位和安装精度微调方案。

（10）构件临时支撑方案

1）按照设计要求确定各类构件的支撑方式与支撑点位置。

2）选用支撑设施；如果外委专业队伍进行支撑设计与施工，审核其方案。

3）叠合楼板现浇层预埋斜支撑地锚的构造设计。

4）确定支撑拆除时间与程序。

（11）灌浆作业方案

1）根据设计要求选用灌浆材料。

2）选用灌浆设备。

3）剪力墙构件灌浆分区与隔离构造设计。

4）灌浆水平缝封堵构造设计及材料准备。

5）确定套筒、浆锚孔、灌浆口、出浆口检查方式。

6）浆料调整工艺设计与操作规程。

7）灌浆作业操作规程。

8）灌浆作业旁站监督措施。

9）灌浆部位围护和养护方案。

（12）外墙挂板安装方案

1）安装配件准备。

2）根据设计要求区分活动支座与固定支座并标识。

3）对活动支座垫片与螺帽作业提出要求，避免旋拧过紧影响活动支座的功能。

（13）后浇筑混凝土施工方案

1）根据设计要求制定钢筋连接方案（机械套筒、搭接、伸入支座的锚板等）。

2）后浇混凝土钢筋制作与绑扎方案。

3）后浇混凝土模板架立方案。

4）后浇混凝土预埋管线、埋设物和预埋件定位方案。

5）后浇混凝土浇筑、振捣和养护方案。

6）后浇混凝土拆模时间与拆模指令程序等。

（14）防雷引下线连接与防锈蚀处理

1）列出防雷引下线数量、部位清单，落实责任人。

2）防雷引下线连接方案，防锈蚀处理方案，旁站监督方案等。

（15）外墙板接缝处理方案

1）防水密封胶作业方案。

2）有防火封堵的接缝，制定防火缝处理作业方案。

35. 如何模拟构件连接接头灌浆方式进行灌注质量与接头强度试验？

（1）设计采用钢筋套筒接头灌浆方式实现钢筋连接时，应对钢筋套筒进行接头强度试验，也称钢筋接头型式试验。实施方法如下：

1）根据设计确定的钢筋套筒品牌、套筒规格型号、钢筋规格、灌浆料等，准备好所有材料。

2）模仿套筒在构件内的状态，制作固定套筒的简易固定架，如图4-12、图4-13所示。

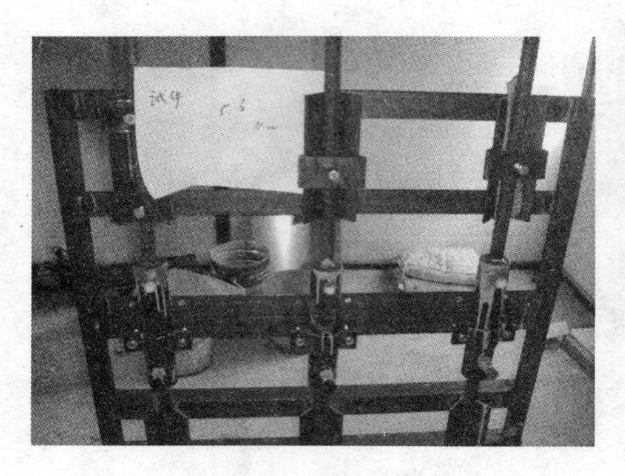

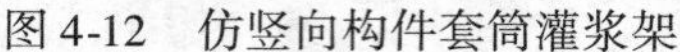

图4-12　仿竖向构件套筒灌浆架　　　　图4-13　仿钢筋水平接头灌浆架

3）依据设计确定的钢筋锚固长度要求将钢筋与套筒固定，套筒外钢筋外露长度不小于250mm。

4）按浆料调制要求，调制浆料。

5）实时记录气温、水温、加水比例、调制时间、静止时间、浆料温度。

6）测试浆料流动度。

7）模拟进行灌浆作业。

8）接头强度试验试件制作，要求3个为一组。

9）试块制作。

10）养护。

11）送检测中心检测。

（2）设计采用金属波纹管浆锚搭接作为构件连接时，国家标准和行业标准暂无相关的试验检测规定，须由设计方提出检验要求。

36. 如何进行纵向受力钢筋连接工艺检验？

（1）纵向受力钢筋的机械连接一般分两种形式：螺纹接头、套筒挤压接头。

（2）螺纹检验接头的制作。

1）钢筋端部不得有影响螺纹加工的局部弯曲。

2）钢筋丝头的长度应满足产品设计要求。

3）钢筋丝头的锥度和螺距应采用专用锥螺纹量规检验。

4）将钢筋拧入套筒，两个钢筋丝头应在套筒中央并相互顶紧。

（3）套筒挤压检验接头的制作。

1）钢筋端部不得有局部弯曲，不得有严重锈蚀和附着物。

2）钢筋端部应有挤压套筒后可检查钢筋插入深度的明显标记，钢筋端头离套筒长度中点不宜超过10mm。

3）挤压应从套筒中间开始，依次向两端挤压。

4）挤压后套筒不应有可见裂纹。

（4）每种规格的钢筋制作接头不少于 3 个。

（5）接头检验应由检测单位检测，合格后出具检验报告。

37. 如何进行一个单元 PC 构件试安装？

依据国家标准《装标》和行业标准《装规》的要求，装配式混凝土建筑施工前，宜选择一个具有代表性的单元进行预制构件试安装。试安装的主要内容如下：

1）确定试安装的代表性单元部位和范围。

2）依据施工计划内容，列出所有构件及部品部件并确认到场。

3）准备好试安装部位所需设备、工具、设施、材料、配件等。

4）组织好相关工种人员。

5）进行试安装前安全技术交底。

6）试安装过程的技术数据记录。

7）测定每个构件、部件的单个安装时间和所需人员数量。

8）判定吊具的合理性，支撑系统在施工中的可操作性。

9）检验所有构件之间连接的可靠性，确定各个工序间的衔接性。

10）检验施工方案的合理性、可行性，并通过安装优化施工方案。

38. PC 工程施工阶段有哪些预埋件须埋置在 PC 构件中？如何事先提供给构件设计人员？

（1）PC 工程在施工中是不允许在预制构件上开洞及注入膨胀螺栓的，所以用于施工安装的埋件应先行埋入 PC 构件中，常用预埋件见表 4-5。

表 4-5　常用预埋件

序　　号	预埋件用途	预埋件形式
1	构件吊运、装卸车	预埋锚母、预埋圆头吊钉
2	构件翻转、立起	预埋锚母、预埋圆头吊钉
3	构件吊装	预埋锚母、预埋圆头吊钉
4	构件校正加固的临时支撑安装	预埋锚母
5	安装安全设施	预埋锚母
6	后浇混凝土支模	预埋锚母或 PVC 管
7	塔式起重机提升用附墙安装	预埋锚母
8	柱、墙底部标高调整	预埋锚母、预埋钢板

（2）如何将预埋件要求提供给设计或PC加工厂。

依据现在市场发生的两种情况，对提供预埋件的方式有所不同。

1）一种情况是在PC深化设计阶段已确定施工单位，由施工单位提出PC施工所需预埋件要求，并将相关要求和数据提供给设计单位。

2）另一种情况是确定PC施工单位时，PC深化设计已经完成，施工单位提出要求，由PC工厂根据施工单位要求植入相应的预埋件。

39. 如何进行施工现场平面布置？

施工现场平面布置要根据特定的施工现场作相应的规划，应注意以下各点：

1）构件堆场设计，要同构件加工厂协调，在生产能力和储存能力较大的情况下，尽可能采用在运输车上直接起吊安装；如果由于工厂产能或储存能力小，则要考虑在现场存放一部分应急构件，根据型号和数量及叠放层数要求，确定堆放场地大小。

2）起重设备位置选定，应以场内道路、堆放场地、构件安装位置、起重量、装拆方便等方面综合考虑。

3）在起重机吊装覆盖范围内，不得设计有人员固定停留的场所。

4）PC工程施工应采用大流水作业，部品部件、机电安装材料、装饰装修材料到场后可直接吊运至施工楼层，减少场地占用。

5）其他施工材料，应根据施工进度计划时间，将场地规划设计为先用先吊先放，做到场地重复使用。

6）其他方面按照传统工程施工合并考虑。

40. 如何确定起重方案、塔式起重机位置？如何架立、提升、固定塔式起重机？

（1）PC工程施工起重机起重方案的主要内容

1）起重机最大幅度和起重量。

2）起重机最小幅度和起重量。

3）起重机独立高度时的起重高度（根据已建结构高度、所吊构件高度、吊具吊索高度来确定）。

4）起重机参数选择，安全系数一般选择0.8（是指起重量的80%为构件重量）。

（2）塔式起重机位置选择

1）通常选择外墙立面及便于安拆的位置安装。

2）符合塔式起重机附墙安装的位置。

3）塔式起重机幅度范围内所有构件的重量符合起重机起重量。

4）尽可能覆盖构件临时堆放场地。

5）条件不许可时，也可选择核心筒结构位置，如图4-14所示。

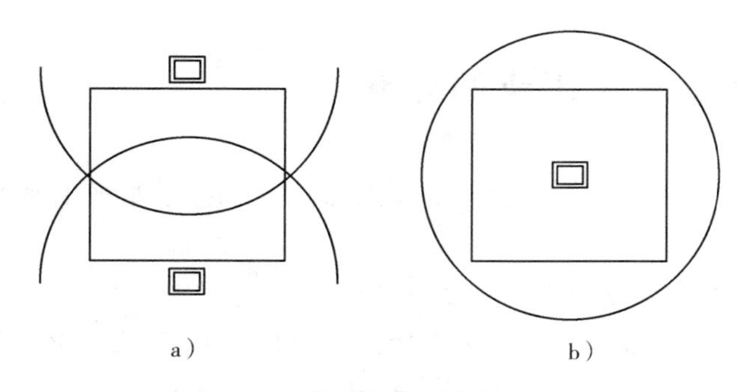

图 4-14　塔式起重机位置选择

a）边侧布置两部塔式起重机　b）中心布置一部塔式起重机

6）塔式起重机不能覆盖裙房时，可选用汽车式起重机吊装裙房 PC 构件，如图 4-15 所示。

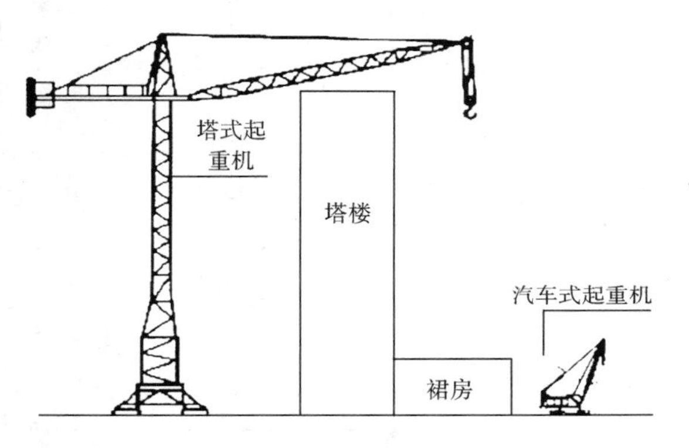

图 4-15　裙房选用汽车式起重机方案

(3) 架立、提升、固定塔式起重机

1）按照塔式起重机原制造商提供的载荷参数设计建造混凝土基础。

2）对混凝土基础的抗倾翻稳定性计算及地面压力的计算应符合《塔式起重机设计规范》（GB/T 13752—1992）中 4.6.3 的规定及《塔式起重机》（GB/T 5031—2008）的规定。

3）若采用原制造商推荐的固定支腿、预埋件、地脚螺栓的应按原制造商规定的方法使用。

4）塔式起重机安装及塔身加节时，应按使用说明书中有关规定及注意事项进行。

5）塔式起重机安装及提升时，塔式起重机的最大安装高度处的风速不应大于 13m/s，当有特殊要求时，按用户与制造商的协议执行。

6）有架空线路的场合，塔式起重机任何部位与输电线路的安全距离应符合规定，见表 4-6。

表 4-6　塔式起重机与高压输电线路的安全距离

安全距离/m	电压/kV				
	<1	1～15	20～40	60～110	220
沿垂直方向	1.5	3.0	4.0	5.0	6.0
沿水平方向	1.0	1.5	2.0	4.0	6.0

7）PC 工程吊装不同于传统施工，在确定提升和附墙设计时，应严格考虑附墙位置结构强度时间是否与吊装产生矛盾，在安全系数不足的情况下，采用提前支设附墙、增加附墙数量的方法解决。

41. 如何设计灌浆作业的分仓？

灌浆作业的分仓：竖向构件连接采用灌浆作业时，当灌浆水平距离超过3m时宜进行灌浆作业区域分割，也就是“分仓”作业。

1）框架PC柱的灌浆作业不需要分仓灌浆。

2）剪力墙的灌浆作业可以分仓（图4-16），也可以不分仓进行灌浆作业。

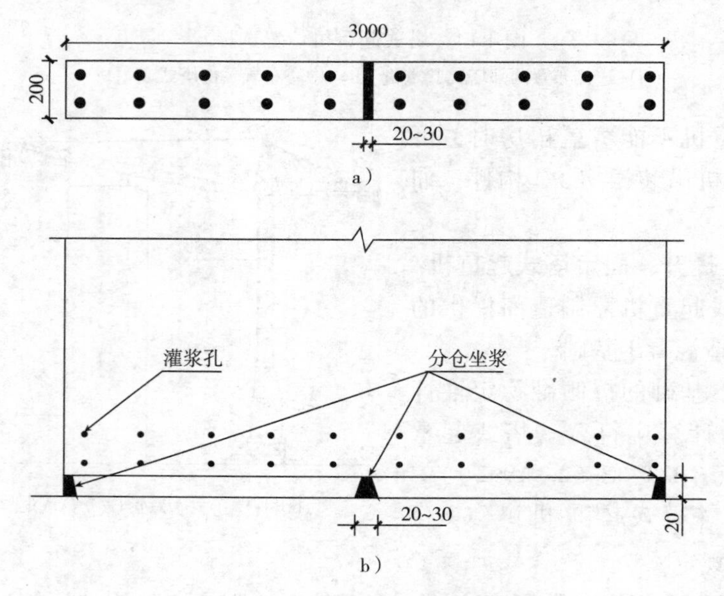

图4-16 剪力墙灌浆分仓示意图

a）墙板灌浆分仓平面 b）墙板灌浆分仓立面

3）在灌浆长度较长、空腔容积较大采用不分仓作业时，须采用两台或多台灌浆泵进行灌浆作业。

4）如采用分仓作业，分仓长度一般控制在1.0~3.0m之间。

5）分仓材料通常采用抗压强度为50MPa的坐浆料进行，一般在坐浆分仓24h后可以灌浆。

6）分仓的分隔条在施工时，严格控制分格条的宽度及与主筋的距离，分格条的宽度一般控制在20~30mm之间，距离竖向构件连接主筋应大于50mm。

7）分仓灌浆与不分仓灌浆的特点见表4-7。

表4-7 分仓与不分仓灌浆的特点

序号	特点	分仓时	不分仓时
1	分仓坐浆料的宽度一般为20mm，会削弱结构的抗震性能	会	不会
2	采用两台或多台灌浆泵灌浆	不采用	采用
3	灌浆结束后浆面下降	下降较少	下降较多，需补浆
4	作业人员配备	少	多

42. 如何设计灌浆作业的堵缝方案？

灌浆作业必须将构件的安装缝进行封堵，封堵有多种形式，主要包括以下内容：

1）竖向构件灌浆前必须进行堵缝施工。

2）堵缝通常采用三种方式：坐浆料坐浆法、充气管封堵法、木模封缝法。

3）坐浆料封缝一般采用抗压强度为50MPa的坐浆料，坐浆24h后可以灌浆。

4）柱子采用坐浆料封缝一般采用光滑的内模档住外嵌的坐浆料，嵌填密实后抽出内模，如图4-17所示。

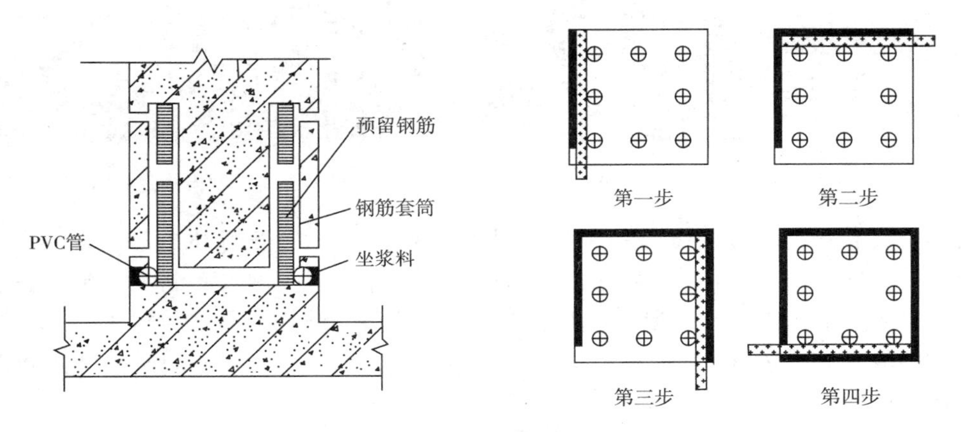

图4-17　柱的坐浆封缝示意图

5）剪力墙外墙板，由于没有外脚手架，墙的外侧可采用坐浆料坐浆法，即在墙体安装前预先坐上拌制好的坐浆料，如图4-18所示；坐浆料的宽度一般控制在20mm，高度控制在25mm（具体根据后浇混凝土的标高来确定，但必须高于墙体根部安装标高5mm）；墙体内侧可采用坐浆封堵、木模封堵、充气管封堵等方式，具体以方便操作为主。

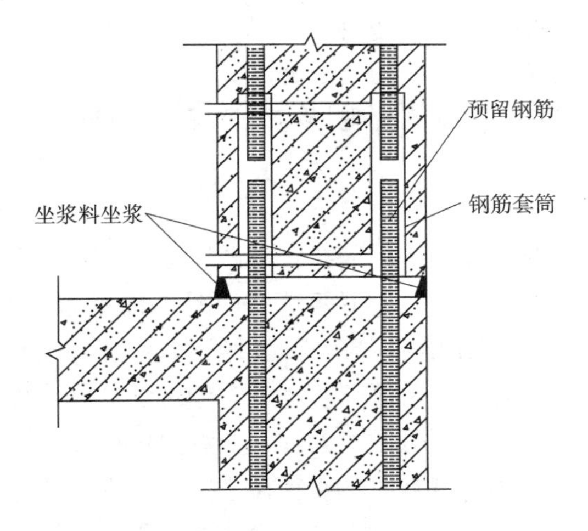

图4-18　墙的灌浆封缝示意图

6）充气管封堵是将充气管预先布置在构件边缘，然后通过气泵给管充气，将灌浆区域严密封闭，如图4-19所示。

7）木模封缝就是将木模沿着构件连接处周边设置，用外力将其夹紧无缝隙，如图4-20所示。

图4-19　日本充气管封缝方式

图4-20　定型模板封缝方式

8）封缝的方式也可以根据实际情况，只要满足封堵严实不漏浆的要求即可。

9）由于高强灌浆料的流动性较大，灌浆时有一定的压力，所以缝隙封堵要严密，不得漏浆；如果在灌浆作业时产生漏浆并无法止住时，这将对结构安全产生重大影响；漏浆严重无法止住情况下，必须停止作业，用清水冲净已注入的浆料，重新封缝后才可重新进行灌浆作业，这样对工期会产生影响。

43. 如何设计竖向构件安装后的斜支撑方案？

竖向PC构件在安装后需对其垂直度进行调整，柱子在柱脚位置调整完成后，要对柱的X和Y两个方向进行垂直调整；墙体要对墙面的垂直度进行调整；调整竖向构件垂直度的方法通常采用可调斜支撑的方式，设计要满足以下几点：

1）支撑上支点一般设在构件高度的2/3处。

2）支撑在地面上的支点，根据工程现场实际情况，使斜支撑与地面的水平夹角保持在45°~60°之间。

3）斜支撑应设计成长度可调节方式。

4）每个柱子斜支撑不少于两个，且须在相邻两个面上支设，如图4-21所示。

5）每块墙体的斜支撑应设两个并上下两道，如图4-22所示。

6）PC构件上的支撑点，应在确定方案后提供给构件生产厂家，预埋入构件中。

7）地面或楼面上的支撑点，应在叠合层浇筑时预埋，如图4-23、图4-24所示。

8）加工制作斜支撑的钢管宜采用无缝钢管，要有足够的刚性强度。

9）制作斜支撑的钢管的直径、螺纹杆的直径在选择时，须取得当地十年一遇最大风速，结合支撑构件的断面面积来计算构件在最大风压下的侧向力，以2倍系数值选择钢管和螺纹杆。

10）常用临时支撑见表4-8。

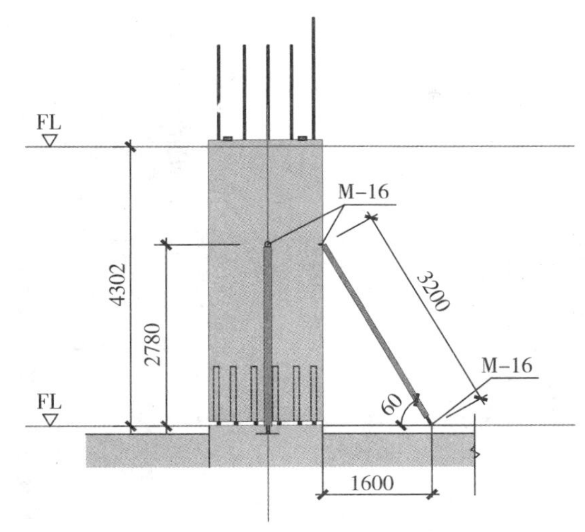

图 4-21　柱斜支撑

图 4-22　墙斜支撑

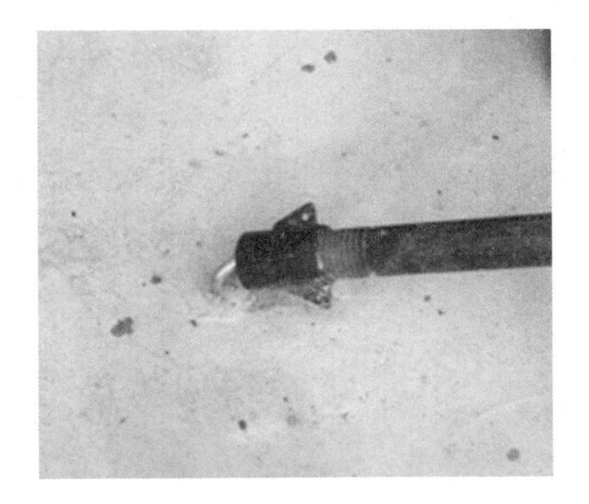

图 4-23　叠合层预埋支撑点地锚

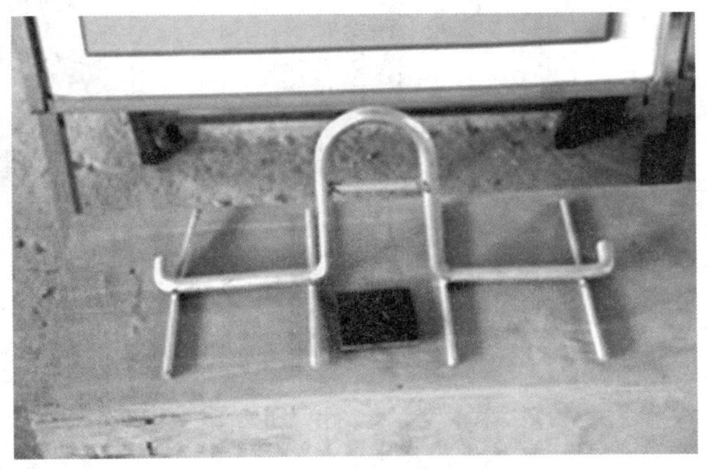

图 4-24　埋在叠合层里的地锚

表 4-8　装配式建筑构件预制构件安装临时支撑体系一览表

构件类别	构件名称	支撑方式	示意图	计算荷载	支撑点位置	支撑预埋件			
						构件		现浇	
						位置	构造	位置	构造
竖向构件	柱子	斜支撑、双向		风荷载	上部支撑点位置：大于1/2，小于2/3构件高度	柱两个支撑面（侧面）	预埋式螺母	现浇混凝土楼面	
	剪力墙板	斜支撑、单向		风荷载	上部支撑点位置：大于1/2，小于2/3构件高度 下部支撑点位置：1/4构件高度附近	墙板内侧面	预埋式螺母	现浇混凝土楼面	
水平构件	楼板	竖向支撑		自重荷载+施工荷载	两端距离支座500mm处各设一道支撑+跨内支撑（轴跨$L<4.8m$时一道，轴跨$4.8m \leq L<6m$时两道）	不用	不用	不用	不用

（续）

构件类别	构件名称	支撑方式	示意图	计算荷载	支撑点位置	支撑预埋件			
						构件		现浇	
						位置	构造	位置	构造
水平构件	梁	竖向支撑或斜支撑		自重荷载＋风荷载＋施工荷载	两端各 1/4 构件长度处；构件长度大于 8m 时，跨内根据情况增设一道或两道支撑	梁侧支撑面	不用	不用	不用
	悬挑式构件	竖向支撑		自重荷载＋施工荷载	距离悬挑端及支座处 300 ~ 500mm 距离各设置一道；垂直悬挑方向支撑间距宜为 1m ~ 1.5m，板式悬挑构件下支撑数最少不得少于 4 个。特殊情况应另行计算复核后进行设置支撑	不用	不用	不用	不用
异形构件	—	根据构件形状和重心进行设计	—	风荷载、自重荷载	根据实际情况计算	不用	不用	不用	不用

44. 如何设计水平构件安装后用的竖向支撑方案?

水平构件在安装前应对构件的支撑进行设计，并对荷载进行计算。

1）水平构件主要包括：框架梁、剪力墙结构的连梁、叠合楼板、阳台、挑檐板、空调台、楼梯休息平台等构件。

2）竖向支撑在设计时要考虑构件自身的重量，还要考虑后浇混凝土的重量、施工活动荷载，如图 4-25、图 4-26 所示。

图 4-25　叠合楼板支撑体系

图 4-26　阳台板支撑体系

3）高大框架梁的竖向支撑设计时还要考虑风荷载，并要增加斜支撑，如图 4-27 所示。

4）竖向支撑的设计，要由专业厂家或设计人员进行强度变形计算；还要考虑整体稳定性。

5）竖向支撑应由设计方给出支撑点位置，如设计图上无支撑点要求时，承包方应编制支撑方案报设计批准后方可实施。

图 4-27　框架梁支撑体系

45. 如何确定临时支撑拆除时间?

临时支撑拆除时间可按如下要求确定。

(1) 行业标准《装规》中的要求

1）构件连接部位后浇混凝土及灌浆料的强度达到设计要求后，方可拆除临时固定措施。

2）叠合构件在后浇混凝土强度达到设计要求后，方可拆除临时支撑。

(2) 笔者的建议

1) 国家标准和行业标准对临时支撑的拆除时间没有明确规定，在设计没有要求的情况下，笔者建议可参照《混凝土结构工程施工规范》(GB 50666—2011) 中“底模拆除时的混凝土强度要求”的标准确定，见表 4-9。

表 4-9　现浇混凝土底模拆除时的混凝土强度要求

构件类型	构件跨度/m	达到设计混凝土强度等级值的百分率（%）
板	≤2	≥50
	＞2，≤8	≥75
	＞8	≥100
梁、拱、壳	≤8	≥75
	＞8	≥100
悬臂结构		≥100

2) PC 柱、PC 墙等竖向构件的临时支撑拆除时间，可参照灌浆料制造商的要求来确定拆除时间；如北京建茂公司生产的 CGMJM-Ⅵ型高强灌浆料，要求灌浆后灌浆料同条件试块强度达到 35MPa 后方可进入后续施工（扰动），通常环境温度在 15℃ 以上时，24h 内构件不得受扰动；环境温度在 5～15℃时，48h 内构件不得受扰动，拆除支撑要根据设计荷载情况确定。

46. 如何设计立体构件、异形构件和大型构件安装技术方案？

在 PC 构件中的柱梁一体构件、转角墙板、T 形墙板、曲面构件、多层柱构件、形状特异构件都属于立体构件、异形构件、大型构件的类别，其安装技术方案需包括以下内容：

1) 设计专用的存放架或构件支架。

2) 设计制作专用的吊具，要根据构件的重心点进行设计，并要增加调平装置。

3) 设计制作专用的构件支撑、定位的工装来加固构件，并便于拆卸。

4) 采用轴线定位和界面定位相结合来确保构件安装就位正确。

5) 安装时要设置符合安全要求的安全设施。

47. 如何进行 PC 工程施工质量技术安全交底与班前交底？

PC 工程施工质量安全技术交底的内容要翔实、直观、便于领会，交底内容包含料具使用方法、操作工艺要求、技术标准要求、质量标准要求、安全设施与措施等，其程序主要包括以下几项。

(1) 依据 PC 施工方案内各工艺流程进行安全技术交底，主要包括：

1) 构件进场装卸车与堆放。

2) 专用吊具安装方法。

3）构件翻转立起。

4）各种PC构件安装形式、支撑安装、标高控制、轴线校正、构件固定。

5）封模方式、灌浆材料、灌浆方式。

6）后浇混凝土模板、钢筋、混凝土浇筑、拆模。

7）新技术、新工艺、新材料的专业交底。

（2）对各个工种岗位进行专项交底，主要包括：测量工、起重机操作员、信号指挥、司索工、监护人、安装校正工、灌浆工、模板工、钢筋工、混凝土工等。

（3）交底的方式

1）制作具有代表性单元的PC模型进行安全技术交底。

2）采用3D动画演示的方式。

3）每班工作前的针对本班作业内容的安全技术交底。

4）所有安全技术交底必须有记录，接受交底人须在交底上签字。

48. 如何编制PC工程质量管理计划？

PC安装施工过程中的质量控制及管理，主要有以下几个方面。

（1）预制构件进场验收：预制构件进场必须对各种规格和型号构件的外观、几何尺寸、预留钢筋位置、埋件位置、灌浆孔洞、预留孔洞等编制检查验收表，逐项进行验收合格后方可卸车或吊装。

（2）部品部件、材料进场的质量检查，查核相关检测报告、出厂合格证书，需抽样复试的须进行抽样检测。

（3）依据相关国家及地方的规范及技术标准，编制详细的PC安装操作规程、技术要求、质量标准。

例如：预留预埋钢筋。现浇与PC之间、PC与PC之间的竖向连接一般都采用预留预埋钢筋的方式，所以对预留钢筋的规格与数量、钢筋的搭接长度要求、钢筋的相对位置与绝对位置要严格控制精度，如图4-28所示，确保PC安装无偏差。

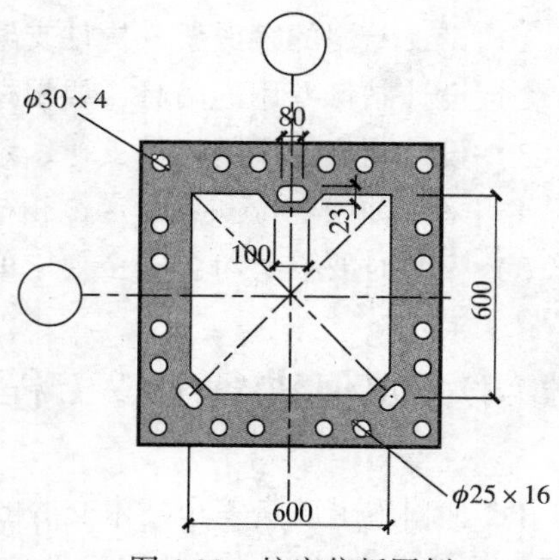

图4-28　柱定位板图例

在这种情况下，构件安装偏差的控制方法如下：

安装前应将轴线、柱位线及其控制线、墙位线及其控制线、梁投影线及其控制线、标高控制线进行测量标注；各种构件安装时应将偏差降低到最小范围，越精确越好，可减少积累误差，对安装质量和工效会有很大的提高。调整垂直度要采用经纬仪（框架柱要采用两台同时测定），墙、梁采用垂直靠尺及红外线垂直投点仪，标高测定采用高精度水准仪。

（4）进行专门的安装质量标准培训。

（5）列出PC工程施工重点监督工序的质量管理，如灌浆作业的质量要点如下：

1）封模严密无漏浆。
2）墙坐浆无孔隙、无缝隙、达强度、不漏浆。
3）调浆用水为洁净自来水。
4）浆料调制用水量精确。
5）调制时间和静止时间必须符合浆料产品使用要求。
6）流动度符合要求。
7）灌浆时间控制在 30min 以内。
8）根据计算用量核实实际用量的偏差值。
9）确保每个出浆孔全部出浆。
（6）所有隐蔽工程的质量管理要求。
（7）代表性单元试安装过程的偏差记录、误差判断、纠正系数。
（8）钢筋机械连接、灌浆套筒连接的试件试验计划。
（9）外挂墙板的质量管理。
（10）成品保护措施方案。
1）构件翻身起吊时，在根部必须垫上橡胶垫等柔软物质，保护构件。
2）堆场堆放要根据各种型号构件，采用相适应的垫木、靠放架等。
3）构件安装时严格控制碰撞。
4）竖向支撑架上应搁置有足够强度的木方。
5）安装完毕后对有阳角的构件，要进行护角保护。

49. 如何实现在运输车上直接起吊构件安装？

在运输车上直接起吊构件进行安装，是 PC 工程施工中常用的方式，这种方式能提高工效、节约成本、减少构件周转次数。但需具备以下条件：

1）首先要了解清楚当地及城市交通的限行要求，对大型运输车从工厂至工地是否可实现按项目 PC 吊装计划及时到场。

2）PC 工厂的制作、出厂检验、运输计划须符合安装计划，要相互合拍。

3）构件到场在车上检查验收的检测工具、验收方法、验收耗时的方案要可行。

4）在出现车上检查产生不合格构件时，须有应急预案。

5）水平运输垂直安装的构件须在车上翻转立起，要验证该技术措施的可靠性，如图 4-29 所示。

图 4-29　柱在车上直接翻转起吊

6）施工现场或周边有足够的停车位置。

50. 运输构件时对工地道路有什么要求?

PC构件的运输车辆具有车辆重、车身长、运输频率高等特点，所以对工地道路有一定的要求：

1）进出场地入口与出口要顺畅。

2）道路宽度要满足会车通过的要求，通常设计宽度为8~10m。

3）道路的转弯半径要根据最大构件运输车辆的要求设计，常规要求半径不小于15~18m。

4）道路的路基要坚实，路面采用混凝土浇筑；在条件不许可的情况下，也可采用预制混凝土铺装或采用钢板铺装。

5）道路必须有良好排水设施，不管是集中排水还是自然排水，必须确保雨季能让车辆顺利通行。

51. PC构件和建筑部品临时堆放场地有什么要求?

PC构件在现场需临时堆放的，对于堆放场应符合如下要求：

1）堆放场地应平整、坚实，并应有排水措施。

2）构件堆放场地应尽可能设置在起重机的幅度范围内。

3）堆放场地布置应当方便运输构件的大型车辆装车和出入。

4）堆放场地宜采用硬化地面或碎石地面。

5）堆放场地应设置分区，根据构件型号归类存放，如图4-30所示。

图4-30　构件堆放场地

52. 如何存放 PC 构件？

1）应根据构件的重量级别，从起重机的中心由近而远地摆放。

2）预埋吊件应朝上，标识宜朝向堆垛间的通道。

3）构件支垫应坚实，垫块在构件下的位置宜与脱模、吊装时的起吊位置一致。

4）重叠堆放构件时，每层构件间的垫块应上下对齐，堆垛层数应根据构件、垫块的承载力确定，并应根据需要采取防止堆垛倾覆的措施。

5）堆放预应力构件时，应根据构件起拱值的大小和堆放时间采取相应措施。

6）三维构件存放应当设置防止倾倒的专用支架。

7）预制柱、梁等细长构件宜单层平放。

8）预制墙板应采用靠放架存放。

9）叠合板可多层叠放，最多不超过 6 层。垫木应垂直于桁架筋。

10）楼梯采用叠层存放，最多不超过 6 层。

11）带飘窗的墙体应设有支架立式存放。

12）阳台板、挑檐板、曲面板应采用单独平放的方式存放。

13）存放构件堆垛之间应留设吊装时的人行通道。

14）预留水平伸出钢筋上应安装保护套，以免人身伤害。

15）装饰一体化构件，应采用防止污染和损坏措施。

53. 如何存放建筑部件？

建筑部件常见的是指室内隔墙板、整体浴室、整体厨房间等，PC 工程湿作业较少，所以一般在 PC 吊装完成支撑拆除后即可安装建筑部件，但也须根据建筑部件大小来确定安装时间。

1）上面说到 PC 工程是一个大流水作业，在结构完成 3 ~4 层后即可进入机电安装和装饰装修工序，建筑部件的安装工作也随之展开。

2）建筑部件到场验收合格后就可吊运到各个楼层。

3）楼层存放建筑部件的位置要选择不易被碰撞的地方。

4）有些部件体量较大，在结构完成后不易搬入，则可采取在楼盖未安装前先行吊入存放，同时做好保护措施。

54. 如何设计 PC 构件及其附属物和建筑部件在施工全过程的保护方案？

PC 构件在出厂时是一个完好无损的混凝土件，所以要在运输、卸车、起吊、翻身、安装、校正、固定、封模、灌浆等各个环节做好保护措施；建筑部件安装运输时，做到先保护后安装。

图 4-31 柱翻身根部保护

1）场地堆放保护措施是采用设支架及构件下垫木方进行保护。

2）柱子、墙体翻身起吊时，在底下放置旧轮胎或橡胶垫进行保护，如图 4-31 所示。

3）吊装构件时设置缆风绳，防止碰撞。

4）预制柱的棱角、楼梯踏步棱角、墙板的棱角要采用包角材料进行保护。

5）外墙板采用装饰一体化的，要对外装饰面、窗角、窗框进行保护。

6）整体厨房、整体浴室在安装时不得揭掉保护膜，安装完毕后要对拼接处重新保护。

55. 如何制定冬季施工方案？

PC 工程施工与传统建筑施工相比，在冬季施工方面有很大的优势；在北方寒冷地区，如有急于交付工程的情况，可延长作业期 3 ~4 个月。因为预制构件在工厂生产时不存在冬季施工问题，现场安装的冬季施工只需考虑灌浆作业、梁及墙板连接后浇混凝土以及楼板叠合层现浇的冬季施工，但也须制定切实可行的冬季施工方案，主要内容包括：

1）预制构件吊装完毕以后进入灌浆作业程序时，冬季灌浆作业可采用局部加温的方式进行。

2）梁与墙板连接后浇混凝土的施工也可采取局部加温方式，也可采用大棚保温方式进行。

3）楼板叠合层现浇混凝土，在国外通常采取提升加滑轨式大棚进行加温，然后浇筑混凝土，如图 4-32 所示。

4）冬季施工用混凝土，现在国内比较普遍了，通过调整混凝土配比及加入外加剂实现混凝土冬季输送和浇筑。

5）在楼板叠合层浇筑养护完成后，下部结构可安装外墙门窗，通过取暖设备加温即可进行 PC 建筑部件安装，实现冬季施工全过程进行。

图 4-32 冬季施工使用的可移动式取暖大棚

56. 如何制定环境保护和文明施工计划与措施？

尽管装配式建筑本身就具有环保、节能、缩短工期、降低劳动强度、现场整洁等特点，但在编制施工计划的同时，仍然要对环境保护、节能降耗、文明施工等方面制定相应的措施。

1）构件堆放要给出平面布置图，详细规定所放构件位置及数量、层数。

2）建筑垃圾要分类存放，设分类存放处，如图 4-33 所示。

3）现场施工平面布置要合理，对周转材料进行具体堆放设定。

4）场内道路硬化，排水通畅。

5）车辆冲洗出场。

6）所有周转料具，应做到场外加工、场内安装。

7）工序结束，场地干净。

8）构件、部品、部件运输及存放时的保护材料要周转利用，无法周转使用的要集中回收。

图 4-33　建筑垃圾分类存放

第 5 章　PC 构件与建筑部品进场

57. 如何协调 PC 构件与建筑部品进场直接吊装？

装配式建筑的安装施工计划应考虑构件直接从车上吊装，而不是先从运输车卸到地面，然后再从地面上吊装。如此不用二次运转，不需要存放场地，减少了塔式起重机工作量和构件损坏的概率。日本的 PC 工程吊装计划细分到每天每小时作业内容，构件运输的时间与现场构件检查、吊装的时间衔接得非常紧凑，施工现场很少有专用的构件存放场地，一般都是来一车吊装一车，效率非常高，如彩页图 C03 所示。

PC 构件与建筑部品直接吊装需要做好以下工作：

1）编制详细的构件与部品安装计划，提前发给工厂。工厂按计划编制生产计划。安装计划包括构件品种、数量、安装顺序等。工厂应提前备货。

2）安装前一天给工厂发出需要安装构件具体到货时间的指令，要预留出构件进场检验时间大约 40min，同时要充分考虑运输途中堵车、限流以及大车管制等突发事件。

3）现场道路要顺畅，前一辆车安装完顺利出去，后一辆车能及时开进来；沿街停放货车时不要影响交通。

4）要考虑万一有不能吊装的构件，工厂要有应急预案（可以考虑上一层相同构件运来安装），总之不能影响吊装进度。

5）工地的安装流水作业更加紧凑，构件吊装就位后及时安装临时支撑，然后才能松吊钩，吊装下一个构件。

6）工厂调度、运输构件的驾驶员、工地现场调度要建立顺畅的联系网络，保证信息及时传达。

58. PC 构件进场如何验收？标准是什么？

PC 构件和其他建筑部品部件，在出厂之前应当进行检查验收。由工厂的质检部门和驻厂监造的监理部门共同检查验收。

对总承包单位或者总承包单位分包的 PC 构件厂制作的预制构件，进场时总承包单位应当派人参与检验。如果构件或部品部件工厂是直接跟甲方签约的，施工单位也应当提出与监理共同检验，以简化构件进场检验的程序。因为构件进场，工地没有那么多时间及方便的条件，详细对构件进行检查。特别是从车上直接吊装作业现场，更没有时间详细检查。因此在工地的进场检查应着重以下几点（表 5-1）：

表 5-1　构件进场重点检查项目

序　号	检查项目		检查标准
1	资料交付	出厂合格证	齐全
		混凝土强度检验报告	
		钢筋套筒检验报告	
		合同要求的其他证明文件	
2	装卸、运输过程中对构件的损坏	磕碰掉角	不应出现
		造成裂缝	
		装饰层损坏	
		外漏钢筋被折弯	
3	影响直接安装环节	套筒、预埋件规格、位置、数量	参照《装标》
		套筒或浆锚孔内是否干净	
		外露连接钢筋规格、位置、数量	
		配件是否齐全	
		构件几何尺寸	
4	表面观感	外观缺陷见表 5-2	不应有缺陷

1）合格证以及交付的质量证明文件检查。

2）检查构件在装卸及运输过程中造成的损坏。

3）检查影响直接安装的环节，灌浆套筒或浆锚孔内是否干净，预埋件位置是否正确等。

4）检查其他配件是否齐全。

5）外形几何尺寸的检查。

6）表面观感的检查应符合《装标》9.7.1 条款的规定，见表 5-2。

表 5-2　构件外观质量缺陷表

名　称	现　象	严重缺陷	一般缺陷
露筋	构件内钢筋未被混凝土包裹而外露	纵向受力钢筋有露筋	其他钢筋有少量露筋
蜂窝	混凝土表面缺少水泥砂浆而形成石子外露	构件主要受力部位有蜂窝	其他部位有少量蜂窝
孔洞	混凝土中孔穴深度和长度均超过保护层厚度	构件主要受力部位有孔洞	其他部位有少量孔洞
夹渣	混凝土中央有杂物且深度超过保护层厚度	构件主要受力部位有夹渣	其他部位有少量夹渣
疏松	混凝土中局部不密实	构件主要受力部位有疏松	其他部位有少量疏松
裂缝	裂缝从混凝土表面延伸至混凝土内部	构件主要受力部位有影响结构性能或使用功能的裂缝	其他部位有少量不影响结构性能或使用功能的裂缝
连接部位缺陷	构件连接处混凝土有缺陷及连接钢筋、连接件松动	连接部位有影响结构传力性能的缺陷	连接部位有基本不影响结构传力性能的缺陷
外形缺陷	缺棱掉角、棱角不直、翘曲不平、飞边凸肋等	清水混凝土构件有影响使用功能或装饰效果的外形缺陷	其他混凝土构件有不影响使用功能的外形缺陷
外表缺陷	构件表面麻面、掉皮、起砂、沾污等	具有重要装饰效果的清水混凝土构件有外表缺陷	其他混凝土构件有不影响使用功能的外表缺陷

注：此表引自国家标准《装标》9.7.1。

7）有装饰层的产品要检查装饰层是否有损坏。

如果是甲方直接签约的构件工厂，而且不采用车上直接吊装的方式，这时候就有必要也有条件及时间对构件进行详细地检查，检查标准按照构件出厂时的检查标准。出厂检查标准，见表5-3。

表5-3 预制构件尺寸允许偏差及检验方法

项目			允许偏差/mm	检验方法
长度	楼板、梁、柱、桁架	<12m	±5	尺量
		≥12m且<18m	±10	
		≥18m	±20	
	墙板		±4	
宽度 高（厚）度	楼板、梁、柱、桁架		±5	尺量一端及中部，取其中偏差绝对值较大处
	墙板		±4	
表面平整度	楼板、梁、柱、墙板内表面		5	2m靠尺和塞尺量测
	墙板外表面		3	
侧向弯曲	楼板、梁、柱		$L/750$且≤20	拉线、直尺量测最大侧向弯曲处
	墙板、桁架		$L/1000$且≤20	
翘曲	楼板		$L/750$	调平尺在两端量测
	墙板		$L/1000$	
对角线	楼板		10	尺量两个对角线
	墙板		5	
预留孔	中心线位置		5	尺量
	孔尺寸		±5	
预留洞	中心线位置		10	尺量
	洞口尺寸、深度		±10	
预埋件	预埋板中心线位置		5	尺量
	预埋板与混凝土面平面高差		0，-5	
	预埋螺栓		2	
	预埋螺栓外露长度		+10，-5	
	预埋套筒、螺母中心线位置		2	
	预埋套筒、螺母与混凝土面平面高差		0，-5	
预留插筋	中心线位置		3	尺量
	外露长度		+5，-5	
键槽	中心线位置		5	尺量
	长度、宽度		±5	
	深度		±5	

注：1. L为构件长度，单位为“mm”。

2. 检查中心线，螺栓和孔洞位置偏差时，沿纵、横两个方向量测，并取其中偏差较大值。

3. 此表引自《装配式混凝土结构技术规程》（JGJ 1—2014）中11.4.2。

59. PC 构件进场须提交哪些质量证明文件？

质量证明文件的检查属于确保工程质量的主控项目，即“对安全、节能、环境保护和主要使用功能起决定性作用的检验项目”。须检查每一个构件的质量证明文件或质量验收记录，也就是进行全数检查。

PC 构件质量证明文件或质量验收记录包括：

1）PC 构件产品合格证明书（表 5-4）（或者 PC 构件准用证）。

表 5-4　PC 构件出厂合格证（范本）

<table>
<tr><td colspan="5">预制混凝土构件出厂合格证</td><td colspan="2">资料编号</td><td colspan="3"></td></tr>
<tr><td colspan="2">工程名称及使用部位</td><td colspan="3"></td><td colspan="2">合格证编号</td><td colspan="3"></td></tr>
<tr><td colspan="2">构件名称</td><td colspan="2"></td><td>型号规格</td><td colspan="2"></td><td>供应数量</td><td colspan="2"></td></tr>
<tr><td colspan="2">制造厂家</td><td colspan="3"></td><td colspan="2">企业等级证</td><td colspan="3"></td></tr>
<tr><td colspan="2">标准图号或设计图样号</td><td colspan="3"></td><td colspan="2">混凝土设计强度等级</td><td colspan="3"></td></tr>
<tr><td colspan="2">混凝土浇筑日期</td><td colspan="3">至</td><td colspan="2">构件出厂日期</td><td colspan="3"></td></tr>
<tr><td rowspan="12">性能检验评定结果</td><td colspan="4">混凝土抗压强度</td><td colspan="5">主筋</td></tr>
<tr><td colspan="2">试验编号</td><td colspan="2">达到设计强度（%）</td><td>试验编号</td><td colspan="2">力学性能</td><td colspan="2">工艺性能</td></tr>
<tr><td colspan="2"></td><td colspan="2"></td><td></td><td colspan="2"></td><td colspan="2"></td></tr>
<tr><td colspan="4">外观</td><td colspan="5">面层装饰材料</td></tr>
<tr><td colspan="2">质量状况</td><td colspan="2">规格尺寸</td><td colspan="3">试验编号</td><td colspan="2">试验结论</td></tr>
<tr><td colspan="2"></td><td colspan="2"></td><td colspan="3"></td><td colspan="2"></td></tr>
<tr><td colspan="4">保温材料</td><td colspan="5">保温连接件</td></tr>
<tr><td colspan="2">试验编号</td><td colspan="2">试验结论</td><td colspan="3">试验编号</td><td colspan="2">试验结论</td></tr>
<tr><td colspan="2"></td><td colspan="2"></td><td colspan="3"></td><td colspan="2"></td></tr>
<tr><td colspan="4">钢筋连接套筒</td><td colspan="5">结构性能</td></tr>
<tr><td colspan="2">试验编号</td><td colspan="2">试验结论</td><td colspan="3">试验编号</td><td colspan="2">试验结论</td></tr>
<tr><td colspan="2"></td><td colspan="2"></td><td colspan="3"></td><td colspan="2"></td></tr>
<tr><td colspan="8">备注</td><td colspan="2">结论：</td></tr>
<tr><td colspan="5">供应单位技术负责人</td><td colspan="3">填表人</td><td colspan="2" rowspan="3">供应单位名称（盖章）</td></tr>
<tr><td colspan="5"></td><td colspan="3"></td></tr>
<tr><td colspan="8">填表日期：</td></tr>
</table>

注：此表引自国家标准《装标》中表 5 预制构件出厂合格证（范本）。

2）混凝土强度检验报告。

3）钢筋套管等其他构件钢筋连接类型的工艺检验报告。

4）结构性能检验报告（如果需要）。

5）有设计或合同约定的混凝土抗渗、抗冻等性能的试验报告（根据需要）。

6）合同要求的其他质量证明文件。

PC构件的钢筋、混凝土原材料、预应力材料、套管、预埋件等检验报告和构件制作过程的隐蔽工程记录，在构件进场时可不提供，应在PC构件制作企业存档。对总承包企业自行制作预制构件的情况，没有“进场”的验收环节，其材料和制作质量应按照《装标》中各章规定进行验收。质量证明文件检查为检查构件制作过程中的质量验收记录。

60. 在构件运输车上检查验收PC构件须注意什么？

PC构件直接从车上吊装，检查时间不能太长，检查空间也受到限制，所以要提前做出检查预案，具体包括以下几点：

1）检查质量证明文件，车到就可以检查。

2）检查项目参见本章中表5-1中所列项目。

3）配齐检查所用的数码相机及工具如：卷尺、直尺、拐尺、手电筒、镜子等。

4）填写质量检验表格（表5-5）。

表5-5 预制构件进场检验批质量验收记录

<table>
<tr><td colspan="4">单位（子单位）工程名称</td><td colspan="3"></td></tr>
<tr><td colspan="4">分部（子分部）工程名称</td><td></td><td>验收部位</td><td></td></tr>
<tr><td colspan="3">施工单位</td><td colspan="2"></td><td>项目经理</td><td></td></tr>
<tr><td colspan="3">构件制作单位</td><td colspan="2"></td><td>构件制作单位项目经理</td><td></td></tr>
<tr><td colspan="4">施工执行标准名称及编号</td><td colspan="3"></td></tr>
<tr><td colspan="5">施工质量验收规程规定</td><td>施工单位检查评定记录</td><td>监理（建设）单位验收记录</td></tr>
<tr><td rowspan="13">主控项目</td><td>1</td><td colspan="2">预制构件合格证及质量证明文件</td><td>符合标准</td><td></td><td rowspan="13"></td></tr>
<tr><td>2</td><td colspan="2">预制构件标识</td><td>符合标准</td><td></td></tr>
<tr><td>3</td><td colspan="2">预制构件外观严重缺陷</td><td>符合标准</td><td></td></tr>
<tr><td>4</td><td colspan="2">预制构件预留吊环、焊接埋件</td><td>符合标准</td><td></td></tr>
<tr><td>5</td><td colspan="2">预留预埋件规格、位置、数量</td><td>符合标准</td><td></td></tr>
<tr><td rowspan="2">6</td><td rowspan="2">预留连接钢筋</td><td>中心位置/mm</td><td>3</td><td></td></tr>
<tr><td>外露长度/mm</td><td>0，5</td><td></td></tr>
<tr><td rowspan="2">7</td><td rowspan="2">预埋灌浆套筒</td><td>中心位置/mm</td><td>2</td><td></td></tr>
<tr><td>套筒内部</td><td>未堵塞</td><td></td></tr>
<tr><td rowspan="2">8</td><td rowspan="2">预埋件（安装用孔洞或螺母）</td><td>中心位置/mm</td><td>3</td><td></td></tr>
<tr><td>螺母内壁</td><td>未堵塞</td><td></td></tr>
<tr><td>9</td><td colspan="2">与后浇部位模板接茬范围平整度/mm</td><td>2</td><td></td></tr>
</table>

（续）

<table>
<tr><td rowspan="14">一般项目</td><td>1</td><td colspan="2">预制构件外观一般缺陷</td><td>符合标准</td><td></td><td rowspan="14"></td></tr>
<tr><td>2</td><td colspan="2">长度/mm</td><td>±3</td><td></td></tr>
<tr><td>3</td><td colspan="2">宽度、高（厚）度</td><td>±3</td><td></td></tr>
<tr><td rowspan="2">4</td><td rowspan="2">预埋件</td><td>中心线位置/mm</td><td>5</td><td></td></tr>
<tr><td>安装平整度/mm</td><td>3</td><td></td></tr>
<tr><td rowspan="2">5</td><td rowspan="2">预留孔、槽</td><td>中心位置/mm</td><td>5</td><td></td></tr>
<tr><td>尺寸/mm</td><td>0，5</td><td></td></tr>
<tr><td rowspan="2">6</td><td rowspan="2">预留吊环</td><td>中心位置/mm</td><td>5</td><td></td></tr>
<tr><td>外露钢筋/mm</td><td>0，10</td><td></td></tr>
<tr><td>7</td><td colspan="2">钢筋保护层厚度/mm</td><td>+5，－3</td><td></td></tr>
<tr><td>8</td><td colspan="2">表面平整度/mm</td><td>3</td><td></td></tr>
<tr><td rowspan="2">9</td><td rowspan="2">预留钢筋</td><td>中心线位置/mm</td><td>3</td><td></td></tr>
<tr><td>外露长度/mm</td><td>0，5</td><td></td></tr>
<tr><td colspan="5"></td></tr>
<tr><td colspan="3" rowspan="2">施工单位
检查评定结果</td><td>专业工长（施工员）</td><td></td><td>施工班组长</td><td></td></tr>
<tr><td colspan="4">项目专业质量检查员：　　　　年　月　日</td></tr>
<tr><td colspan="3">监理（建设）
单位验收结论</td><td colspan="4">专业监理工程师
（建设单位项目专业技术负责人）：　　　　年　月　日</td></tr>
</table>

5）不易检查到的地方可以选用手机自拍杆拍照检查。

6）注意检查顺序，叠合楼板是吊走一块检查一块。

7）套筒及浆锚孔是检查重点。主要检查里面是否有残留灰浆或其他异物。

8）检查外露钢筋、桁架筋等残留的混凝土是否清理干净。

9）检查要在光线明亮的地方进行。

61. 如何进行 PC 构件结构性能检验？

梁板类简支受弯 PC 构件或设计有要求的 PC 构件进场时须进行结构性能检验。结构性能检验是针对构件的承载力、挠度、裂缝控制性能等各项指标所进行的检验。属于主控项目。工地往往不具备结构性能检验的条件，也可在构件预制工厂进行，监理、建设和施工方代表应当在场。国家标准《混凝土结构工程施工质量验收规范》（GB 50204—2015）附录 B《受弯预制构件结构性能检验》给出了结构性能检验要求与方法。

1）钢筋混凝土构件和允许出现裂缝的预应力混凝土构件应进行承载力、挠度和裂缝宽度检验；不允许出现裂缝的预应力混凝土构件应进行承载力、挠度和抗裂检验。

2）对大型构件及有可靠应用经验的构件，可只进行裂缝宽度、抗裂和挠度检验。

3）对使用数量较少的构件，当能提供可靠依据时，可不进行结构性能检验。

具体的检验要求应当由设计与监理给出，如果设计与监理没有给出要求，施工单位制定方案应当得到设计与监理的批准。

62. 如何进行PC构件受力钢筋和混凝土强度实体检验？

构件受力钢筋和混凝土强度实体检验，对于不需要做结构性能检验的所有预制构件，如果监理或建设单位派出代表驻厂监督生产过程，对进场构件可以不做实体检验。否则，将对进场构件的受力钢筋和混凝土进行实体检验。此项为主控项目，抽样检验。检验数量为同一类预制构件不超过1000个为一批，每批抽取一个构件进行结构性能检验。同一类是指同一钢种、同一混凝土强度等级、同一生产工艺和同一结构形式。受力钢筋需要检验数量、规格、间距、保护层厚度。混凝土需要检验强度等级。实体检验宜采用不破损的方法进行检验，使用专业探测仪器，在没有可靠仪器的情况下，也可以采用破损方法。

63. 集成式厨房如何进行验收？

集成式厨房由厨房家具、厨房设备和厨房设施组成，可根据房型图进行定制化的服务。集成式厨房系统验收时应注意以下要点：

1）检查验收集成式厨房系统材料的规格、型号、包装、外观及尺寸、开箱内清单、组装示意图等，并做验收记录。

2）厨房家具的材质与颜色要跟样品或样块对照验收。

3）集成式厨房系统材料应有质量证明文件，并纳入工程技术档案。

4）要严格按照图样要求，不得随意变更位置。

5）橱柜安装应牢固、水平、垂直。

6）橱柜安装允许的误差应小于2mm。

7）所有抽屉和拉篮应抽拉自如，无阻滞，并有限位保护装置。

8）采用油烟同层直排设备时，风帽应安装牢固，与结构墙体之间的缝隙应密封。

9）上下水应固定牢固，防止漏水。抽油烟机与排烟管道应连接牢固。

10）对专业接口要进行检验，专业接口有自来水、电、暖、煤气、热水、排水、换气等要进行进场验收。

安装完成的集成式厨房，如图5-1所示。

图5-1　安装完成的集成式厨房

64. 集成式卫浴如何进行验收？

集成式卫浴验收应符合以下规定：

1）检查验收卫浴的规格、型号、包装、外观及尺寸、开箱内清单、组装示意图等，并做验收记录。

2）防水盘、顶板、壁板表面应光洁平整、颜色均匀，不得有气泡、裂纹等缺陷；切割面应无分层、毛刺现象。

3）卫浴装配式构件的允许尺寸偏差及检验方法参考表 5-6 的规定。

表 5-6　卫浴装配式构件允许尺寸偏差及检验方法

项　目		允许偏差/mm	检验方法
长度、宽度	顶板	±1	尺量检查
	壁板	±1	
	防水盘	±1	
对角线差	顶板、壁板、防水盘	1	尺量检查
表面平整度	顶板	3	2m 靠尺和塞尺检查
	壁板	2	
	瓷砖饰面防水盘	2	
接缝高低差	瓷砖饰面壁板	0.5	钢尺和塞尺检查
	瓷砖饰面防水盘	0.5	钢尺和塞尺检查
预留孔	中心线位置	3	尺量检查
	孔尺寸	±2	尺量检查

4）材料应有质量证明文件，并纳入工程技术档案。

5）所采用的各类阀门安装位置应正确平整，卫生器具的安装应采用专用螺栓安装固定。

6）顶、地、墙安装衔接是否完好，有无晃动。

7）地漏、马桶与地面安装是否密封。

8）卫生间安装地面是否平整。

9）内部五金洁具安装是否松动，有无漏水。

10）安装完成的产品有无损坏。

11）甲醛是否超标。

12）对专业接口要进行检验，专业接口有自来水、电、暖、热水、排水、换气等要进行进场验收。

安装完成的集成式卫浴，如图 5-2 所示。

图 5-2　施工完成的集成卫浴
（照片由重庆科逸卫浴有限公司提供）

65. 整体收纳如何进行验收？

整体收纳验收应包括以下要点：

1）验收收纳的规格、型号、包装、外观及尺寸、开箱清单、组装示意图等，并做验收记录。

2）所用材料的材质、颜色应符合设计要求，同时要与样品或样块一致。

3）材料应有质量证明文件，并纳入工程技术档案。

4）要严格按照图样要求，不得随意变更位置。

5）收纳与墙面应接合牢固；拼接式结构的安装部件之间的连接应牢靠不松动。

6）所有抽屉和拉篮应抽拉自如，无阻滞，并有限位保护装置。

7）甲醛含量是否超标。

安装完成的整体收纳，如图5-3所示。

图5-3　安装完成的整体收纳
（照片由北京润达家具有限公司提供）

66. 如何处理不合格的PC构件与建筑部品？

运送到施工现场的PC构件和建筑部品，如果在车上检验出不合格，可不用卸车直接随车返回工厂维修或者更换。如果是卸车后在堆放场地检验出不合格的产品，可以将产品隔离单独存放，并通知工厂安排技术人员处理和维修，处理维修后重新检验。

经处理维修仍然不合格的产品应做报废处理，并做好醒目的不合格品标识，防止混放后误当合格品使用影响工程质量。

第6章　PC工程施工材料与配件

67. PC工程施工有哪些材料和配件?

本章仅介绍装配式建筑工程施工专用的材料和配件，包括：坐浆料、灌浆料、灌浆胶塞、灌浆堵缝材料、机械套筒、调整标高螺栓或垫片、临时支撑部件、固定螺栓、安装节点金属连接件、密封胶条、耐候建筑密封胶、发泡聚氨酯保温材料、修补料、防火塞缝材料等。

68. 如何选购套筒灌浆料？如何验收、保管？

钢筋连接用套筒灌浆料是以水泥为基本材料，配以细骨料，混凝土外加剂和其他材料组成的干混料，加水搅拌后具有规定的流动性、早强、高强、微膨胀等性能指标。选购和验收时需注意以下各点：

1）严格按照设计要求采购。

2）灌浆料应当采用与接头型式检验相匹配的灌浆料，建议采购与灌浆套筒厂家相匹配的灌浆料。

3）性能应符合现行行业标准《钢筋套筒灌浆连接应用技术规程》（JGJ 355—2015）和《钢筋连接用套筒灌浆料》（JG/T 408—2013）的规定，见表6-1。

表6-1　套筒灌浆料的技术性能参数

项　　目		性能指标
流动度/mm	初始	≥300
	30min	≥260
抗压强度/MPa	1d	≥35
	3d	≥60
	28d	≥85
竖向膨胀率（%）	3h	≥0.02
	24h与3h差值	0.02~0.5
氯离子含量（%）		≤0.03
泌水率（%）		0

4）抗压强度值越高，对灌浆接头连接性能越有帮助，流动度越高对施工作业越方便，

接头灌浆饱满度越容易保证。

5）不同生产厂家的套筒灌浆料产品均应满足以上指标。

6）验收与保管

检验分型式检验和出厂检验

①型式检验项目为《钢筋连接用套筒灌浆料》（JG/T 408—2013）第5章的全部项目，即包括：初始流动度、30min流动度、1d、3d、28d抗压强度、3h竖向自由膨胀率，竖向自由膨胀率24h与3h的差值，氯离子含量，泌水率等，套筒灌浆料型式检验报告如图6-1所示。

2014000516E　(2014)国认监认字(452)号

材料检验报告（特材）

表式JC-042

		编　号	检　测 CNAS L0684
		试验编号	2016 TC 0381
		委托编号	TC-JC-WL-2016-1580
工程名称	材料检验	试件编号	——
委托单位	北京思达建茂科技发展有限公司	委 托 人	王雪飞
生产单位	北京思达建茂科技发展有限公司	样品名称	CGMJM-Ⅷ型高强灌浆料（钢筋接套筒灌浆专用）
送检日期	2016年8月26日	加 水 量	干料×11.2%
代表数量	——	试验日期	2016年8月29日

检　验　结　果

试验项目	试验数据	性能指标	检测值	单项评定
流动度/mm	初始值	≥300	320	合格
	30min	≥280	305	合格
	60min	≥260	275	合格
竖向膨胀率（%）	3h	≥0.02	0.177	合格
	24h与3h的膨胀值之差	0.02~0.5	0.099	合格
抗压强度/MPa	1d	≥35	38.4	合格
	3d	≥60	65.1	合格
	28d	≥110	112.2	合格
泌水率（%）		0	0	合格
氯离子含量（%）		≤0.03	0.012	合格

结论：依据Q/CPJMJ0006-2015《CGMJM钢筋接头灌浆料》、JG/T 408-2013《钢筋连接用套筒灌浆料》及JGJ355-2015《钢筋套筒灌浆连接应用技术规程》标准，送检样品所检项目符合标准中Ⅷ型的性能指标要求。

批　准	黄月珍	审　核	于涧	试　验	[illegible]
试验单位	国家工业建构筑物质量安全监督检验中心				
报告日期	2016　年　9　月　28　日				

图6-1　套筒灌浆料型式检验报告（报告由北京思达建茂科技发展有限公司提供）

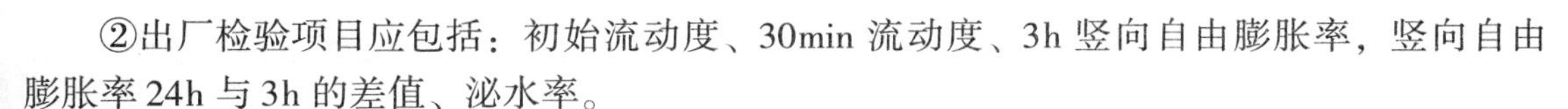

②出厂检验项目应包括：初始流动度、30min 流动度、3h 竖向自由膨胀率，竖向自由膨胀率 24h 与 3h 的差值、泌水率。

③检查数量

按批检验，以每层为一检验批；每工作班应制作 1 组且每层不应少于 3 组 40mm × 40mm × 160mm 的长方体试件，标准养护 28d 后进行抗压强度试验。

④灌浆料的保管应注意防水、防潮、防晒等要求，存放在通风的地方，底部使用托盘或木方隔垫。有条件的库房可撒生石灰防潮。

⑤气温高于 25℃时，灌浆料应储存于通风、干燥、阴凉处，运输过程中应注意避免阳光长时间照射。

⑥灌浆料有效保质期为 90d。超出保质期后应进行复验，复验合格仍可使用。因此灌浆料宜多次少量采购。

69. 如何选购浆锚搭接灌浆料？如何验收、保管？

浆锚搭接用的灌浆料也是水泥基灌浆料，但抗压强度低于套筒灌浆料。因为浆锚孔壁的抗压强度低于套筒，要求浆锚搭接灌浆料像套筒灌浆料那么高的强度没有必要。《装规》第 4. 2. 3 条给出了钢筋浆锚搭接连接接头用灌浆料的性能要求，见表 6-2。

表 6-2　钢筋浆锚搭接连接接头用灌浆料性能要求（《装规》表 4. 2. 3）

项　目		性能指标	试验方法标准
泌水率（%）		0	《普通混凝土拌合物性能试验方法标准》（GB/T 50080—2016）
流动度/mm	初始值	≥200	《水泥基灌浆材料应用技术规范》（GB/T 50448—2015）
	30min 保留值	≥150	
竖向膨胀率（%）	3h	≥0. 02	《水泥基灌浆材料应用技术规范》（GB/T 50448—2015）
	24h 与 3h 的膨胀率之差	0. 02 ~0. 5	
抗压强度/MPa	1d	≥35	《水泥基灌浆材料应用技术规范》（GB/T 50448—2015）
	3d	≥55	
	28d	≥80	
氯离子含量（%）		≤0. 06	《混凝土外加剂匀质性试验方法》（GB/T 8077—2012）

浆锚搭接用灌浆料的验收与保管与套筒用灌浆料方式相同，参照本章第 68 问。

70. 如何选购坐浆材料？如何验收、保管？

坐浆料也称高强封堵料，是装配式混凝土结构连接节点封堵密封及分仓使用的水泥基材料，具有强度高、干缩小、和易性好（可塑性好，封堵后无坍落）、粘接性能好、方便使用的特点。使用部位如图 6-2、图 6-3 所示。

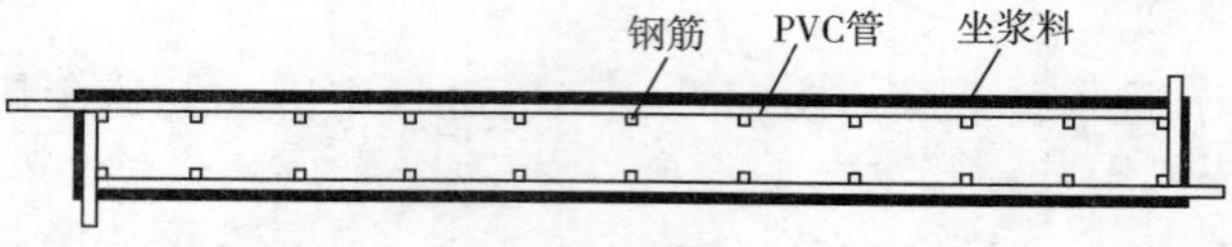

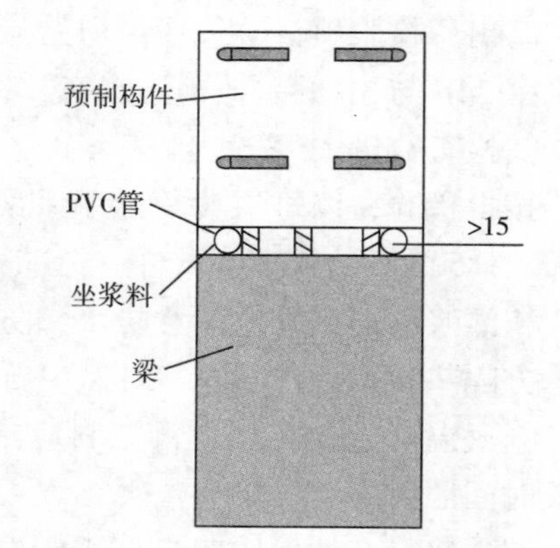

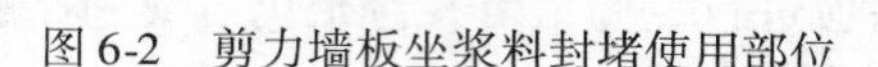

图6-2 剪力墙板坐浆料封堵使用部位

图6-3 剪力墙板坐浆料封堵使用部位

(1) 选购要点

1）符合设计要求。

2）性能指标，见表6-3（北京思达建茂科技发展有限公司JM-Z坐浆料指标）。

表6-3 坐浆料性能指标

项目	技术指标	实验标准
胶砂流动度/mm	130～170	《水泥胶砂流动度测定方法》（GB/T 2419—2015）
抗压强度/MPa	1d≥30	《水泥胶砂强度检验方法》（GB/T 17671—1999）
	28d≥50	

3）符合工艺要求，如：强度高、干缩小、和易性好（可塑性好，封堵后无坍落）、黏接性能好等。

(2) 验收保管

1）目前关于坐浆料国家标准和行业标准没有规定。因此，选用时应进行实验验证，包括抗压强度和工艺性能试验，试验结果如符合设计要求作为验收依据。

2）坐浆材料保管应注意防水、防潮、防晒等要求，存放在通风的地方。

3）底部使用托盘或木方隔垫。

4）坐浆料有效保质期为90d。超出保质期后应进行复验，复验合格仍可使用。

71. 如何选购灌浆孔胶塞、灌浆缝堵缝条？如何验收、保管？

(1) 灌浆孔胶塞

灌浆孔胶塞用于封堵灌浆套筒和浆锚孔的灌浆孔与出浆孔，选用耐酸碱腐蚀的橡胶材料或者是其他软质材料制作（图6-4、图6-5），确保可以重复使用。

(2) 灌浆缝堵缝条

灌浆缝堵缝条主要起到堵缝防止灌浆料外流的作用，日本在预制柱灌浆时有的采用充气管，灌浆前将塑胶管充满气体（图6-6），待浆料凝固后再放出气体将塑胶管取出重复利用。国内常用 PVC 管、聚乙烯泡沫棒、木条、橡胶条等材料，灌浆封堵示意图如图 6-7 所示。

图 6-4 常用灌浆孔胶塞（照片由北京思达建茂科技发展有限公司提供）

图 6-5 灌浆孔封堵

图 6-6 日本使用的充气管堵缝条

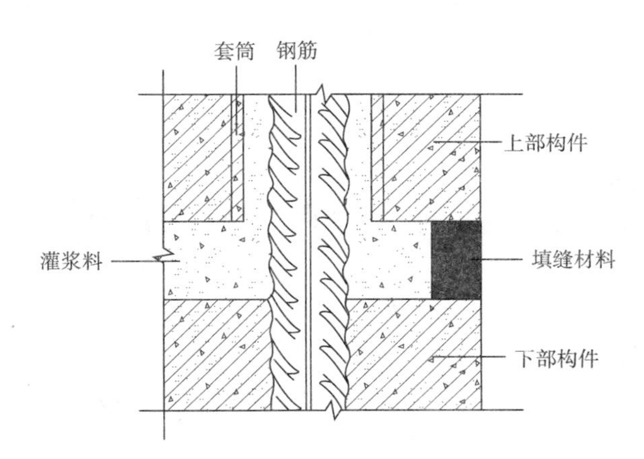

图 6-7 灌浆封堵示意图

（3）验收保管

1）以上两种材料要满足使用功能，具体验收标准可参照材料本身执行的国家标准或企业标准。

2）材料保管参照施工现场原材料保存方法和制度，最好单独存放，方便领用。

72. 如何选购或加工安装 PC 构件调整标高用的螺栓或垫块？

竖向构件柱或者墙板安装需要调整标高，调整标高有预埋螺母和放置垫块两种方式。

（1）预埋螺母

PC 构件调整标高常用的 P 型螺母如图 6-8 所示，应根据构件的规格调整预埋件的大小，例如 800×800×4180 的预制混凝土结构柱用的预埋螺母是 $M20 \times 75$。

（2）垫块

有些工地调整标高选用垫块，垫块应选用 Q235 钢板材料，规格 50mm×50mm，厚度包括 1mm、2mm、5mm、10mm、20mm 等，如图 6-9 所示。

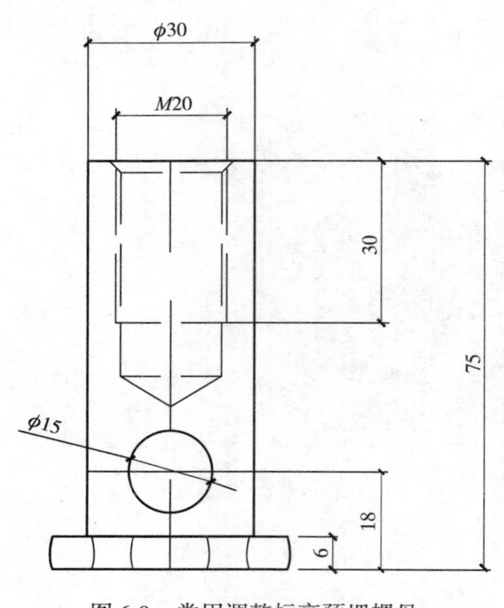

图 6-8　常用调整标高预埋螺母

图 6-9　常用钢板垫块

73. 如何选购钢筋机械连接套筒？如何验收、保管？

钢筋机械连接套筒是指在后浇混凝土施工中，竖向钢筋连接的接头方式，如图 1-16 所示。

国内常用的钢筋机械连接套筒有螺纹连接和挤压连接两种方式，选用套筒要根据设计的要求来选择。如果设计没有提出选用什么类型的连接套筒，要让设计给出要求，按照要求选择。或者由监理和施工单位根据要求选择符合要求的钢筋连接套筒。

（1）机械套筒的选购

钢筋采用机械连接时，应符合现行行业标准《钢筋机械连接技术规程》（JGJ 107—2016）的有关规定，见表 6-4、表 6-5。其主要要求如下：

1）确定套筒连接类型（螺纹式还是挤压式）。

2）材质、规格、型号。

3）构造与工艺参数。

表 6-4　接头极限抗拉强度

接头等级	Ⅰ级	Ⅱ级	Ⅲ级
极限抗拉强度	$f_{mst}^0 \geqslant f_{stk}$ 钢筋拉断或 $f_{mst}^0 \geqslant 1.10 f_{stk}$ 连接件破坏	$f_{mst}^0 \geqslant f_{stk}$	$f_{mst}^0 \geqslant 1.25 f_{stk}$

注：1. 钢筋拉断是指断于钢筋母材、套筒外钢筋丝头和钢筋镦粗过渡段。

2. 连接件破坏是指断于套筒、套筒纵向开裂或钢筋从套筒中拔出以及其他连接组件破坏。

表 6-5　接头变形性能

接头等级		Ⅰ级	Ⅱ级	Ⅲ级
单向拉伸	残余变形/mm	$\mu_0 \leqslant 0.10$（$d \leqslant 32$） $\mu_0 \leqslant 0.14$（$d > 32$）	$\mu_0 \leqslant 0.14$（$d \leqslant 32$） $\mu_0 \leqslant 0.16$（$d > 32$）	$\mu_0 \leqslant 0.14$（$d \leqslant 32$） $\mu_0 \leqslant 0.16$（$d > 32$）
	最大力下总伸长率（%）	$A_{sgt} \geqslant 6.0$	$A_{sgt} \geqslant 6.0$	$A_{sgt} \geqslant 3.0$
高应力反复拉压	残余变形/mm	$\mu_{20} \leqslant 0.3$	$\mu_{20} \leqslant 0.3$	$\mu_{20} \leqslant 0.3$
大变形反复拉压	残余变形/mm	$\mu_4 \leqslant 0.3$ 且 $\mu_8 \leqslant 0.6$	$\mu_4 \leqslant 0.3$ 且 $\mu_8 \leqslant 0.6$	$\mu_4 \leqslant 0.6$

（2）如何验收、保管

1）对照检查材质单。

2）检验合格证。

3）检验型式检验报告单。

4）外形尺寸检验。

5）机械套筒的保管执行现场仓库管理规定，注意防潮、防水等。

74. PC 工程施工用的钢筋有什么要求？如何验收、保管？

装配式混凝土建筑中应用的钢筋与现浇混凝土施工中对钢筋的要求、验收、保管是一样的。

钢筋在装配式混凝土结构构件中除了结构设计配筋外，还可能用于制作浆锚连接的螺旋加强筋、构件脱模或安装用的吊环、预埋件或内埋式螺母的锚固“胡子筋”等。

1）行业标准《装规》中规定：“普通钢筋采用套筒灌浆连接和浆锚搭接连接时，钢筋应采用热轧带肋钢筋。”

2）在装配式混凝土结构设计时，考虑到连接套筒、浆锚螺旋筋、钢筋连接和预埋件相对现浇结构“拥挤”，宜选用大直径高强度钢筋，以减少钢筋根数，避免间距过小对混凝土浇筑的不利影响。

3）钢筋的力学性能指标应符合现行国家标准《混凝土结构设计规范》（GB 50010—2010）的规定。

4）钢筋焊接网应符合现行行业标准《钢筋焊接网混凝土结构技术规程》（JGJ 114—2014）的规定。

5）在预应力 PC 构件中会用到预应力钢丝、钢绞线和预应力螺纹钢筋等，其中以预应力钢绞线最为常用。预应力钢绞线应符合《混凝土结构设计规范》（GB 50010—2010）中的相应要求和指标。

6）当预制构件的吊环用钢筋制作时，按照行业标准《装规》的要求，应采用未经冷加工的 HPB300 级钢筋制作。

7）国家行业标准对钢筋强度等级没有要求，辽宁地方标准《装配式混凝土结构设计规程》（DB21/T 2572—2016）中规定钢筋宜用 HPB300、HRB335、HRB400、HRB500、HRBF335、HRBF400、HRBF500 级热轧钢筋。预应力筋宜采用预应力钢丝、钢绞线和预应

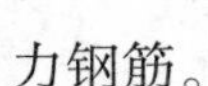

力钢筋。

8）PC 构件不能使用冷拔钢筋。当用冷拉办法调直钢筋时，必须控制冷拉率。光圆钢筋冷拉率小于 4%，带肋钢筋冷拉率小于 1%。

在装配式结构中，常会采用钢筋焊接连接。当钢筋采用焊接连接时，钢筋的焊接质量是保证结构传力的关键主控项目，应由具备资格的焊工进行操作，并应符合国家现行标准《钢筋焊接及验收规程》（JGJ 18—2012）的有关规定进行验收。

75. PC 工程现浇商品混凝土有什么要求？如何选用、验收？

装配式混凝土建筑现浇混凝土包括：规范规定的现浇部位（首层、转换层、现浇顶层）；构件节点连接处现浇部分；叠合构件的现浇部分等。与传统现浇施工中应用的混凝土要求、选用、验收是一样的，需要注意以下要点：

1）后浇混凝土数量需要计算准确。

2）墙板、楼板、梁等不同部位的混凝土强度不一样，注意区分。

3）柱子与梁连接节点处的现浇混凝土强度注意区分开。

4）装配整体式混凝土结构节点区的后浇混凝土质量控制非常重要，不但要求其与预制构件的结合面紧密结合，还要求其自身浇筑密实，更重要的是要控制混凝土强度指标。

5）对有特殊要求的后浇混凝土应单独制作试块进行检验评定。

6）装配整体式混凝土结构节点区的后浇混凝土其检验要求按现行国家标准《混凝土结构工程施工质量验收规范》（GB 50204—2015）的要求执行。

7）对于北方地区气温低的时候，剪力墙结构水平现浇带和叠合层，涉及斜支撑的锚固件和持续后续安装的时候，早强混凝土对施工期间的结构安全会有利一些。是否使用早强混凝土应当报监理和设计同意。

76. 如何选购钢材（钢板、型钢、锚固板）？如何验收、保管？

装配式混凝土建筑中应用的钢材与传统现浇混凝土工程中对钢材的要求、验收、保管是一样的。

（1）钢板、型钢

PC 结构中用到的钢板和型钢包括埋置在构件中的外挂墙板安装连接件等，在选购和验收、保管时要注意以下要点：

1）要符合设计要求。

2）钢材的力学性能指标应符合现行国家标准《钢结构设计规范》（GB 50017—2003）的规定。钢板宜采用 Q235 钢和 Q345 钢。

3）在装配式结构中，采用钢板焊接连接时，钢板或型钢的焊接质量是保证结构传力的关键主控项目，应由具备资格的焊工进行操作。

4）验收应符合国家现行标准《钢结构工程施工质量验收规范》（GB 50205—2001）、

现行行业标准《钢筋焊接及验收规程》（JGJ 18—2012）的有关规定进行验收。

5）考虑到装配式混凝土结构中钢板或型钢焊接连接的特殊性，很难做到连接试件原位截取，故要求制作平行加工试件。平行加工试件应与实际连接接头的施工环境相似，并宜在工程结构附近制作。

6）钢材的保管应注意防潮、防水。注意按规格型号存放。

（2）锚固板

钢筋锚固板是设置于钢筋端部用于锚固钢筋的承压板。在 PC 建筑中用于后浇区节点受力钢筋的锚固，如图 6-10 所示。常用钢筋锚固板的材质有球墨铸铁、钢板、锻钢和铸铁 4 种。

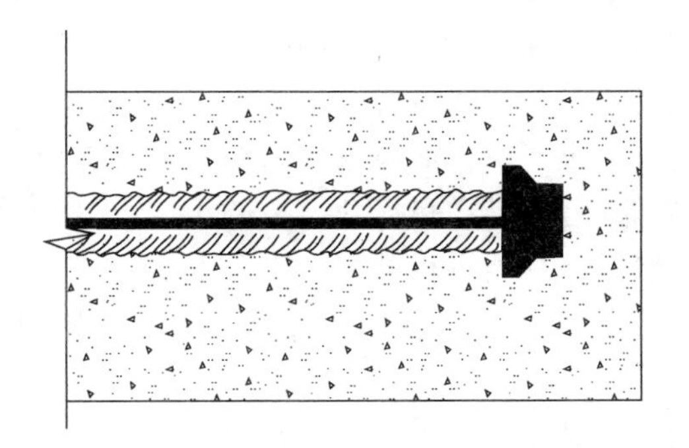
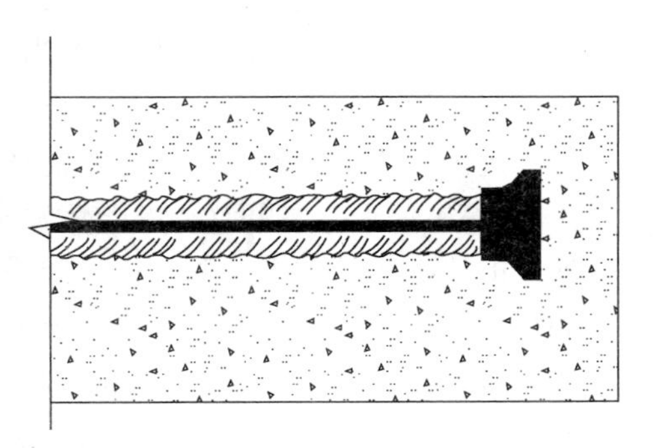

图 6-10　钢筋锚固板

钢筋锚固板选购和验收应符合下列要求：

1）锚固板原材料宜选用表 6-6 中的牌号，且应满足表中的力学性能要求。

表 6-6　锚固板原材料力学性能要求

锚固板原材料	牌　　号	抗拉强度 σ_s/（N/mm²）	屈服强度 σ_b/（N/mm²）	伸长率 δ（%）
球墨铸铁	QT450-10	≥450	≥310	≥10
钢板	45	≥600	≥355	≥16
	Q345	450～630	≥325	≥19
锻钢	45	≥600	≥355	≥16
	Q235	370～500	≥225	≥22
铸钢	ZG230-450	≥450	≥230	≥22
	ZG270-500	≥500	≥270	≥18

注：本表引自行业标准《钢筋锚固板应用技术规程》（JGJ 256—2011）。

2）当锚固板与钢筋采用焊接连接时，锚固板原材料尚应符合现行行业标准《钢筋焊接及验收规程》（JGJ 18—2012）对连接件材料的可焊性要求。

3）锚固板的验收应符合现行行业标准《钢筋锚固板应用技术规程》（JGJ 256—2011）的规定。

4）锚固板的保管应注意防潮、防水。注意按规格型号存放。

77. PC工程外露钢材用什么方式防锈？如何选购防锈漆？如何验收、保管？

装配式建筑工程外露钢材防锈蚀是非常重要的，因为它与结构安全性与耐久性是密切相关的，例如外挂墙板中使用的预埋件与安装支座都是金属的，都需要进行保证耐久性的防锈处理。

防锈处理有采用不锈钢材质或者进行镀锌处理等方式。需注意以下要点：

1）防锈蚀要求应由设计提出，如果设计没有给出具体要求，施工方可以会同监理提出方案并报设计批准，防锈蚀标准可以参考高压电线塔架的防锈蚀处理方案。

2）如果采用镀锌方式处理，镀锌层厚度以及镀锌材料要符合规定。

3）对于现场焊接之后的防锈蚀方案需要设计给出要求，如果采用防锈漆处理，要对防锈漆的耐久性提出要求，采购富锌的防锈漆从而保证预埋件的耐久性。

4）外露的连接钢筋或者插筋可以用胶带或者其他材料进行包裹，防止生锈。

5）如果设计中给出了防锈处理要求，按照设计要求去做；如果设计没给出防锈要求，要让设计给出防锈要求，要采购耐久性好的防锈漆。

6）采购防锈漆应查看生产日期，禁用过期的产品。防锈漆应按照易燃易爆化学制品的要求保存，注意防火、防潮、防晒等。

国外在装配式建筑连接结点防锈蚀处理上格外重视，不仅有非常牢靠的防锈蚀处理，而且考虑锈蚀余量。设计、监理、施工方应当重视这一点。

78. 如何选购、租用或外委PC构件临时支撑体系？如何检验？

构件安装临时支撑体系既是涉及安全的重要设施，又是保证安装质量的重要措施，所以材料必须可靠。

PC构件临时支撑应当在构件施工组织设计中给出方案。如果构件施工组织设计中没有给出方案，施工企业应请设计人员给出设计，或者请支撑体系生产厂家给出设计，无论谁给出的设计，都要经过施工单位技术总工和监理进行审查。

采购、租用或外委PC构件临时支撑体系时应按照要求采购、租用或外委，并符合施工工艺及相关要求，标准如下：

1）材质符合设计要求。

2）规格型号符合要求。

3）表面没有锈蚀。

4）方便操作，安全可靠。

验收方式应按照设计及施工方案要求全数检查验收。

支撑体系的保管应注意防潮、防水。图1-39为水平构件支撑体系；图6-11为竖向构件的斜支撑。

图 6-11　竖向构件的斜支撑

79. 如何选购安装 PC 构件用的螺栓与金属连接件？如何验收、保管？

安装 PC 构件采用的螺栓与金属连接件，对结构的安全性、耐久性有着至关重要的作用。所以它的选用、验收、保管都要严格一些。

螺栓及连接件的材质、规格及螺栓的拧紧力矩应符合设计要求及现行国家标准《钢结构工程施工质量验收规范》（GB 50205—2001）和《钢结构高强度螺栓连接技术规程》（JGJ 82—2011）的有关规定。

（1）选购要点

选购安装 PC 构件用的螺栓与金属连接件时要注意以下要求：

1）要符合图样设计要求。

2）要符合现行国家或者行业标准要求。

3）扭剪型高强度螺栓紧固预拉力要符合《钢结构工程施工质量验收规范》（GB 50205—2001）的要求，见表 6-7、表 6-8。

表 6-7　高强度螺栓连接副施工预拉力标准值　　（单位：kN）

螺栓的性能等级	螺栓公称直径/mm					
	M16	M20	M22	M24	M27	M30
8. 8s	85	120	150	170	225	275
10. 9s	110	170	210	250	320	390

表 6-8　扭剪型高强度螺栓紧固预拉力和标准偏差　　（单位：kN）

螺栓直径/mm	16	20	22	24
紧固预拉力的平均值 $\overline{P}$	99 ~ 120	154 ~ 186	191 ~ 231	222 ~ 270
标准偏差 σ_P	10. 1	15. 7	19. 5	22. 7

4）规格、型号、材质要符合设计要求。

5）严格把关，选用可靠厂家的产品。

（2）验收与保管

1）高强度螺栓连接副应按批配套进场，并附有出厂质量保证书。应在同批内配套使用。

2）在运输、保管过程中，应轻装、轻卸，防止损伤螺纹。

3）按照包装箱上注明的批号、规格分类保管；室内存放，要有防止生锈、潮湿及沾染赃物等措施。

4）保管不能超过6个月，超过6个月后使用的要重新进行扭矩系数或紧固轴力试验，试验合格方可使用（参照《钢结构工程施工质量验收规范》GB 50205—2001）。

80. 如何选购、配制PC构件修补材料？如何验收、保管？

PC构件生产、运输和安装过程中难免会出现磕碰、掉角、裂缝等，通常需要用修补料来进行修补。常用的修补料有普通水泥砂浆、环氧砂浆和丙乳砂浆等。

（1）选购要求

1）普通水泥砂浆的最大优点就是其材料的力学性能与基底混凝土一致，对施工环境要求不高，成本低等，但也存在普通水泥砂浆在与基层混凝土表面黏结、本身抗裂和密封等性能不足的缺点。

2）环氧砂浆是以环氧树脂为主剂，配以促进剂等一系列助剂，经混合固化后形成一种高强度、高黏结力的固结体，具有优异的抗渗、抗冻、耐盐、耐碱、耐弱酸防腐蚀性能及修补加固性能。

3）丙乳砂浆是丙烯酸酯共聚乳液水泥砂浆的简称，属于高分子聚合物乳液改性水泥砂浆。丙乳砂浆是一种新型混凝土建筑物的修补材料，具有优异的黏结、抗裂、防水、防氯离子渗透、耐磨、耐老化等性能，和树脂基修补材料相比具有成本低、耐老化、易操作、施工工艺简单及质量容易保证等优点，是修补材料中的上佳之选。在日本也是采用这种材料进行修补。

4）清水混凝土或装饰混凝土表面修补通常要求颜色一致、无痕迹等，其修补料通常需在普通修补料的基础上加入无机颜料来调制出色彩一致的浆料，削弱修补瘢痕。等修补浆料达到强度后轻轻打磨，与周边平滑顺上。

5）应选购专业厂家制作的修补材料。

（2）验收、保管

1）验收要做强度性能试验和工艺试验。

2）在运输、保管过程中要注意防水、防晒、防冻。

3）保管应注意防潮要求，存放在通风的地方。

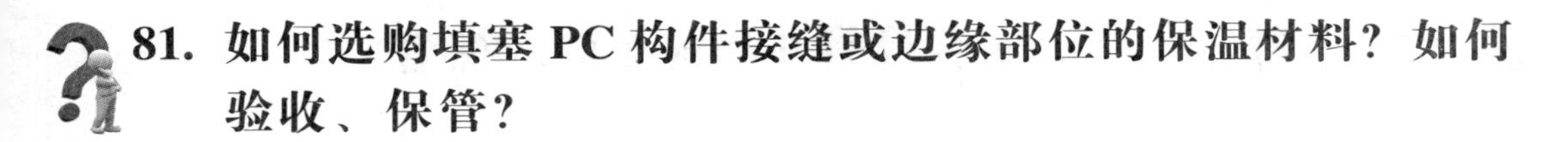

81. 如何选购填塞 PC 构件接缝或边缘部位的保温材料？如何验收、保管？

在 PC 构件接缝处或边缘部位填塞的常用保温材料有硬泡聚氨酯（PUR）或憎水的岩棉等轻质高效保温材料，为了施工过程中操作方便常用硬泡聚氨酯（PUR）。

（1）选购要求

1）要符合设计要求，首先设计要给出材料要求，如果设计没有给出具体要求，施工方可以会同监理提出方案，并报设计批准。

2）性能指标符合表 6-8 的规定（引自行业标准《喷涂聚氨酯硬泡体保温材料》JC/T 998—2006）。

3）燃烧性能要达到 B 级。

（2）验收与保管

1）产品检验分交收检验与型式检验两种。

①交收检验主要包括：密度、导热系数、抗压强度、抗拉强度、断裂伸长率、吸水率、黏结强度。

②型式检验，项目包括表 6-9 中的所有项目。

2）包装分组采用铁桶包装，每个包装中应附产品合格证和说明书，说明书中应写明配比、施工温度、施工注意事项。

3）保温材料的保存注意防水、防潮、防火、防晒等。

4）产品应在保质期内使用。

表 6-9　硬泡聚氨酯物理力学性能表

项　目		指　标		
		Ⅰ	Ⅱ-A	Ⅱ-B
密度/(kg/m^3)	≥	30	35	50
导热系数/[W/（m·K）]	≤	0. 024		
粘贴强度/kPa	≥	100		
尺寸变化率（70℃ ×48h）（%）	≤	1		
抗压强度/kPa	≥	150	200	300
拉伸强度/kPa	≥	250	—	—
断裂伸长率（%）	≥	10		
闭孔率（%）	≥	92		95
吸水率（%）	≤	3		
水蒸气透过率/[ng/（pa·m·s）]	≤	5		
抗渗性/mm（100mm 水柱 ×24h 静水压）	≤	5		

82. 如何选购防火塞缝材料？如何验收、保管？

预制混凝土外挂墙板露明的金属支撑件及墙板内侧与梁、柱及楼板间的调整间隙，应采用A级防火材料进行封堵，常用防火塞缝材料是岩棉。

（1）选购要求

1）要符合设计要求，首先设计要给出材料要求，如果设计没有给出具体要求，要补充设计要求或施工方可以会同监理提出方案，并报设计批准。

2）如果采用岩棉，岩棉材料物理性能应符合《建筑用岩棉绝热制品》（GB/T 19686—2015）中的规定，见表6-10。

表6-10　岩棉材料物理性能

纤维平均直径/μm	渣球含量（粒径大于0.25mm）	酸度系数	导热系数（平均温度25℃）/[W/（m·K）]		燃烧性能	质量吸湿率	憎水率	放射性核素
≤6.0	≤7.0	≥1.6	≤0.040	≤0.048	A级	≤0.5	≥98.0	≤1.0

3）外观要求树脂分布均匀，表面平整，不得有伤痕、破损、污染。

4）力学性能符合《建筑用岩棉绝热制品》（GB/T 19686—2015）中的规定，见表6-11。

表6-11　岩棉板力学性能

类　型	抗压强度/kPa	点载荷/N
屋面和地板（高强型）	≥80	≥700
屋面和地板（首层）	≥60	≥500
屋面和地板（非首层）	≥40	≥200

（2）验收与保管

1）检验外观、尺寸、密度。

2）力学性能及物理性能按照表6-9、表6-10内容进行检验。

3）干燥通风的库房，按品种规格分别堆放，避免重压。

83. 如何选购密封胶条、建筑密封胶等接缝用材料？如何验收、保管？

（1）密封胶条

橡胶密封条用于板缝节点，与建筑密封胶共同构成多重防水体系。密封橡胶条是环形空心橡胶条，应具有较好的弹性、可压缩性、耐候性和耐久性，一般在构件出厂的时候粘贴在构件上，如图6-12、图6-13所示。

1）要求表面光洁美观。

2）具有良好的弹性和抗压缩变形。

3）耐天候老化、耐臭氧、耐化学作用。

4）防火性能。

（2）建筑密封胶

行业标准《装规》中要求密封胶应符合以下规定：

1）建筑密封胶应与混凝土具有相容性。没有相容性的密封胶粘不住，容易与混凝土脱离。国外装配式混凝土结构密封胶特别强调这一点。

2）要满足设计要求的抗剪切和伸缩变形能力。

图 6-12　橡胶密封条

图 6-13　不同形状的橡胶密封条

3）密封胶应具有防霉、防水、防火、耐候等性能。

4）硅酮、聚氨酯、聚硫密封胶应分别符合国家现行标准《硅酮建筑密封胶》（GB/T 14683—2003）、《聚氨酯建筑密封胶》（JC/T 482—2003）和《聚硫建筑密封胶》（JC/T 483—2006）的规定。

密封胶除符合以上行业规定外还要有以下要求：

1）密封胶性能应满足《混凝土建筑接缝用密封胶》（JC/T 881—2001）中的规定，主要内容包括：

①密封胶应为细腻、均匀膏状物或黏稠液体，不应有气泡、结皮或凝胶现象。

②密封胶的颜色应与合同约定或者样品一致。多组分密封胶各组分的颜色应有明显差异。

③密封胶的物理力学性能指标应符合《混凝土建筑接缝用密封胶》（JC/T 881—2001）中的规定，见表 6-12。

表 6-12　物理力学性能

序号	项目			技术指标						
				25LM	25HM	20LM	20HM	12.5E	12.5P	7.5P
1	流动性	下垂直度（N型）/mm	垂直	≤3						
			水平	≤3						
		流平性　（S型）		光滑平整						

（续）

序号	项目			技术指标						
				25LM	25HM	20LM	20HM	12.5E	12.5P	7.5P
2	挤出性/（mL/min）			≥80						
3	弹性恢复率（%）			≥80		≥60		≥40	<40	<40
4	拉伸黏结性	拉伸模量/MPa	23℃ -23℃	≤0.4 和≤0.6	>0.4 或>0.6	≤0.4 和≤0.6	>0.4 或>0.6	— —		
		断裂伸长率（%）		—					≥100	≥20
5	定性黏接性			无破坏					—	
6	浸水后定性黏接性			无破坏					—	
7	热压—冷拉后黏接性			无破坏					—	
8	拉伸—压缩后黏接性			—					无破坏	
9	浸水后断裂伸长率（%）			—					≥100	≥20
10	质量损失率①（%）			≤10				—		
11	体积收缩率（%）			≤25②				≤25		

注：1. 乳胶型和溶剂型产品不测质量损失率。
2. 仅适用于乳胶型和溶剂型产品。

2）应当有较好的弹性，可压缩比率大。

3）具有较好的耐候性、环保性以及可涂装性。

4）接缝中的背衬可采用发泡氯丁橡胶或聚乙烯塑料棒。

（3）密封胶的验收与保管

1）密封胶检验项目包含：外观、表干时间、下垂度、挤出性（单组分）、适用期（多组分）、定伸黏结性、断裂伸长率。

2）要有型式检验报告。

3）同一个品种、同一类型、同一批、同一级别的产品每2t为一个检验批。

4）溶剂型产品和水乳型产品按非危险物品运输，运输时应防止日晒、雨淋、撞击、挤压。水乳型产品运输时应采取防冻措施。

5）产品应储存在干燥、通风、阴凉的场所，温度大于5℃小于27℃。

目前装配式建筑预制外墙板接缝常用的密封材料是MS密封胶，MS胶是以“MS Polymer”为原料生产出来的胶粘剂的统称。“MS Polymer”是一种液态树脂，1972年由日本KANEKA发明，MS建筑密封胶性能符合各项国内标准，见表6-13。

表6-13　MS建筑密封胶性能表

项目		技术指标（25LM）	典型值
下垂度（N型）/mm	垂直	≤3	0
	水平	≤3	0

（续）

项　　目		技术指标（25LM）	典　型　值
弹性恢复率（%）		≥80	91
拉伸模量/MPa	23℃	≤0.4	0.23
	-20℃	≤0.6	0.26
定伸黏接性		无破坏	合格
浸水后定伸黏接性		无破坏	合格
热压、冷压后黏接性		无破坏	合格
质量损失（%）		≤10	3.5

1）对混凝土、PC 表面以及金属都有着良好的黏接性。

2）可以长期保持材料性能不受影响。

3）在低温条件下有着非常优越的操作施工性。

4）能够长期维持弹性（橡胶的自身性能）。

5）发挥对环境稳定的固化性能。

6）耐污染性好。MS 胶在实际工程的应用和无污染效果如图 6-14、图 6-15 所示。

7）MS 密封胶对地震以及部件带来的活动所造成的位移能够长期保持其追随性（应力缓和等）。

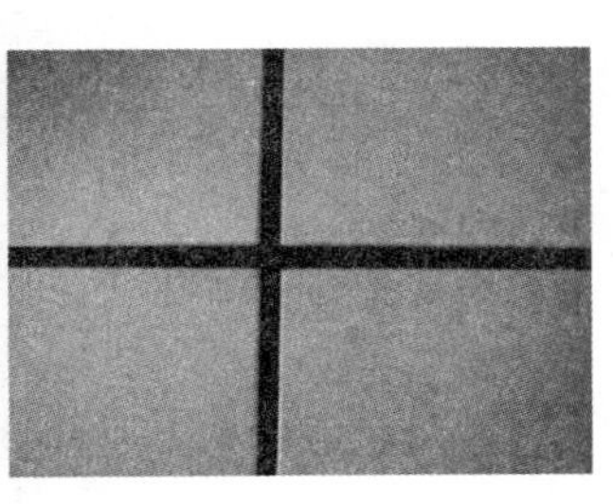

图 6-14　MS 胶无污染细部效果（幕墙）

图 6-15　日本电气（NEC）总公司大厦 MS 胶的应用

84. 如何选购混凝土表面保护剂？如何验收、保管？

表面不做乳胶漆、真石漆、氟碳漆处理的装饰性 PC 墙板或构件，如清水混凝土质感、彩色混凝土质感、剔凿质感等，应涂刷透明的表面保护剂，以防止污染或泛碱，增加耐久性。

（1）选购表面保护剂

选购表面保护剂不仅要看保护剂的性能，还要做耐久性试验或者要求厂家提供耐久性试验报告。

选购要点：

1）表面污染包括空气灰尘污染、雨水污染、酸雨作用、微生物污染等。表面保护剂对这些污染有防护作用，有助于抗冻融性、抗渗性的提高，抑制盐的析出。

2）按照工作原理分有两类表面保护剂：涂膜和浸渍。

3）涂膜就是在PC构件表面形成一层透明的保护膜。浸渍则是将保护剂渗入PC构件表面层，使之密致。这两种办法也可以同时采用。

4）表面保护剂多为树脂类，包括丙烯酸硅酮树脂、聚氨酯树脂、氟树脂等。

5）表面防护剂需要保证防护效果，不影响色彩与色泽，耐久性好。

（2）验收、保管

1）目前没有国家标准也没有行业标准，在验收方面应重点做试验。

2）表面保护剂的保管应按照化工原料产品或易燃易爆产品保管，注意防火、防潮、防晒、防冻，应单独隔离存放。

第 7 章　PC 构件安装与连接

85. PC 构件安装前须对前道工序做哪些检查?

PC 构件安装施工前，应对已施工完成的结构的混凝土强度、外观质量、尺寸偏差等进行检查，并应核对预制构件的混凝土强度及预制构件和配件的型号、规格、数量等，其质量应符合现行国家标准《装标》和行业标准《装规》的有关规定，也可以参照各地方标准，并且符合设计要求。具体检查内容主要有以下几方面：

（1）连接部位混凝土检查

PC 构件安装施工前，首先要检查连接部位的混凝土强度、外观质量、尺寸偏差等是否符合要求，表面是否存在蜂窝、麻面，露筋、漏振等现象，如果存在问题，须及时进行处理。

构件安装连接部位混凝土的标高和表面平整度应在误差允许范围内，如果偏差较大，会直接影响上部 PC 构件的安装质量，须及时采取补救措施。

构件安装连接部位混凝土质量缺陷处理应编制补救处理方案，一般质量缺陷需经监理审核同意，对于重大质量缺陷还应经设计同意，方可进行施工处理。对于混凝土质量缺陷通常采取剔凿或修补的处理方法，修补所采用的混凝土要高于原混凝土标号一个等级，修补完成后要采取有效的保水养护措施。

（2）连接部位预留钢筋、预留管线及预埋件检查

PC 构件安装施工前，也要对现浇混凝土或下层构件伸出钢筋的规格、型号、数量、位置和长度等进行检查，如有问题，施工单位不可自行处理，应由设计、施工、监理单位共同给出合理的处理方案后，方可进行施工处理。对于钢筋位置偏差问题通常采取剔凿混凝土后钢筋进行打弯的处理方法，其混凝土的剔凿深度和钢筋打弯长度要符合规范要求。在检查预留钢筋的同时，还应检查现浇混凝土预留水电管线的预埋数量、规格、直径、位置等是否正确。还应检查相关构件连接的预埋件（如避雷引下线、构件安装连接预埋件等）的数量、规格、位置等是否正确。

（3）PC 构件检查

PC 构件在进场时，安装施工前，还要进行全数检查，检查时需认真填写构件检查验收记录，留存归档。预制构件的尺寸允许偏差及检验方法见表 5-3，具体检查内容详见第 5 章第 58 问。

86. 如何确保现浇混凝土伸出的钢筋定位准确？

在PC工程施工中，现浇混凝土伸出的钢筋定位是否准确是整个施工中非常重要的一个关键环节，它直接影响到PC工程结构的安全性，直接影响到PC构件能否进行顺利安装。目前，保证现浇混凝土伸出钢筋准确性的通常做法是使用钢筋定位模板（图7-1）的方式。

首先，根据不同部位的钢筋直径、间距及位置编制设计钢筋定位模板方案，方案中要根据工程特点和现场实际情况，充分考虑钢筋定位模板的安装、校正和固定方式是否有效，是否牢固可靠，是否能够准确保障定位钢筋的精度要求。方案经审核无误后，需交专业厂家根据方案要求的材质、规格尺寸及数量进行钢筋定位模板加工制作，加工过程中要确保加工制作精度。

图7-1 钢筋定位模板

钢筋定位模板在安装使用过程中，要根据楼层施工控制线进行安装、校正和固定，其标高、位置必须保证准确，保证牢固，才能够保证现浇混凝土伸出的钢筋位置定位准确，才能够有效保证下一工序PC构件的顺利安装。

87. 现浇混凝土浇筑需要注意什么？

在现浇混凝土浇筑施工之前，应提前做好隐蔽工程检查。在浇筑施工时，还应注意以下几方面：

1）浇筑混凝土前应将混凝土浇筑部位内的垃圾，钢筋上的油污等杂物清除干净，并浇水湿润。

2）对于安装构件所用的斜支撑预埋锚固件（或锚固环），在浇筑混凝土前必须按照设计位置进行准确定位，并与楼板内的钢筋连接在一起（因为斜支撑预埋锚固件或锚固环在使用过程中，混凝土还不能达到一定强度，仅仅依靠混凝土对预埋锚固件或锚固环进行拉接，容易将混凝土拉裂，从而发生质量及安全风险，所以必须与楼板内的钢筋连接在一起）。

3）浇筑混凝土时应分段分层连续进行，每层浇筑高度应根据结构特点、钢筋疏密程度决定，一般分层高度为振捣器作用部分长度的1.25倍，最大不超过50cm。

4）使用插入式振捣器应快插慢拔，插点要均匀排列、逐点移动、顺序进行，不得遗漏，不得过分振捣，做到均匀振实。移动间距不大于振捣棒作用半径的1.5倍（一般为30~40cm）。振捣上一层时应插入下层5cm，以消除两层间的接缝。

5）浇筑混凝土时应经常观察 PC 构件、现浇部位模板、预留钢筋、预留孔洞、预埋件、预埋水电管线、插筋及钢筋定位模板等有无移动、变形或堵塞情况发生，如发现问题应立即停止浇筑，并应在已浇筑的混凝土初凝前处理完毕后，方可继续施工。

6）叠合板现浇混凝土振捣应采用平面振捣器。同一楼层后浇混凝土如果有不同强度等级时，应对浇筑区域做出特别醒目的标识，混凝土运送车辆进场时也要挂上醒目的混凝土强度等级标识，以避免出现差错。

7）混凝土浇筑过程中，要注意控制好混凝土的浇筑标高及表面平整度，以防止下一楼层 PC 构件及临时固定支撑等无法安装。混凝土的浇筑标高及表面平整度可采用水平仪随浇随控制。

8）混凝土浇筑完毕，待混凝土初凝完成后，进行浇水养护，养护周期不得少于 7d。

88. 现浇混凝土如何进行养护?

现浇混凝土浇筑完毕后，应重点加强混凝土的湿度和温度控制，尽量减少表面混凝土的暴露时间，及时对混凝土暴露面进行覆盖（可采用塑料布等进行覆盖），防止表面水分蒸发。混凝土浇筑成型后，应在混凝土浇筑完毕，待混凝土初凝完成后，对混凝土进行及时覆盖和保湿养护，其重点要求如下：

（1）根据气候条件，淋水次数应能使混凝土处于湿润状态。养护用水应与拌制用水相同。

（2）应全面将混凝土盖严，可采用塑料布覆盖养护，养护中要保持塑料布内有凝结水。

（3）当日平均气温低于 5℃时，不应淋水养护。

（4）对施工现场不方便淋水和覆盖养护的，宜在混凝土表面涂刷保护液（如薄膜养生液等）养护，以减少混凝土内部的水分蒸发。

（5）在装配式结构中，现浇混凝土养护方式的选择，一般情况下构件连接部位，为了不影响构件安装施工，宜采用涂刷保护液（如薄膜养生液等）的方式对混凝土进行养护。对于叠合板上的现浇混凝土，宜选择淋水方式进行养护。对于现浇柱或梁部位的现浇混凝土，宜选择覆膜或喷洒养护剂的方式进行混凝土养护。

（6）此外混凝土的具体养护时间，还应根据所用水泥品种和外加剂情况确定：

1）采用硅酸盐水泥、普通硅酸盐水泥拌制的混凝土，养护时间不应少于 7d。

2）对掺用缓凝型外加剂或有抗渗性能要求的混凝土，养护时间不应少于 14d。

（7）现浇板混凝土养护期间，当混凝土的强度小于 1.2MPa 时，不应进行后续施工。当混凝土强度小于 10MPa 时，不应在现浇板上吊运、堆放重物，如需吊运、堆放重物时应采取措施，减轻对现浇部位的冲击力影响。

89. PC 构件连接部位的现浇混凝土达到什么强度可以进行安装?

在装配式结构施工中，PC 构件连接部位的现浇混凝土达到什么强度方可进行构件安装，目前规范尚无明确规定。通常情况下现场施工必须保证在构件安装时，不能因构件重力原因造成下部现浇混凝土损坏或破坏，从而直接影响到工程结构质量。

按照现行行业标准和国家标准的规定，剪力墙结构每层都有水平现浇带或现浇圈梁。实际施工中现浇带浇筑第2天，仅仅相隔十几个小时，就开始安装上一层剪力墙板，这时水平现浇带的强度还很低，墙板靠几个垫块支撑，这在结构安全上是有问题的。但如果等水平现浇带达到一定强度再安装构件，安装工期会很长。这是一个不容忽视和轻视的问题！

施工单位无法决定构造设计，但也不可能任由工期延长，所能采取的措施包括：

1）提高水平现浇带混凝土强度等级。

2）采用早强混凝土。

3）加强水平现浇带养护。

4）在安装上部构件时用回弹仪检测混凝土强度，如果达不到强度要求，不能安装构件。

前两条措施必须经过设计和监理同意。

90. 如何检查PC构件连接部位现浇混凝土质量？

在混凝土浇筑完成，模板拆除完成后，应对PC构件连接部位的现浇混凝土质量进行检查，具体检查内容如下：

1）采用目测观察混凝土表面是否存在漏振、蜂窝、麻面、夹渣、露筋等现象，现浇部位是否存在裂缝。如果存在上述质量缺陷问题，应交由专业修补工人及时采用同等级标号混凝土进行修补或采取高强度灌浆料进行修补。对于一般质量缺陷应在24h内修补处理完成，对于较大质量缺陷须在混凝土终凝前处理完成，避免混凝土终凝后增加处理难度影响处理质量。混凝土质量缺陷修补处理完成后，须采取覆膜或涂刷养护剂等方法进行养护。

2）采用卷尺和靠尺检查现浇部位截面尺寸是否正确，如果存在胀模现象，需进行剔凿处理。如出现大面积混凝土胀模无法修复时，应及时剔除原有混凝土并重新支设模板重新浇筑混凝土。

3）采用检测尺对现浇部位垂直度、平整度进行检查。

4）待混凝土达到一定龄期后，用回弹仪对混凝土强度值进行检查。

91. 如何检查PC构件所要连接的现浇混凝土伸出钢筋？

在现浇混凝土浇筑前和浇筑完成后，应对PC构件所要连接的现浇混凝土伸出钢筋，做如下几方面检查：

1）根据设计图样要求，检查伸出钢筋的型号、规格、直径、数量及尺寸是否正确，保护层是否满足设计要求。

2）查看钢筋是否存在锈蚀、油污和混凝土残渣等影响钢筋与混凝土握裹力因素，如有问题需及时更换或处理。

3）根据楼层标高控制线，采用水准仪复核外露钢筋预留搭接长度是否符合图样设计尺寸要求。

4）根据施工楼层轴线控制线，检查控制伸出钢筋的间距和位置的钢筋定位模板位置是否准确，固定是否牢固，如有问题需及时调整校正，以确保伸出钢筋的间距、位置准确。

5）在混凝土浇筑完成后，需再次对伸出钢筋进行复核检查，其长度误差不得大于 5mm，其位置偏差不得大于 2mm。

92. 如何进行 PC 构件安装测量放线？

首先采用红外铅垂仪将建筑首层轴线控制点投设至施工层，再根据施工图样弹出轴线控制线。然后，根据施工楼层基准线和施工图样进行构件位置边线（构件的底部水平投影框线）的测量，构件位置边线放线完成后，要用醒目颜色的油漆或记号笔做出定位标识，定位标识要根据方案设计明确设置，对于轴线控制线、构件边线、构件中心线及标高控制线等定位标识应明显区分。

PC 构件安装原则上以中心线控制位置，误差向两边分摊。可将构件中心线用墨斗分别弹在结构和构件上，方便安装就位时定位测量。

建筑外墙构件，包括剪力墙外墙板、外墙挂板、悬挑楼板和位于建筑表面的柱、梁的“左右”方向与其他构件一样以轴线作为控制线。“前后”方向以外墙面作为控制边界，外墙面控制可以采用从主体结构探出定位杆进行拉线测量的办法进行控制。墙板放线定位原则如图 7-2 所示。

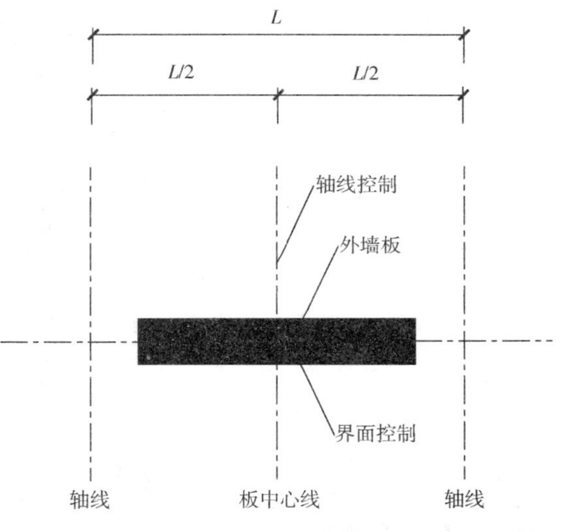

图 7-2　墙板放线定位原则示意图

建筑内墙构件，包括剪力墙内墙板、内隔墙板、内梁等，应采用中心线定位法进行定位控制。

93. 如何检查 PC 构件套筒或浆锚孔？

根据现行行业标准《装规》第 12.3.2 条规定，采用钢筋套筒灌浆连接、钢筋浆锚搭接连接的预制构件在安装施工就位前，应进行如下检查：

1）采用目测和尺量的方法对构件上的套筒、预留孔的规格、位置、数量和深度进行全数检查。

2）采用目测和尺量的方法对构件上的被连接钢筋的规格、数量、位置和长度进行全数检查。

3）当套筒、预留孔内有杂物时，应及时清理干净。当连接钢筋倾斜时，应进行校直。连接钢筋偏离套筒或孔洞中心线不宜超过 5mm。

94. 如何进行起重设备、吊具可靠性检测？如何设定吊索角度？

（1）PC结构正式施工之前，应对构件的起重设备和吊具索具进行可靠性检查及检测。具体检查检测方式和内容有以下两个方面：

1）目测检查：首先检查吊具的钢丝绳、吊索链、吊装带、吊钩、卡具、吊点、钢梁、钢架等是否有断丝、锈蚀、破损、松扣、开焊等现象，如有问题应及时更换或处理，并做好后期使用过程中的日常检查及维护。

还应对起重设备进行系统全面地检查，如有问题要及时进行修理及维护，并在后期做好定期的日常维护及保养。

2）试吊检查：试吊检查是在构件吊装之前，对起重设备和吊具进行的全面性实验检查。试吊检查能够真实地检测出起重设备和吊具的可靠性是否满足实际施工的使用要求。

试吊检查时，首先起重设备吊挂好吊具，再吊挂起最大最重构件进行起吊和运行试验。如果在起吊运行过程中起重设备和吊具能够满足要求，还应将荷载加载到起重设备的最大安全极限，再次进行运行检查。试吊运行检查时还应满足各种构件水平运输的最远距离要求。试吊过程中及结束试吊时，应及时对起重设备和吊具进行目测检查，如有问题须及时停止，及时进行更换和处理。

（2）在构件起吊前，应对施工人员进行吊具的使用交底。在不同构件起吊前，要提前准备好相应的专用吊具，严禁施工人员私自混用、乱用吊具。在构件起吊时，应保证起重设备的主钩位置、吊具及构件重心在垂直方向上重合，吊索与构件水平夹角不宜小于60°，不应小于45°，如果角度不满足要求应在吊具上对吊索角度进行调整。构件起吊如图7-3、图7-4所示。

图7-3　预制柱起吊

图7-4　预制叠合板起吊

95. PC 构件吊装工序与要求是什么?

PC 构件吊装作业的基本工序如图 7-5 所示。

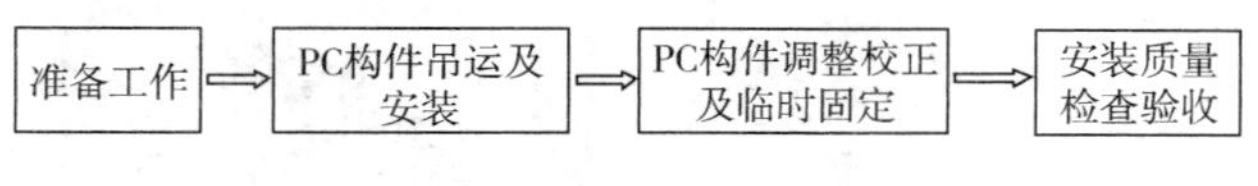

图 7-5 构件吊装流程图

(1) 准备工作

1) 提前将现浇部位伸出的套筒连接钢筋位置及垂直度调整到位，并将钢筋表面及构件安装部位的混凝土表面上的灰浆、油污及杂物清理干净。

2) 提前对预制构件进行外观质量、几何尺寸、表面平整度、预留钢筋、预埋件、预留洞等进行检查，并检查钢筋连接套筒（或浆锚孔）是否垂直及内部是否堵塞，如有问题须及时更换或处理。

3) 提前准备好构件吊运安装所需的吊具、索具等吊运安装工具，并进行检查和维护。

4) 提前在构件上安装好随构件一同吊运安装的防护栏、防护架或防护绳等安全防护设备。

5) 在构件就位之前，应设置好构件底部标高控制螺栓或垫片，并测好设计标高。

(2) PC 构件吊运及安装

1) 在被吊装构件上系好牵引绳，保证安全牢固。

2) 将吊具索具安装吊挂到起重设备的吊钩上，并与构件上的吊挂点进行安装连接，检查是否牢固。

3) 构件缓慢起吊，提升到约半米高度，观察没有异常现象，待吊索平衡，再继续吊起。

4) 柱子吊装是从平躺状态变成竖直状态，在翻转时，柱子底部须隔垫硬质聚苯乙烯或橡胶轮胎等软垫。

5) 将构件吊至比安装作业面高出 3m 以上且高出作业面最高设施 1m 以上高度时，再平移构件至安装部位上方，然后缓慢下降高度。

6) 构件接近安装部位时稍作停顿，安装人员利用牵引绳控制构件的下落位置和方向。

(3) PC 构件调整校正及临时固定

1) 构件高度接近安装部位约 1m 处，安装人员手扶构件引导就位。

2) 构件就位过程中须慢慢下落平稳就位，柱子、剪力墙板及莲藕梁的套筒（或浆锚孔）对准下部构件伸出钢筋。叠合板、梁等构件对准放线弹出的位置或其他定位标识。楼梯板安装孔对准预埋件等。构件吊装如图 1-35、图 7-6 ~ 图 7-9 所示。

3) 如果构件安装位置和标高大于允许误差，需进行微调。

4) 水平构件安装后，检查支撑体系的支撑受力状态，对于未受力或受力不平衡的情况进行微调。

5) 柱子、剪力墙板等竖直构件和没有横向支承的梁须架立斜支撑，并通过调节斜支撑长度调节构件的垂直度。

图 7-6　柱吊装

图 7-7　连藕梁吊装

图 7-8　剪力墙吊装

图 7-9　叠合楼板吊装

(4) 安装质量检查验收

对安装就位的构件位置、标高、垂直度及临时固定支撑进行检查验收，如安装误差超出允许范围，需再次进行调整和校正。

96. PC 构件翻转、起吊作业应注意什么？

PC 构件翻转、起吊作业应注意对构件的成品保护工作，防止 PC 构件在翻转和起吊过程中对构件造成损坏和污染。通常情况下构件翻转时，需在构件底部首先着地的部位提前铺垫好柔性防护材料。

对于外形尺寸较大或较为复杂的需要翻转构件，要设计特殊的专业翻转设备才可进行构件翻转。需要翻转的构件一般情况有预制柱、剪力墙板、预制飘窗板等。

需要翻转的构件可在卸车时进行翻转，翻转完成后可直接吊运至作业面或放置在专用摆放架上。

对于表面有比较容易破损污染装饰面的构件翻转、起吊时，宜选用软带捆绑的方式进行吊装，软带的吊挂捆绑位置应根据设计要求确定，同时也应对装饰面做好有效的成品保护和防污染措施。

除构件在翻转时注意成品保护工作外，PC 构件翻转、起吊过程中还需注意以下几方面：

1）起重机、专用翻转设备等大型设备的安全可靠性。

2）吊架、吊具的可靠性及日常检查和维护。

3）应根据当天作业内容进行班前技术安全交底。

4）预制构件应按照吊装顺序预先编号，吊装时严格按编号顺序起吊。

5）吊装作业的安全防护措施，包括利用牵引绳控制构件转动。

6）预制构件吊装就位后，应及时校准并采取临时固定措施，临时固定措施、临时支撑系统应具有足够的强度、刚度和稳定性。

7）预制构件与吊具的分离应在校准定位及临时支撑安装完毕后进行。

8）吊装施工下方的区域隔离、标识和专人看守。

9）雨、雪、雾天气和风力大于6级时不得进行吊装作业。

10）夜间施工时不得进行吊装作业。

97. 受弯PC构件安装应符合哪些规定？

预制梁、楼板、空调板等构件均属受弯PC构件，根据现行国家标准《装规》第12.3.10条规定，安装预制受弯构件时，端部的搁置长度应符合设计要求，端部与支撑构件之间应坐浆或设置支承垫块，坐浆或支承垫块厚度不宜大于20mm。

98. 受弯PC叠合构件安装应符合哪些规定？

根据现行行业标准《装规》第12.3.9条，受弯叠合构件的装配施工应符合下列规定：

1）应根据设计要求或施工方案设置临时支撑，首层临时支撑架体的地基应坚实平整，宜采取硬化措施。临时支撑的间距及其与墙、柱、梁边的净距应经设计计算确定，竖向连续支撑层数不宜少于两层，且上下层支撑位置宜对准。

2）施工荷载宜均匀布置，并不应超过设计规定。

3）在混凝土浇筑前，应按设计要求检查结合面的粗糙度及预制构件的外露钢筋。

4）叠合构件应在后浇混凝土强度达到设计要求后，方可拆除临时支撑。叠合板预制底板下部支架宜选用定型独立钢支架，竖向支撑间距应经计算确定。

99. 如何进行柱梁结构体系安装？

装配式柱梁结构体系是指包括框架结构、框剪结构、筒体结构等以预制柱和预制梁为主要构件的主体结构体系，其施工主导工程是结构安装工程。装配式柱梁结构体系安装施工顺序按照柱、梁、楼板、外挂墙板、楼梯的先后顺序进行安装施工，预制柱多以套筒灌浆连接的方式进行连接，预制梁多以后浇混凝土加机械套筒的连接的方式进行连接，楼板多以后浇混凝土方式进行连接，外挂墙板、楼梯多以螺栓或焊接的方式进行连接。装配式柱梁结构体系安装施工前要根据建筑物的结构形式，构件的安装高度、构件的重量、吊装工程量、工期、机械设备条件及现场环境等因素，制定合理可靠的施工方案。

装配式柱梁结构体系安装可采用分件安装法，分件安装法根据流水方式，分为分层分段流水安装法和分层大流水安装法两种。分层分段流水安装法是以一个楼层（或一个柱节）为一个施工层，每一个施工层再划分为若干个施工段，进行构件起吊、校正、定位、焊接、接头灌浆等工序的流水作业。分层大流水安装和分层分段流水安装法不同之处在于，分层大流水安装法的每个施工层不再划分施工段，而是按照一个楼层组织各工序的流水作业。

选择分层分段流水安装法，还是分层大流水安装法要根据现场的具体情况来定，比如施工现场场地的情况、各安装构件的装备情况等。

100. 如何进行柱子安装？

在装配式结构施工中，预制柱的安装操作步骤如下：

（1）施工面清理：柱吊装就位之前要将混凝土表面和钢筋表面清理干净，不得有混凝土残渣、油污、灰尘等，以防止构件灌浆后产生隔离层影响结构性能。

（2）柱标高控制：首层柱标高可采用垫片控制，标高控制垫片设置在柱下面，垫片应有不同厚度，最薄厚度为1mm，总高度为20mm，每根柱在下面设置三点或四点，位置均在距离柱外边缘100mm处，垫片要提前用水平仪测好标高，标高以柱顶面设计结构标高+20mm为准，如果过高或过低可增减垫片的数量进行调节，直至达到要求标高为准。

上部楼层柱标高可采用螺栓控制（图7-10），利用水平仪将螺栓标高测量准确。标高以柱顶面设计标高+20mm为准，过高或过低可采用松紧螺栓的方式来控制柱子的高度及垂直度。

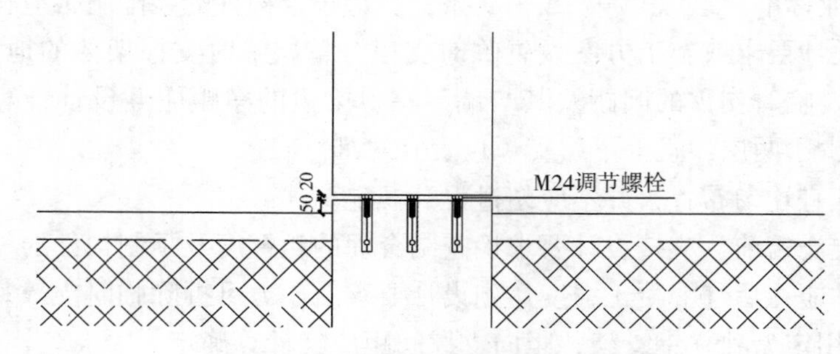

图7-10　预制柱标高控制螺栓示意图

施工中特别注意本操作环节的控制精度，以防止构件吊装就位后垂直度发生偏差。

（3）柱起吊：起吊柱采用专用吊运钢板和吊具，用卸扣、螺旋吊点将吊具、钢丝绳、相应重量的手拉葫芦、柱上端的预埋吊点连接紧固。起吊过程中，柱不得与其他构件发生碰撞。预制柱翻转起吊如图7-11所示。

（4）预制柱的起立：预制柱起立之前在预制柱起立着地面下垫两层橡胶地垫，用来防止构件起立时造成破损。

（5）用塔式起重机缓缓将柱吊起，待柱的底边升至距地面30cm时略作停顿，利用手拉葫芦将构件调平，再次检查吊挂是否牢固，若有问题必须立即处理。确认无误后，继续提升使之慢慢靠近安装作业面。

（6）在距作业层上方 60cm 左右略作停顿，施工人员可以手扶柱子，控制柱下落方向，待到距预埋钢筋顶部 2cm 处，柱两侧挂线坠对准地面上的控制线，预制柱底部套筒位置与地面预埋钢筋位置对准后，将柱缓缓下降，使之平稳就位。预制柱安装就位如图 7-12 所示。

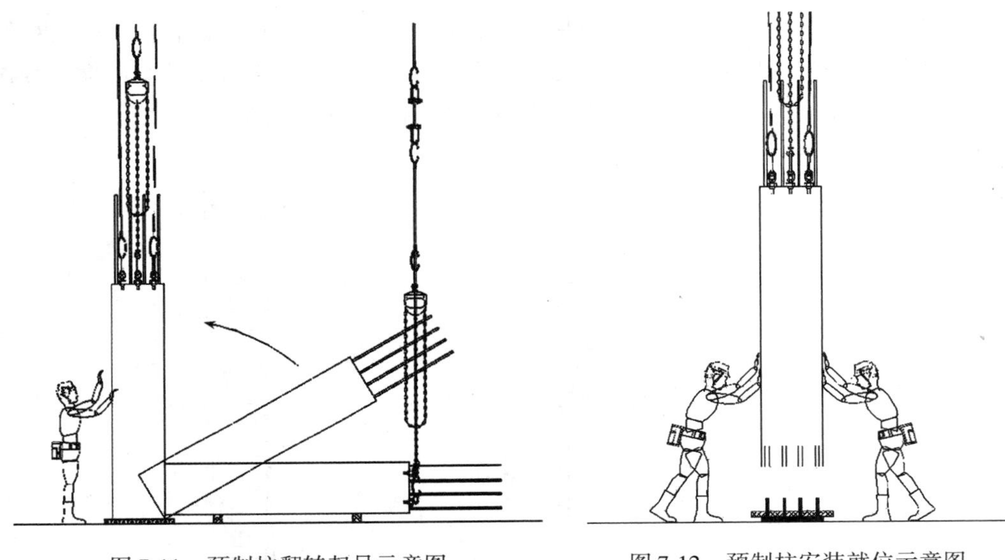

图 7-11　预制柱翻转起吊示意图　　图 7-12　预制柱安装就位示意图

（7）调节就位：

1）安装时由专人负责柱下口定位、对线，并用 2m 靠尺找直。安装第一层柱时，应特别注意安装精度，使之成为以上各层的基准。

2）柱临时固定：采用可调节斜支撑螺杆将柱进行固定，每个预制柱每两个方向的临时支撑不宜少于 2 道，其支撑点距离柱底的距离不宜小于柱高的 2/3，且不应小于柱高的1/2。预制柱安装临时固定如图 7-13 所示。

3）柱安装精调采用支撑螺杆上的可调螺杆进行调节。垂直方向、水平方向、标高均要校正达到规范规定及设计要求。一层柱下有柱墩时，斜支撑安装位较高，无法利用斜支撑调节柱子位置，可以制作专用调节器来调节柱的准确位置。调节器的使用方法：将调节器勾在吊装柱超出下层柱的主筋上，利用扳手紧固螺栓来调整调节板的位置，从而支顶预制柱直到精确就位为止。

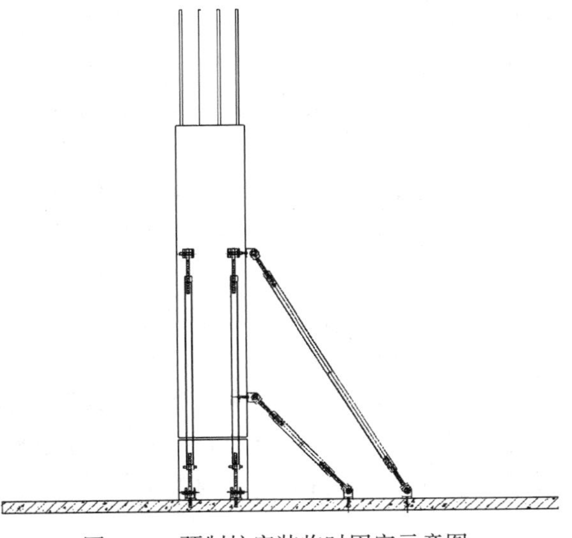

图 7-13　预制柱安装临时固定示意图

4）安装柱的临时调节杆、支撑杆应在与之相连接的现浇混凝土达到设计强度要求后才可拆除。

101. 如何进行梁、叠合梁、莲藕梁安装？

（1）梁及叠合梁安装

1）安装准备工作。起吊梁采用专用吊运钢梁和吊具，用卸扣、吊钩将吊具、钢丝绳、梁上端的预埋吊环连接紧固。起吊过程中，梁伸出钢筋不得与其他物体发生碰撞。预制梁安装顺序宜遵循先主梁后次梁，先高后低的原则。预制梁起吊如图 7-14 所示。

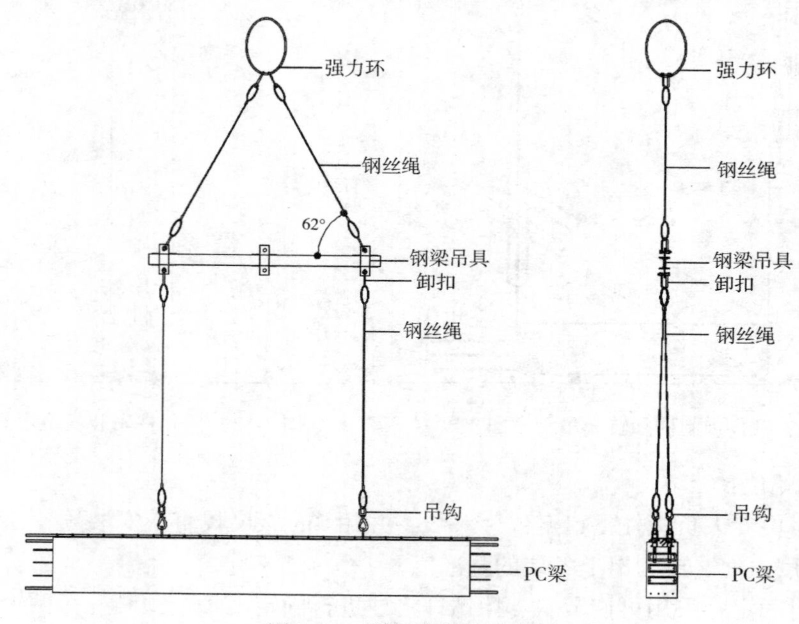

图 7-14　预制梁起吊示意图

2）梁底支撑设置。梁底支撑采用钢管搭设，立杆间距宽 600mm，长度间距 900mm 或 1200mm（支撑每边距梁端不大于 300mm，可根据实际间距进行长向间距设置）。钢管上方采用顶丝和木方进行梁的支顶，木方采用 50mm × 80mm 双排立放。

①根据图样算出梁低标高，将梁底木方利用顶丝调整至与梁底相同高度上。

②梁底支撑搭设须牢固无晃动，在保证有足够安全和稳定的前提下方可进行吊装。

③梁底支撑应与叠合板架体支撑相连接。

3）安装就位。

①梁在未起吊前便须安装好斜支撑预埋件。

②塔式起重机缓缓将梁吊起，待梁的底边升至距地面 30cm 时略作停顿，检查吊挂是否牢固，若有问题必须立即处理，确认无误后，继续提升使之慢慢靠近安装作业面。

③待梁靠近作业面上方 30cm 左右，作业人员用手扶住梁，按照位置线使梁慢慢就位。待位置准确后将梁垂直放在事前准备好的立撑上。如标高有误差可采用可调节立撑调整至预定标高。

④梁吊装就位后，采用可调节斜支撑螺杆将梁与地面进行固定，预制梁的位置可通过可调支撑进行调节校正。可调节斜支撑内梁一侧设置两根，另一侧设置一根，对于边梁可只在内侧设置两根。预制梁临时固定如图7-15所示。

⑤支撑固定妥当以后，才可进行吊钩摘除。

⑥节点混凝土浇筑完毕可以拆除斜支撑螺杆。立撑待完成上两层的梁施工后，本层后浇混凝土强度达到设计要求时方可拆除。

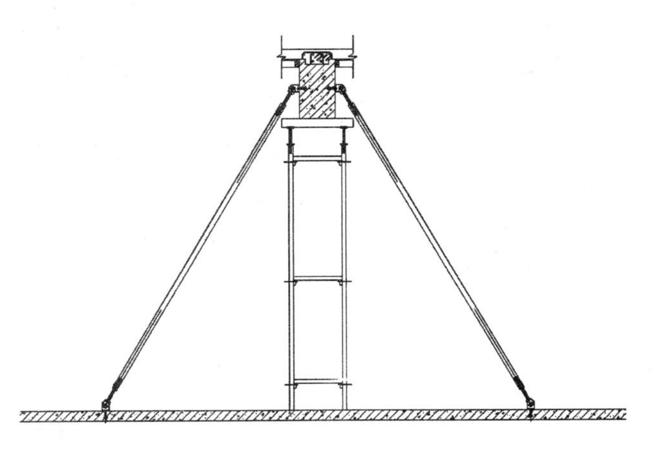

图7-15 预制梁临时固定示意图

（2）莲藕梁安装

1）施工面清理。莲藕梁吊装就位之前要将莲藕梁下面的柱面清理干净，设置标高控制螺栓。

2）莲藕标高控制。标高控制采用在柱吊点上安装的螺栓调节控制，利用水平尺将螺栓标高测量准确。标高以柱顶面设计标高+20mm为准，过高或过低可采用松紧螺栓的方式来控制莲藕梁的高度。莲藕梁如图7-16所示。

3）柱上部钢筋调整。吊装莲藕梁之前首先将柱上部甩出的柱主筋全部调整至垂直状态。

4）莲藕梁钢筋位置边线设置。莲藕梁吊装前要在莲藕梁顶面弹出柱主筋边线控制线，用以在灌浆之前对主筋的位置进行调整，以保证下层构件安装时的准确度。莲藕梁柱主筋位置控制如图7-17所示。

图7-16 莲藕梁示意图

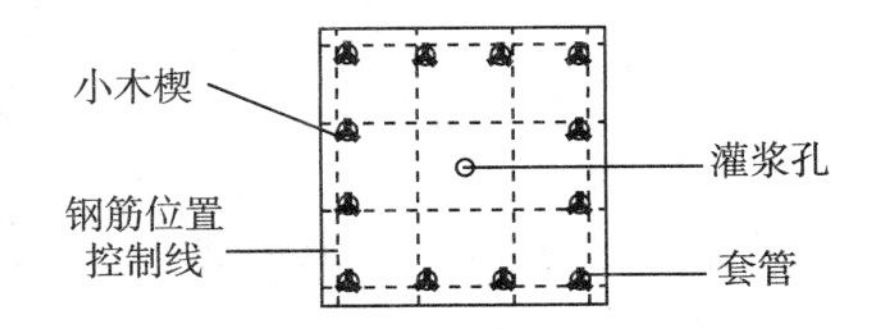

图7-17 莲藕梁柱主筋控制示意图

5）莲藕梁起吊。起吊莲藕梁采用专用吊运钢板和吊具，用卸扣、螺旋吊点将吊具、钢丝绳、手拉葫芦与莲藕梁上端的预埋螺栓连接紧固。莲藕梁吊装如图7-18所示。

6）用塔式起重机缓缓将莲藕梁吊起，待莲藕梁的底边升至距地面30cm时略作停顿，利用手拉葫芦将构件调平，再次检查吊挂是否牢固，若有问题必须立即处理。确认无误后，继续提升使之慢慢靠近安装作业面。

7）在距柱上方60cm左右略作停顿，施工人员可以手扶莲藕梁，控制莲藕梁下落方向，待到距预埋钢筋顶部2cm处，使其藕孔与预埋钢筋位置对准后，将莲藕梁缓缓下降，使之平稳就位。莲藕梁吊装就位如图7-19所示。

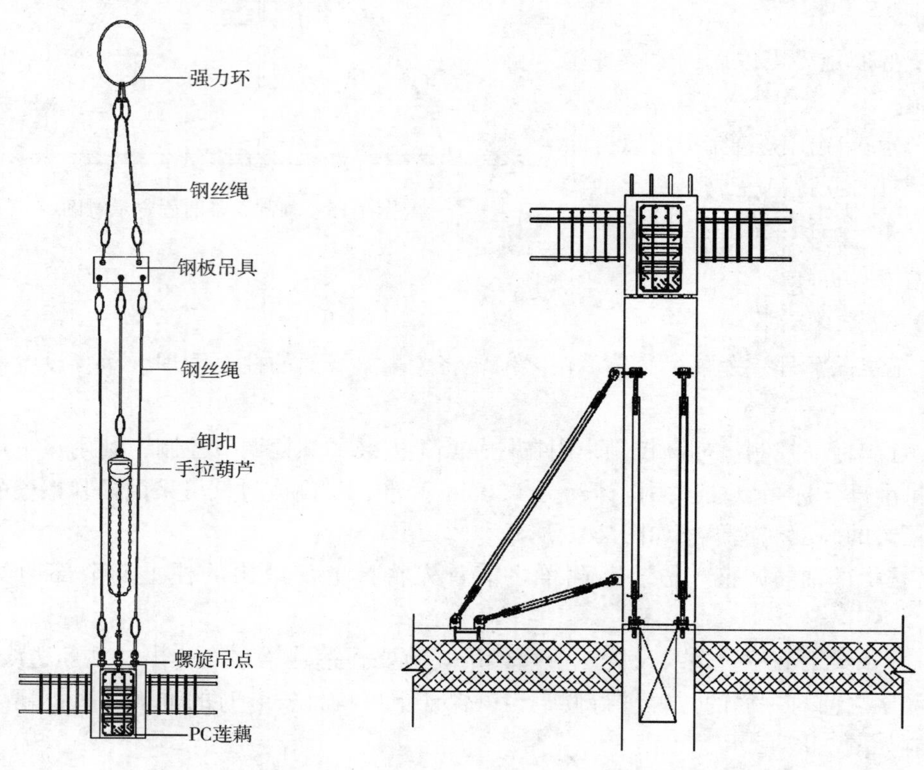

图7-18　莲藕梁吊装示意图

图7-19　莲藕梁吊装就位示意图

8）调节就位。安装时由专人负责下口定位，莲藕梁位置利用挂钩或调节器来调节，调节器放置在柱相邻两个侧面的角部，利用2m长靠尺来控制莲藕梁与柱在同一个垂直面上。

102. 如何进行柱梁体系结构的叠合楼板或预应力叠合楼板安装？

柱梁体系结构的叠合楼板或预应力叠合楼板通常情况下没有外伸钢筋，其安装操作也相较剪力墙结构的叠合楼板安装要简单容易一些，其具体安装操作方法如下：

1）叠合板起吊时，要尽可能减小在应力方向因自重产生的弯矩。如果构件较大时，吊装要采用钢梁或钢架进行起吊，要保证各个吊点均匀受力，构件平稳起吊。

2）叠合板起吊时要先进行试吊，吊起距地50cm停止，检查钢丝绳、吊钩的受力情况，使叠合板保持水平状态，然后再吊运至楼层作业面。

3）就位时叠合板要从上垂直向下安装，在作业层上空 20cm 处略作停顿，施工人员手扶楼板调整方向，将板边与墙上的安放位置对准，放下时要停稳慢放，严禁快速猛放，以避免冲击力过大造成板面震裂或折断。

4）使用撬棍调整板位置时，要用小木块垫好保护，不要直接使用撬棍撬动叠合板，以避免损坏板的边角，板的位置要保证偏差不大于 5mm，接缝宽度应满足设计要求。

5）叠合板安装就位后，采用红外线标线仪进行板底标高和接缝高差的检查及校核，如有偏差可通过调节板下的可调支撑高度进行调整。

6）叠合楼板或预应力叠合楼板安装校正完成后，板底临时支撑应在后浇混凝土达到设计要求后，方可进行拆除。

103. 如何进行剪力墙结构安装？

装配式预制剪力墙结构一般由预制外墙板、外墙 PCF 板（包括转角板和一字板）、预制内墙板、预制梁、预制内隔墙板、飘窗、阳台板、叠合楼板及楼梯板组成。

对于装配式预制剪力墙结构，通常情况下首先要先安装预制外墙板和飘窗，然后再安装外墙 PCF 板，最后安装预制内墙板、预制梁、预制内隔墙板、飘窗、阳台板、叠合楼板及楼梯板等，最后支模浇筑后浇混凝土，使其形成结构整体。其基本施工步骤如下：

1）首先将安装预制墙板部位的灰浆、杂物等清理干净。

2）粘贴带有保温层外墙墙板底部的保温密封条。

3）设置墙板底部标高控制垫片。

4）预制墙板起吊安装就位。

5）安装预制墙板临时固定支撑，并进行墙板的位置及垂直度调节校正。

6）清理墙板底部灌浆部位，并浇水湿润。

7）进行灌浆部位分仓及周边缝隙封堵。

8）墙板底部灌浆施工及检查。

9）安装外墙飘窗、预制梁、预制内隔墙板，并进行临时固定及调整校正。

10）安装预制阳台板、叠合板，并进行临时固定及调整校正。

11）支设现浇部位模板，并进行钢筋绑扎和混凝土浇筑施工。

12）在安装上层构件前，进行下层预制楼梯板的安装。

13）构件临时支撑应在后浇混凝土达到设计要求后进行拆除。

104. 如何进行 PC 剪力墙灌结构浆“分仓”？

当装配式剪力墙结构竖向构件连接采用灌浆连接方式时，灌浆水平距离超过 3m 的宜进行灌浆作业区域分割灌浆，也就是“分仓”灌浆。

（1）灌浆“分仓”作业要根据灌浆部位长度及空腔容积大小进行，分仓长度一般控制在1.0～3.0m之间。

（2）灌浆分仓材料通常采用抗压强度为50MPa的坐浆料进行分仓施工。

（3）在装配式剪力墙结构预制墙板安装固定及校正完毕后，拌制分仓坐浆料，坐浆料要严格按照要求配合比进行拌制，其稠度不宜过稠，否则将无法进行施工。

（4）分仓施工作业时，首先用与封缝高度相同宽度的木条放置在分仓位置的一侧，再用小于缝高的勾缝抹子将坐浆料在另一侧勾嵌入分仓部位，施工时要控制好坐浆料的宽度在20～30mm之间，并保证其与主筋间的距离。坐浆料分仓时要确保严密，不得有任何缝隙，以免在灌浆施工时发生侧漏。

（5）坐浆分仓作业完成后，不得对构件及构件的临时支撑体系进行扰动，待24h后，方可进行灌浆施工。

105. 如何进行剪力墙外墙板安装？

装配式预制剪力墙外墙板一般包括预制外墙板和PCF板（包括L形板和一字板），PCF板的安装方法详见第8章133问，预制外墙板的基本安装操作步骤如下：

（1）施工面清理

外墙板吊装就位之前，要将墙板下面的板面和钢筋表面清理干净，不得有混凝土残渣、油污、灰尘等。

（2）粘贴底部密封条

楼板面和钢筋表面清理完成后，构件底部的缝隙要提前粘贴保温密封条，保温密封条采用橡塑棉条，其宽度为40mm、厚度为40mm，棉条用胶粘贴在下层墙板保温层的顶面之上，粘贴位置距保温层内侧不得小于10mm。保温密封条粘贴如图7-20所示。

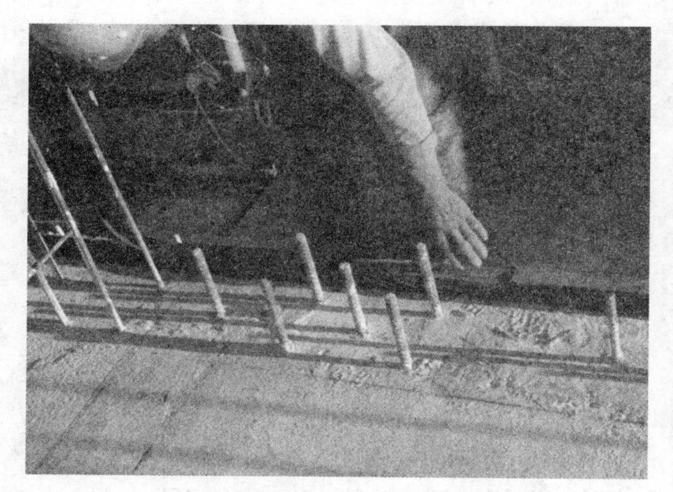

图7-20 粘贴保温密封条

（3）设置墙板标高控制垫片

墙板标高控制垫片设置在墙板下面，垫片厚度不同，最薄厚度为1mm，总高度为20mm，每块墙板在两端角部下面设置三点或四点，位置均在距离墙板外边缘20mm处，垫片要提前用水平仪测好标高，标高以本层板面设计结构标高+20mm为准，如果过高或过低可通过增减垫片数量进行调节，直至达到要求为止。

（4）墙板起吊

预制外墙板吊装时，必须使用专用吊运钢梁进行吊运，当墙板长度小于4m时，采用小型构件吊运钢梁，当墙板长度大于4m时，需采用大型构件吊运钢梁。起吊过程中，墙板不得与摆放架发生碰撞。预制外墙板吊运如图 7-21 所示。

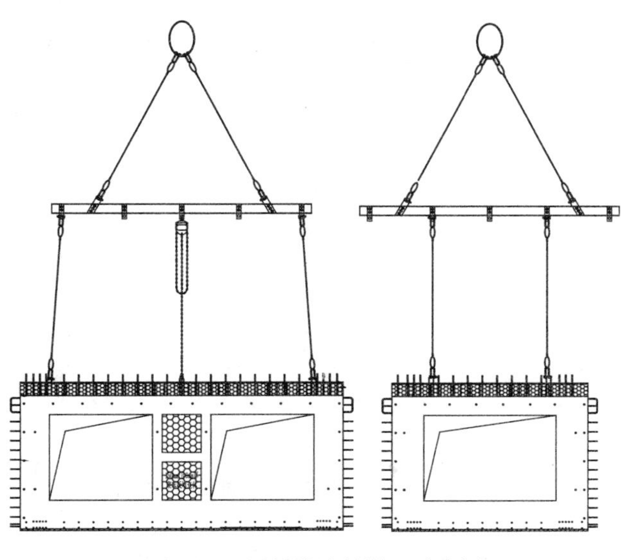

图 7-21　预制外墙板吊运示意图

塔式起重机必须缓慢将外墙板吊起，待墙板的底面升至距地面 600mm 时略作停顿，检查吊挂是否牢固，板面有无污染破损等，若有问题必须立即处理，待确认无问题后，继续提升至安装作业面。

（5）吊装就位

墙板在距安装位置上方 600mm 左右略作停顿，施工人员可以手扶墙板，控制墙板下落方向，墙板在此缓慢下降。待到距预埋钢筋顶部 20mm 处，利用反光镜进行钢筋与套筒的对位，预制墙板底部套筒位置与地面预埋钢筋位置对准后，将墙板缓慢下降，使之平稳就位。

（6）安装调节

1）墙板安装时，由专人负责用 2m 吊线尺紧靠墙板板面下伸至楼板面进行对线（构件内侧中心线及两侧位置边线），墙板底部准确就位后，安装临时钢支撑进行固定，摘除吊钩。

2）外墙板采用可调节钢支撑进行固定，一般情况下每块墙板安装不得少于四根支撑。安装支撑时，首先将支撑托板安装在预制墙板和楼板上，然后将钢支撑螺杆连接在墙板和楼板上的支撑托板之上，钢支撑螺杆可调节长度范围不得超过 ±100mm。墙板固定形式如图 7-22 所示。

3）墙板安装固定后，通过钢支撑的可调螺杆进行墙板位置和垂直度的精确调整，调节墙板的里外位置调节下面支撑螺杆，调节墙板的垂直度调节上面的支撑螺杆，调节过程要用 2m 吊线尺进行跟踪检查，直至构件的位置及垂直度均校正至允许误差 2mm 范围之内。预制外墙安装的里外位置应以下层外墙面为准。

4）安装固定预制外墙板的钢支撑，必须在本层现浇混凝土达到设计强度后，方可进行拆除。

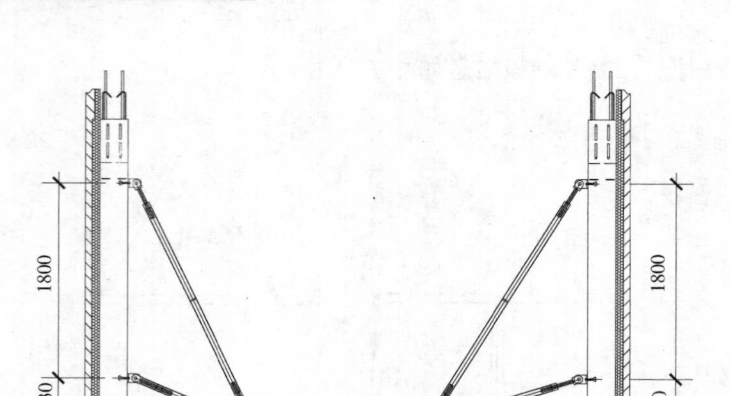

图 7-22　预制外墙板临时固定示意图

106. 如何进行剪力墙内墙板、连梁安装？

在装配式剪力墙结构施工中，应首先安装完预制外墙板，再安装预制墙内墙板，然后再进行内隔墙板和连梁的安装施工，其预制内墙板、内隔墙板和连梁基本施工操作步骤如下：

1）首先将安装预制内墙板和内隔墙板部位的垃圾及杂物清理干净。

2）设置预制内墙板和内隔墙板底部标高控制垫片，采用水准仪按照设计标高抄测调至水平。

3）将预制内墙板起吊安装就位。

4）安装预制内墙板的临时固定支撑，并进行墙板的位置和垂直度的调节校正，内墙板位置均以中心线控制，偏差两侧分摊。

5）将内隔墙板起吊安装就位。

6）安装内隔墙板的临时固定支撑，并进行墙板的位置和垂直度的调节校正，内墙板位置也是以中心线控制，偏差两侧分摊。

7）安装预制连梁底部支撑托架，并进行连梁安装固定及调节校正。

8）安装预制连梁与预制内墙板连接部位的梁主筋连接套筒。

9）清理预制内墙板底部灌浆部位，并浇水湿润。

10）进行预制内墙板底部灌浆部位分仓及周边缝隙封堵。

11）待墙板底部缝隙和分仓完成24h后，同时进行预制内墙板底部及连梁主筋套筒的灌浆施工。

12）连梁主筋套筒的灌浆施工后，进行绑扎预制连梁现浇部位梁箍筋。

13）支设墙体及连梁后浇混凝土连接部位模板。

14）吊运安装其他预制叠合板、阳台板等。

15）支设顶板部位现浇区部位模板，并进行顶板部位现浇梁板的钢筋绑扎及水电管线预埋。

16）浇筑所有部位的后浇区混凝土。

107. 如何进行剪力墙结构的叠合楼板或预应力叠合楼板安装?

剪力墙结构的叠合楼板或预应力叠合楼板一般情况四周都有外伸锚固钢筋，在支座部位的外伸钢筋与圈梁或连梁现浇锚固连接，在板与板相连一侧的外伸钢筋通常为现浇连接带，从而避免了板缝之间的开裂。叠合楼板和预应力叠合楼板吊运安装方法基本相同，其具体操作步骤如下：

1）叠合板起吊时，要尽可能减小在应力方向因自重产生的弯矩。如果构件较大时，吊装要采用钢梁或钢架进行起吊，要保证各个吊点均匀受力，构件平稳起吊。叠合板吊装如图 7-23 所示。

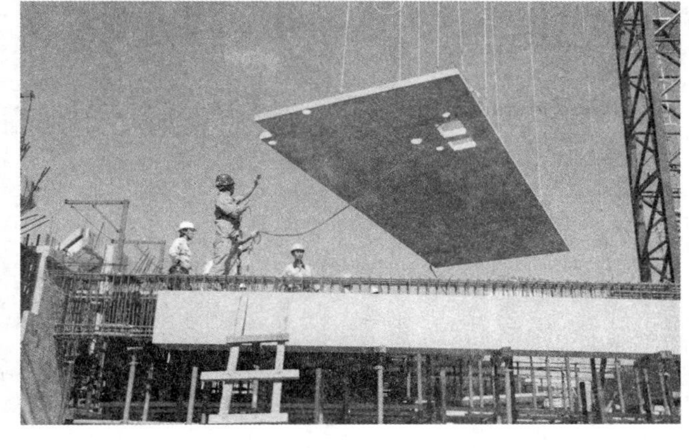

图 7-23　预制叠合楼板吊装

2）叠合板起吊时要先进行试吊，吊起距地 60cm 停止，检查钢丝绳、吊钩的受力情况，使叠合板保持水平状态，然后再吊运至楼层作业面。

3）就位时叠合板要从上垂直向下安装，在作业层上空 20cm 处略作停顿，施工人员手扶楼板调整方向，将板边与墙上的安放位置对准，注意避免叠合板上的预留钢筋与墙体钢筋干涉，放下时要停稳慢放，严禁快速猛放，以避免冲击力过大造成板面震裂或折断。

4）使用撬棍调整板位置时，要用小木块垫好保护，不要直接使用撬棍撬动叠合板，以避免损坏板的边角，板的位置要保证偏差不大于 5mm，接缝宽度应满足设计要求。

5）叠合板安装就位后，采用红外线标线仪进行板底标高和接缝高差的检查及校核，如有偏差可通过调节板下的可调支撑进行调整。

6）叠合楼板或预应力叠合楼板安装校正完成后，进行顶板现浇区域的模板支设，并绑扎钢筋及布设水电管线，然后再浇筑现浇区域的混凝土。

7）板底临时支撑应在后浇混凝土达到设计要求后，方可进行拆除。

108. 构件套筒或浆锚孔与连接钢筋对不上怎么办?

构件的套筒或浆锚孔与连接钢筋对不上，就会导致构件无法准确安装就位，如果遇到这种情况应首先编制处理方案，并经监理及设计单位审核同意后方可处理施工。通常情况下有以下四种情况会导致构件的套筒或浆锚孔与连接钢筋对不上，其具体情况及处理方法如下：

1）底部连接钢筋位置准确，顶端歪斜：这种情况采用钢筋扳手将连接钢筋调整垂直即可进行构件安装施工。

2）底部连接钢筋位置发生偏差：其处理办法应首先定位钢筋位置，准确测量出偏差值，再将主筋周围的混凝土剔凿清除一定深度，将主筋按照1:6比例弯曲调整至准确位置，然后采用高于原混凝土一个标号的混凝土将剔凿部位浇筑修补到位。

3）构件底部套筒或浆锚孔歪斜：这种情况如果歪斜偏差较小，可以调整所对应的连接钢筋垂直度进行简单处理即可。如果歪斜偏差较大时，构件只能退厂更换处理。

4）构件底部套筒或浆锚孔位置偏移：这种情况构件需退厂处理或更换构件处理。

109. 如何保证构件安装位置、标高、垂直度、水平度在允许误差内？如何校正构件安装偏差？

（1）为了保证装配式结构工程质量，保证构件的安装位置、标高、垂直度、水平度在允许误差内，在PC构件安装前或安装过程中应注意以下几点：

1）构件安装前应做好定位放线工作，根据施工控制线弹设出构件位置边线和中心线，要确保构件位置边线和中心线的准确性在允许偏差之内。

2）构件安装前，应对构件安装位置底部的标高调整螺栓或标高控制垫片，提前采用水准仪抄测、调整好准确标高，保证其标高在允许偏差范围之内。对于构件底部的标高调整螺栓或标高控制垫片同时具有控制构件水平度作用的，应保证所有控制点位在同一水平面上或在准确的标高位置。

3）构件安装准确就位并固定完毕后，其垂直度可通过可调式临时固定支撑进行调节，调节时应边调节边检查，直到其垂直度达到允许偏差范围之内为止。

（2）如果构件安装完毕后其偏差超出允许范围，可通过如下方法进行调节校正其偏差：

1）构件的安装位置偏差，可采用专用调节器（挂钩式调节器如图7-24所示）挂钩勾住构件底部主筋进行调节，或采用构件底部可调式临时固定支撑进行调节校正。

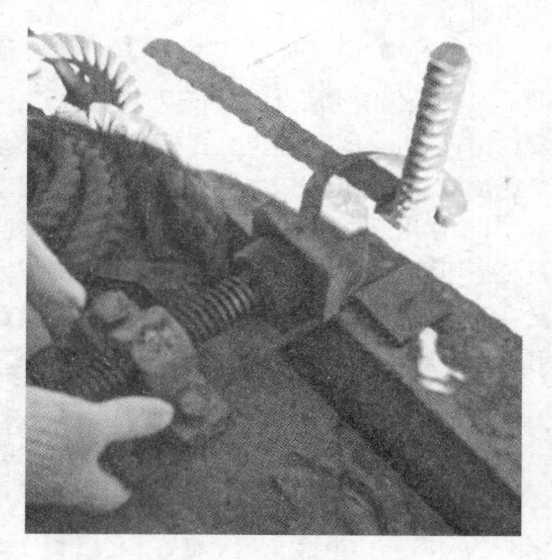

图7-24　挂钩式调节器

2）构件的安装水平度和标高偏差，可通过构件底部的标高调整螺栓或标高控制垫片进行调节校正。

3）构件的安装垂直度偏差，可通过调节构件上部可调式临时固定支撑进行调节校正。

110. 如何进行灌浆作业？

灌浆作业是装配式混凝土结构施工的重点，直接影响到装配式建筑的结构安全。图7-25是一种常见的灌浆套筒。钢筋套筒灌浆作业应符合现行行业标准《钢筋套筒灌浆连接应用技术》（JGJ 355—2015）及设计和施工方案的要求。灌浆作业人员须经过培训考核，并持证上岗。同时要求有专职质检人员对灌浆作业进行全过程监督，应留下影像资料。

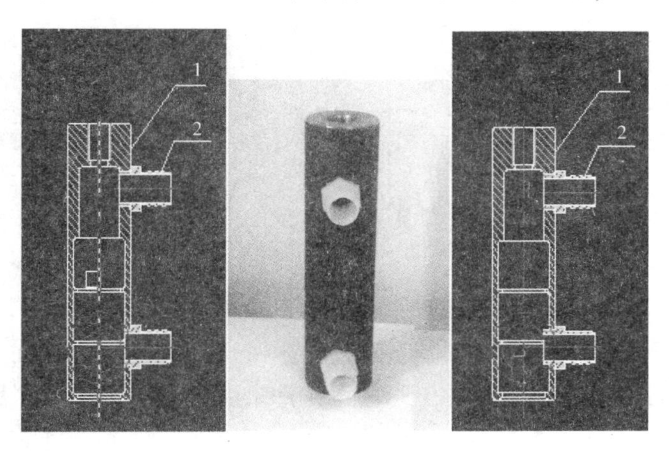

图 7-25　灌浆套筒

国家标准《装标》对灌浆作业有如下规定：

1）采用经过验证的钢筋套筒和灌浆料配套产品。

2）施工人员是经培训合格的专业人员，严格按技术操作要求执行。

3）操作施工时，应做好灌浆作业的视频资料，质量检验人员进行全程施工质量检查，能提供可追溯的全过程灌浆质量检测记录。

4）检验批验收时，如对套筒灌浆连接接头质量有疑问，可委托第三方独立检测机构进行非破损检测；当施工环境温度低于 5℃时，可采取加热保温措施，使结构构件灌浆套筒内的温度达到产品使用说明书要求；有可靠经验时，也可采用低温灌浆料。

对于灌浆的时机，相关国家标准和行业标准并未给出明确规定。在实际施工过程中，灌浆作业目前有两种情况，随层灌浆和隔层灌浆。随层灌浆是竖向构件安装完毕后，构件除自身重量不受其他任何外力的情况下完成灌浆。隔层灌浆是竖向构件安装完毕后，下一层甚至两层的拼装都结束后再进行灌浆。由于竖向构件安装后，只靠垫片在底部对其进行点支撑，靠斜支撑阻止其倾覆，灌浆前整个结构尚未形成整体，如果未灌浆就进行本层混凝土的浇筑或上一层结构的施工，施工荷载会对本层构件产生较大扰动导致尺寸偏差，甚至产生失稳的风险。因此，建议随层灌浆。但是，如果施工工序安排不紧凑就有可能对施工进度有较大影响，导致延长工期。有的施工企业为了追求进度，会采用隔层甚至隔多层灌浆，风险性很大。为了保证施工安全，建议采用优化工序，严格流水作业的方式保证进度，而不应当冒险隔层灌浆。

灌浆作业工艺与操作规程应符合以下相关国家、行业标准：

《装配式混凝土建筑技术标准》（GB/T 51231—2016）

《装配式混凝土结构技术规程》（JGJ 1—2014）

《钢筋套筒灌浆连接应用技术规程》（JGJ 355—2015）

《钢筋机械连接技术规程》（JGJ 107—2016）

《钢筋连接用灌浆套筒》（JG/T 398—2012）

《钢筋连接用套筒灌浆料》（JG/T 408—2013）

下面具体阐述一下灌浆施工作业的详细流程，如图7-26所示。

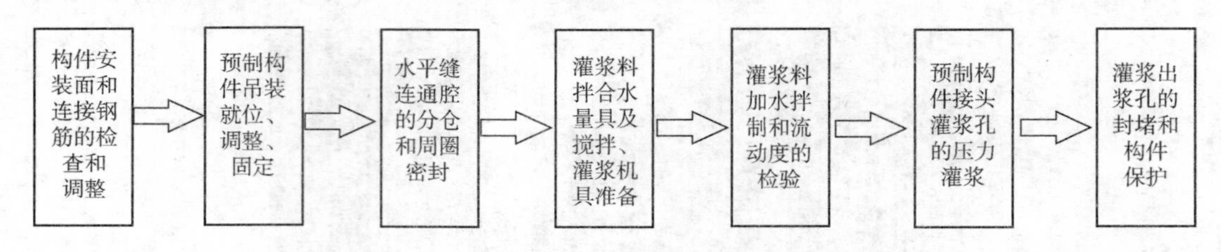

图7-26　灌浆作业流程图

（1）构件安装基础面处理，连接钢筋的检查与调整

1）安装基础面处理。每个构件的安装面范围内标高差不宜大于5mm；粗糙表面人工凿毛应均匀；表面无污物、砂石或混凝土碎块；构件吊装前宜用干净的水冲洗表面，高温季节尤其要保持润湿。

2）连接钢筋检查与调整。连接钢筋长度符合设计要求（垫片以上为锚固长度）；用模板检测钢筋位置偏差，必要时进行调整；钢筋表面干净，无严重锈蚀和黏附物；对每块构件连接钢筋的长度、位置检查结果填入记录表。

3）构件支撑垫片码放和防水保温密封条、固定垫片不宜靠近钢筋，距离构件边缘不小于15mm；对接密封条接缝应粘接牢固。

（2）构件吊装就位、调整、固定

1）构件吊装到安装位置时，应从下方注意观察灌浆套筒内腔是否有异物。

2）安装时，下方构件伸出的连接钢筋均应插入上方预制构件的连接套筒内（底部套筒孔可用镜子观察），然后放下构件。如有不能插入的钢筋，应该重新起吊构件，调整钢筋后再放下构件（监理应旁站，严禁切筋），如图7-27、图7-28所示。

图7-27　墙体安装图

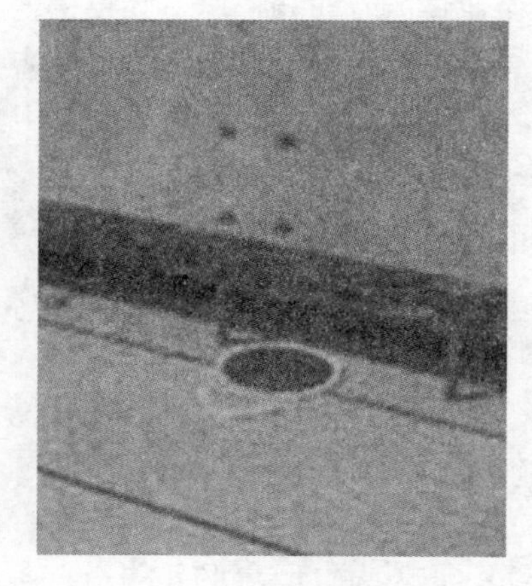

图7-28　镜子辅助插筋对位

3）校准构件水平位置和垂直度后，用调整支撑杆将构件固定。

（3）水平缝联通腔的分仓与周圈密封

1）灌浆联通腔分仓结构与分仓材料。

①采用电动灌浆泵灌浆时，一般单仓长度不超过 1m。在经过实体灌浆试验确定可行后可延长，但相距最远的灌浆接头距离不宜超过 1.5m；采用手动灌浆枪灌浆时，单仓长度不宜超过 0.3m。

②分仓隔墙宽度宜 3～5cm，为防止遮挡套筒孔口，距离连接钢筋外缘应不小于 4cm。

③封缝和分仓材料应保证密封可靠，且宜采用干硬性坐浆料。

2）分仓作业。

①构件固定后封仓，使用干硬性坐浆料时两侧须衬模板（通常为便于抽出的外径 2cm 的 PVC 管或者 1.5～2mm 的钢板，钢板的长度为 300mm，宽度 20mm），将拌好的封堵用坐浆料填塞充满模板，保证与上下构件表面结合密实，然后抽出衬板。分仓后在构件相对应位置做出分仓标记。

②封仓隔墙较宽的也可在构件吊装前铺设，但要确保封堵坐浆料受压后不遮挡灌浆套筒。

3）接缝周圈密封

①使用专用封缝料（坐浆料）时，要按说明书要求加水搅拌均匀。封堵时，必须内衬支撑（支撑材料可是软管、PVC 管或钢板），填抹大约 1.5～2cm 深（确保不堵套筒孔），要保证填抹封堵密实，如图 7-29 及图 7-30 所示。封堵完毕确认干硬，材料强度达到要求（约 30MPa）后再灌浆。

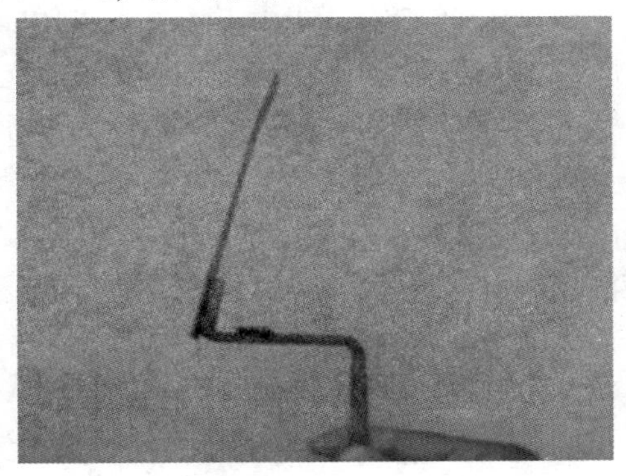

图 7-29　自制封堵用工具

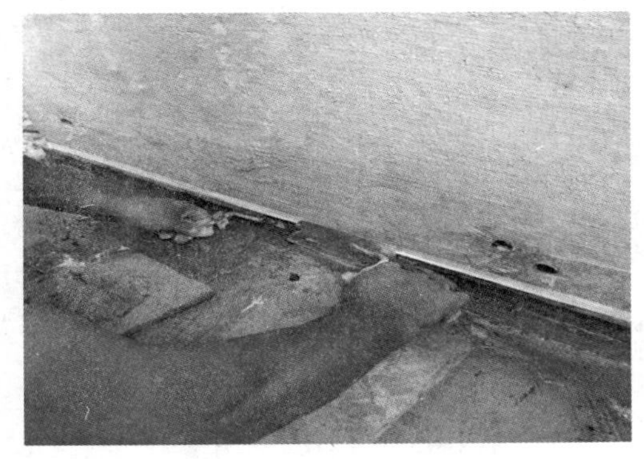

图 7-30　人工封堵

②使用弹性橡胶或 PE 密封条封堵时，必须确保结构上下间隙均匀，弹性材料被压紧，必要时在密封条外部设角钢或木板支撑保护。

③外墙板的外侧宜用宽 2cm、高 3～4cm 的海绵条，在墙板就位前提前放置好。为保证外墙封堵干净整洁，便于后期打胶，不宜用砂浆或者坐浆料封堵。使用橡胶密封条或海绵条时要确保受力钢筋的保护层厚度不受影响。

（4）灌浆料、拌合水量具及搅拌、灌浆机具准备

1）准备灌浆料和拌合水。灌浆料置于防潮、防晒处；使用前打开包装袋检查灌浆料有无受潮结块或其他异常；制浆用的清洁水置于干净容器内，保证水温适当。

2）准备施工及检验器具，如图 7-31 所示。

测温仪或温度计，电子秤和刻度杯，钢制浆桶、水桶；功率 1200W 以上可变速电动搅拌机，手动灌浆枪或专用电动灌浆泵；流动度检测用：截锥试模、玻璃板（500mm×500mm）、钢板尺或卷尺；灌浆料强度试块用 40mm×40mm×160mm 三联模多组。

图 7-31　灌浆用设备及工具

（5）灌浆料加水拌制和流动度检测

1）灌浆料加水拌制。严格按产品要求的水料比（比如 12%，即为 1.2kg 水 + 10kg 干料）用电子秤分别称量灌浆料和水（也可用刻度量杯计量水），先将水倒入搅拌桶，然后加入约 70% ~ 80% 干料，用专用搅拌机搅拌 1 ~ 2min 大致均匀后，再将剩余料全部加入，再搅拌 3 ~ 4min 至彻底均匀，如图 7-32 所示。搅拌均匀后，静置约 2 ~ 3min，使浆内气泡自然排出后再使用。灌浆料拌制量应结合结构所需适量拌和，避免浪费。

2）检测初始流动度，如图 7-33 所示。每班灌浆连接施工前进行灌浆料初始流动度检验，记录有关参数和流动度，确认合格方可使用。环境温度超过产品使用温度上限（35℃）时，须做实际可操作时间检验，保证灌浆施工时间在产品可操作时间内完成。

图 7-32　灌浆料搅拌

图 7-33　流动度检测

（6）预制构件接头灌浆孔的压力灌浆（图 7-34）

1）灌浆孔出浆孔检查。

在正式灌浆前，逐个检查各接头的灌浆孔和出浆孔内有无影响浆料流动的杂物，确保孔路畅通。

2）压力灌浆，如彩页图C05所示。

①用灌浆泵（枪）从接头下方的灌浆孔处向套筒内压力灌浆。

②灌浆料要在自加水搅拌开始20～30min内灌完，全过程不宜压力过大（不超过0.8MPa）。

③同一仓只能在一个灌浆孔灌浆，不能同时从两个以上孔灌浆。

④同一仓应连续灌浆，不宜中途停顿。如中途停顿，再次灌浆时，应保证已灌入的浆料有足够的流动性后，还需要将已经封堵的出浆孔打开，待灌浆料再次流出后逐个封堵出浆孔。

图7-34　灌浆料搅拌完成

 111. 如何进行PC外挂墙板安装？

PC外挂墙板应用非常广泛，可以组合成PC幕墙，也可以局部应用；不仅用于PC装配式建筑，也用于现浇混凝土结构及钢结构建筑。PC外挂墙板不属于主体结构构件。

PC外挂墙板是装配在混凝土结构（图7-35）或者钢结构（图7-36）上的非承重外围护构件。PC外挂墙板有普通PC墙板和夹心保温墙板两种类型。

图7-35　外挂墙板与混凝土结构连接节点

图7-36　外挂墙板与钢结构连接节点

外挂墙板与主体的连接方式通常是机械连接。

PC外挂墙板与主体结构的连接采用柔性连接构造，施工过程中须重视外挂节点的安装质量，保证其可靠性；对于外挂墙板之间的构造“缝隙”，必须进行填缝处理和打胶密封。

图7-37是水平支座固定节点与活动节点的示意图。在墙板上伸出预埋螺栓，楼板底面预埋螺母，用连接件将墙板与楼板连接。通过连接件的孔眼活动空间大小就可以形成固定节点和滑动节点。

图7-38是重力支座固定节点与活动节点的示意图。在墙板上伸出预埋L形钢板，楼板伸出预埋螺栓，通过螺栓形成连接。通过连接件的孔眼活动空间大小就可以形成固定节点和滑动节点。

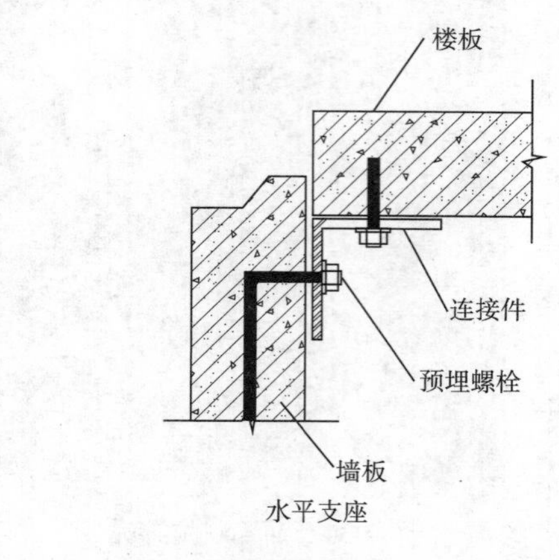

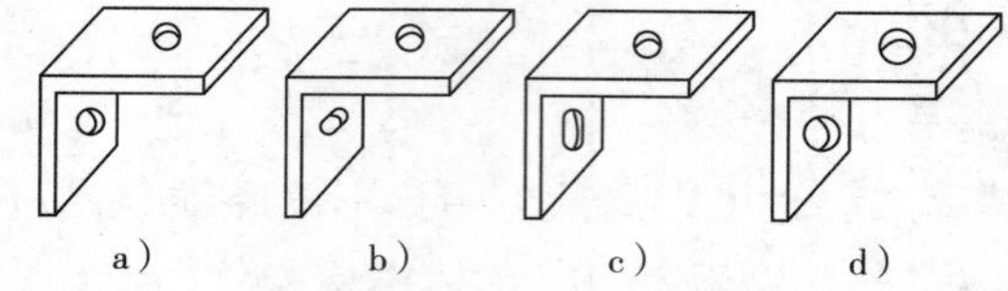

图7-37　外挂墙板水平支座的固定节点与活动节点示意

a）固定节点　b）左右活动节点

c）上下活动节点　d）上下左右均可活动的节点

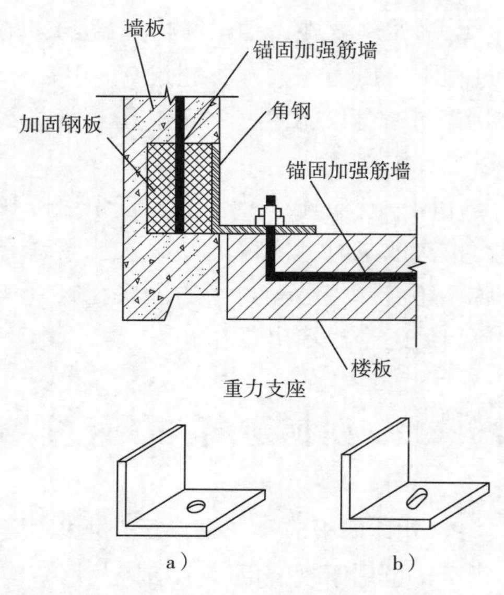

图7-38　外墙挂板重力支座的固定节点与活动节点示意

外挂墙板安装过程简洁方便，效率较高，图7-39为外挂板施工过程中的效果，图7-40为完工后的整体效果。

图7-39　外挂墙板施工过程外观效果

图7-40　外挂墙板完工后外观效果

外挂墙板的安装：

（1）吊装前的准备与作业

1）按照吊装方案，对相关人员进行技术、安全交底。

2）主体结构预埋件应在主体结构施工时按设计要求埋设；外挂墙板安装前应在施工单位对主体结构和预埋件验收合格的基础上进行复测，对存在的问题应与施工、监理设计单位进行协调解决。主体结构及预埋件施工偏差应满足设计要求。

3）外挂墙板在进场前应进行检查验收，不合格的构件不得安装使用，安装用连接件及配套材料应进行现场报验，复试合格后方可使用。

4）检查试用起重机，确认可正常运行。根据实际需要，外挂墙板的安装可以使用塔式起重机、汽车式起重机、履带式起重机。

5）准备吊装架、吊索等吊具，检查吊具，特别是检查绳索是否破损，吊钩卡索板是否安全可靠。

6）准备牵引绳等辅助工具、材料。

7）外挂墙板安装节点连接部件的准备，如需要水平牵引，牵引葫芦吊点设置、工具准备等。

8）如果设计是机械连接，需要准备好螺栓、垫片、扳手等工具材料，如果是焊接则需要准备好焊机、焊条等材料。

9）根据施工流水计划在预制构件上和对应的楼面位置用记号笔标出吊装顺序号，标注顺序号与图样上序号一致，从而方便吊装工作和指挥操作减少误吊概率。

10）测量整层楼面的墙体安装位置总长度和埋件水平间距并绘制成图，如总长有误差将其均摊到每面墙水平位置上，但每面预制墙的水平位移误差须在 ±3mm 以内。

11）外挂墙板正式安装前宜根据施工方案要求进行试安装，经过试安装并验收合格后进行正式安装。

（2）放线

在已完成拆模的楼面设置构件的进出和左右控制线、标高控制线作为平面位置调节的依据。

1）设置楼面轴线垂直控制点，楼层上的控制轴线用垂线仪及经纬仪由底层原始点直接向上引测。

2）每个楼层设置标高控制点，在该楼层柱上放出 500mm 标高线，利用 500mm 标高线在楼面进行第一次墙板标高抄平（利用垫块调整标高），如图 7-41 所示，在预制外挂墙板上放出距离结构标高 500mm 的水平墨线，进行第二次墙板标高抄平。

图 7-41　测定标高

3）外挂墙板控制线，墙面方向按界面控制，左右方向按轴线控制，如图 7-2 所示。

4）外挂墙板安装前，在墙板内侧弹出竖向与水平线（左右线和进出线），安装时与楼层上该墙板控制线相对应，如图 7-42 所示。

5）外挂墙板垂直度测量，4 个角留设的测点为预制外墙板转换控制点，用靠尺（托线板）以此4点在内侧及外侧进行垂直度校核和测量（因墙板外侧为模板保证的平整度，内侧为人工抹平，所以墙板垂直度以外侧为准）。

（3）吊装作业

1）吊具挂好后，起吊至距地500mm，检查构件外观质量及吊耳连接无误后方可继续起吊。起吊要求缓慢匀速，保证预制墙板边缘不被损坏。

2）将PC外挂墙板缓慢吊起平稳后再匀速转动吊臂，吊至作业层上方600mm左右时，施工人员扶住构件，调整墙板位置，缓缓下降墙板。

图7-42　确定外挂墙板水平及竖向线

3）外挂墙板就位后，将螺栓安装上，先不拧紧。根据之前控制线，调整预制构件的水平、垂直及标高，待均调整到误差范围内后将螺栓紧固到设计要求，并非所有螺栓都需要拧紧，活动支座拧紧后会影响节点的活动性，因此将螺栓拧紧到设计要求即可。

4）外挂墙板的校核与偏差调整应按以下要求：

①预制外挂墙板侧面中线及板面垂直度的校核，应以中线为主调整。

②预制外挂墙板上下校正时，应以竖缝为主调整。

③墙板接缝应以满足外墙面平整为主，内墙面不平或翘曲时，可在内装饰或内保温层内调整。

④预制外挂墙板山墙阳角与相邻板的校正，以阳角为基准调整。

⑤预制外挂墙板拼缝平整的校核，应以楼地面水平线为准调整。

（4）外挂墙板安装过程的注意事项

1）外挂墙板安装就位后应对连接节点进行检查验收，隐藏在墙内的连接点必须在施工过程中及时做好隐检记录。

2）外挂墙板均为独立自承重构件，应保证板缝四周为弹性密封构造，安装时，严禁在板缝中放置硬质垫块，避免外挂墙板通过垫块传力造成节点连接破坏。

3）节点连接处露明钢件均应做防腐处理，对于焊接处镀锌层破坏部位必须涂刷三道防腐涂料防腐，有防火要求的钢件应采用防火涂料喷涂处理。

112. 如何进行PC楼梯安装？

预制楼梯在装配式建筑中应用比较广泛。楼梯安装后可以直接作为施工用临时通道，大大地方便后续施工。

楼梯吊装工艺流程如图7-43所示：

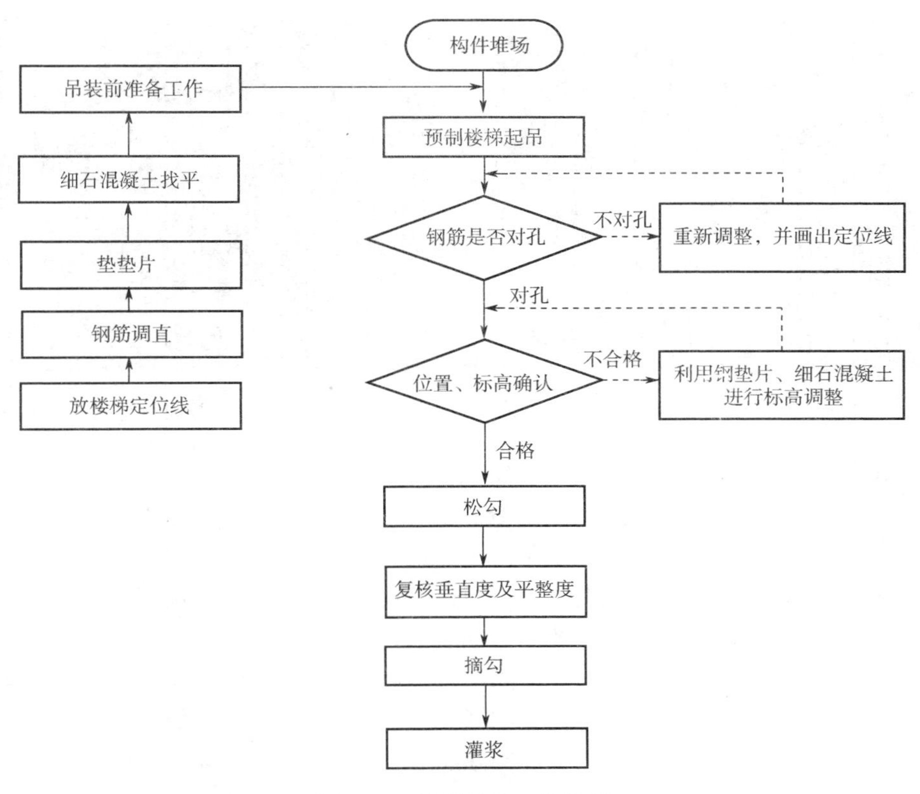

图 7-43　楼梯吊装工艺流程

（1）施工前准备工作

1）在楼梯安装施工前首先要仔细阅读图样，按图样要求编制安装方案。

2）对施工人员及质检人员进行技术交底。

3）作业前准备好施工工具及辅助材料。

4）楼梯的上端通常为铰支座或固定支座，楼梯的下端通常为滑动支座。确定好楼梯上下端的支座形式。如果设计要求是滑动支座，用金属垫片等垫平即可，如果不是滑动支座，可用细石混凝土找平后固定。

5）根据施工图样，在上下楼梯休息平台板上分别放出楼梯定位线，如图 7-44 所示；同时在梯梁面两端放置找平钢垫片或者硬质塑料垫片，垫片的顶端标高要符合图样要求（垫片厚度通常为：3mm、5mm、8mm、10mm、15mm、20mm）

6）在固定支座端，铺设细石混凝土找平层（通常为长 1200mm，宽 200mm 的楼梯踏步面的尺寸），细石混凝土顶端标高高于垫片顶端标高 5 ~ 10mm，确保楼梯就位后与找平层结合密实，如图 7-45 所示。

另一种方法是楼梯垫平就位后，将楼梯与楼梯梁之间的缝隙，外侧用干硬性砂浆封堵后，用自流平细石混凝土灌封。

7）如果有预留插筋的，检查竖向连接钢筋，针对偏位钢筋进行校正。

图 7-44　放出楼梯定位线

图 7-45　垫块及细石混凝土找平

（2）吊装作业

1）作业人员通常配置 2 名信号工，构件起吊处 1 名，吊装楼层上 1 名，楼梯吊装时配备 1 名挂钩人员，楼层上配备 2 名安放及固定楼梯人员。

2）用吊钩及长短绳索吊装预制楼梯，保证楼梯的起吊角度与就位后的角度一致。为了角度可调也可用两个手拉葫芦代替下侧两根钢丝绳。

3）由质量负责人核对楼梯型号、尺寸，进行质量检查。确认无误后，进行安装。

4）司索工将楼梯挂好锁住，待挂钩人员撤离至安全区域后，由信号工确认构件四周安全情况，指挥缓慢起吊，起吊到距离地面 600mm 左右，确定安全后，继续起吊，如图 7-46 所示。

5）待楼梯下放至距楼面 600mm 处，由专业操作工人稳住预制楼梯，根据水平控制线缓慢下放楼梯，如有预留插筋，应注意将插筋与楼梯的预留孔洞对准后，将楼梯安装就位，如图 7-47 所示。

图 7-46　预制楼梯起吊

图 7-47　预制楼梯就位

6）楼梯就位后，安装预制楼梯与墙体之间的连接件，将楼梯固定。当采用螺栓连接对楼梯固定时，要根据设计要求控制螺栓的拧紧力。

7）安装踏步防护板及临时护栏。

113. 如何进行 PC 阳台板、空调板、挑檐板、遮阳板安装？

PC 阳台板、空调板、挑檐板、遮阳板等构件属于装配式建筑非结构构件，并且都是悬挑构件。其中，阳台板和挑檐板属叠合板类构件，有叠合层与主体结构连接；空调板和遮阳板是非叠合板类构件，靠外露钢筋与主体结构锚固在一起。该类构件的安装需要注意以下几个问题：

1）安装前需对安装时的临时支撑做好专项方案，确保安装临时支撑安全可靠。

2）保证外露钢筋与后浇节点的锚固质量。

3）拆除临时支撑前要保证现浇混凝土强度达到设计要求。

4）施工过程中，严禁在悬挑构件上放置重物。

阳台板和挑檐板的安装类似，下面以阳台板为例介绍一下安装过程，如图 7-48 所示：

图 7-48　PC 阳台吊装

1）阳台属于具有造型的构件，所以验收标准要高，避免因为构件尺寸问题而影响后期成型效果。对于偏差尺寸较大的构件进行返厂处理。

2）阳台属于悬挑构件，故支撑体系的搭设要严格按施工方案要求进行。支撑间距不宜小于 1.2m。吊装前调节至设计标高。

3）预制阳台一般为四个吊点，且根据设计使用不同的吊具进行吊装，有万向旋转吊环配预埋螺母和鸭嘴口配吊钉两种形式，如图 7-49 所示。故吊装作业前必须检查吊具、吊索是否安全，待检查无误后方可进行吊装作业。

4）预制阳台安装时必须按照设计要求，保证伸进支座的长度，待初步安装就位后，需要用线锤检查是否与下层阳台位置一致。

5）待阳台就位后，将阳台的外露钢筋与墙体的外露主筋焊接加固，避免在后浇混凝土时阳台移位。

6）复查阳台位置无误后，方可摘除吊具。

空调板与遮阳板构件体积相对较小，靠钢筋的锚固固定构件。吊装时需要注意以下几点：

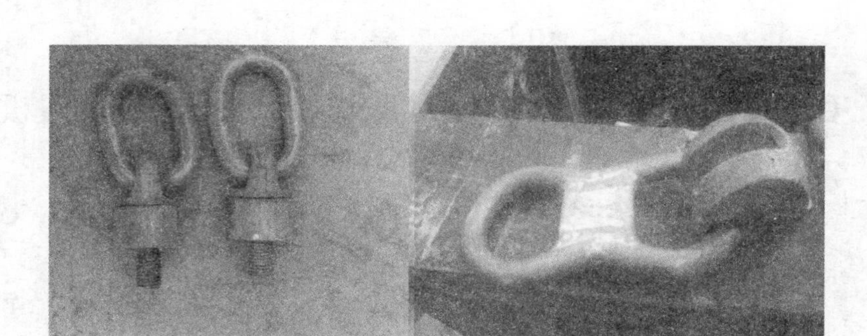

图 7-49　万向旋转吊环和鸭嘴口吊具

1）严格检查外露钢筋的长度、直径是否符合图样要求。

2）外露钢筋要与主体结构的钢筋焊接牢固，保证后浇混凝土时不至预制板移位。

3）确保支撑架体稳定可靠，应做专项方案。

4）吊装前将架体顶端标高调整至设计要求后方可进行安装。

114. 如何进行 PC 整体飘窗安装？

飘窗在竖向构件中相对特殊一些，窗口外侧有向外凸出部分，造成了飘窗整体起吊时不易平衡。在施工安装过程中需要注意以下几点：

1）如果窗户已经安装好，就需要对窗户做好保护措施，比如在窗框表面套上塑料保护套（考虑到玻璃在施工过程中易碎，且较难保护，因此不建议在墙体出厂时将玻璃安装好）。

2）飘窗运到施工现场存储时要制定好存储方案，一般会采取平放或者立放两种形式，平放时在起吊前需要翻转，立放时需要采取墙体面斜支、凸出面下侧顶支的形式，以确保飘窗稳定，如图 7-50 所示。

3）飘窗在起吊时，由于预制构件有外凸部分（通常≤500mm），导致起吊后墙体不垂直，有一定的倾斜，但是角度并不大，如图 7-51 所示，对吊装施工并不会造成非常严重的影响。构件起吊后在竖直方向上，由于构件高度一般在 3000mm 左右；所以虽然倾斜角度较小，但整体偏差尺寸较大，视觉冲击较大；在水平方向上，两排套筒间距在 150mm 左右，尺寸偏差很小，只有 10～20mm，因此对套筒与钢筋对准不会有太大影响。

图 7-50　飘窗

图 7-51　飘窗安装

4）需要注意的是，吊装过程中，下一层飘窗突出部位最前端两侧要加塑料垫块，通常使用20～30mm的垫片，两侧各放一块，避免下落过程中飘窗下端面前端与下层飘窗上端面前端磕碰，同时保证在飘窗就位后使整体向内少量倾斜。这样，在调整飘窗垂直度的时候斜支撑调长外顶，要比调短内拉更好，避免将地脚预埋件拉出。

5）在调整飘窗垂直度前，用撬棍配合将前端塑料垫块取出。

6）飘窗在现场竖直存放时要注意，在凸起部位下面加支撑或者垫块，使之保持平衡稳定。

除了以上6点需要注意外，飘窗的安装工艺步骤跟预制外墙板相同。

115. 如何进行全预制楼板，预应力空心板、预应力双T板安装？

全预制楼板，预应力空心板（图7-52）、预应力双T板（图7-53）与叠合楼板不同，没有从侧面及端部伸入支座的钢筋。用于全装配式混凝土建筑和装配整体式结构体系的建筑。

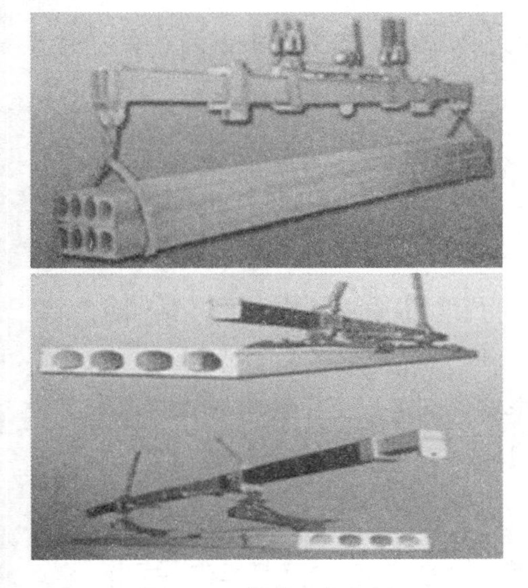

图7-52 预应力空心板

图7-53 预应力双T板

1）全预制楼板无叠合层时，可直接搭在支座上，不需要搭设支撑体系。

2）全预制楼板有叠合层时，可直接搭在支座上，也可搭在支撑体系上。

对于该类全预制楼板的安装步骤有一定的共性，如下：

1）吊装前要根据设计要求做好施工方案，并对相关质检人员及技术人员进行技术交底。

2）构件吊装前的准备工作。构件在吊装前，做好全面仔细的检查核实工作，检查构件的吊点是否符合吊装要求，规格型号是否正确。

3）吊装索具的检查。主要包括吊装索具的连接及设置等。

4）试吊。试吊前应进行技术交底，吊装技术负责人对各监察岗位要点及主要内容详细阐述。

5）吊装、就位。构件吊装时，由指挥员负责统一指挥，指挥人员应位于操作人员视力能及的地点，并能清楚地看到吊装的全过程。起重机驾驶人员必须熟悉信号，并按指挥人员的各种信号进行操作。指挥信号应事先统一规定，发出的信号要鲜明、准确，并用哨声信号指挥正式起吊。

6）构件整体距离底座600mm时停止，并作进一步检查，各岗位应汇报情况是否正常后继续起吊。

图7-54　双T板工程实例

7）吊装过程应时刻注意平衡构件的倾斜度，通过控制起重机的提升速度，使构件平衡，保持水平状态，在吊装过程中起重机吊臂应有安全的吊装角度和吊装位置。

8）对于该类全预制楼板，通常采用两点吊装或专用吊具吊装，如图7-53所示。

9）双T板、预应力空心板在安装的时候需要注意连接方式须符合设计要求。

图7-54所示为一座全装配式结构，楼板采用的是双T板，未做吊顶，整体效果简洁流畅。

116. 如何进行后张法预应力构件的钢筋张拉作业与安装？

后张法预应力混凝土结构件就是预应力钢筋采用后张的混凝土结构件。张拉工艺如图7-55所示。

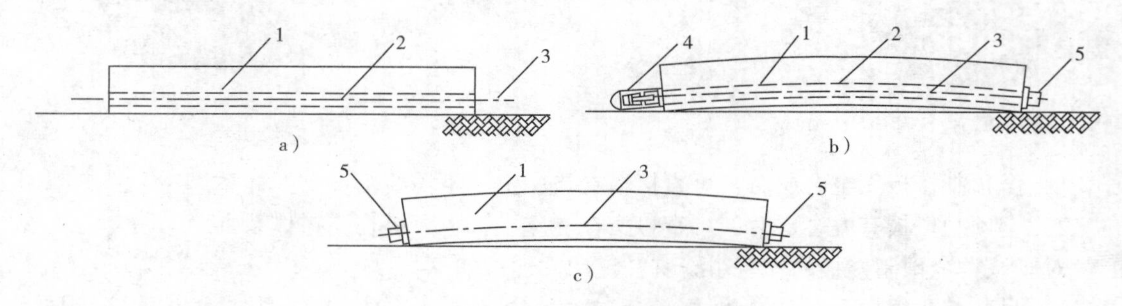

图7-55　预应力构件张拉示意图

a）预应力钢筋混凝土构件　b）预应力张拉　c）锚固及孔道灌浆

1—钢筋混凝土构件　2—预留孔道　3—预应力筋　4—千斤顶　5—锚具

后张法的预应力构件用于装配式建筑中，目前有两种，一种是大跨度梁采用后张法预应力施工，如图7-56所示；另一种是在小建筑屋面板采用后张法施工。小建筑屋面板是将多块带孔的屋面板用后张预应力的方式组成一整块板，如图7-57所示。

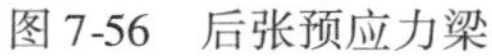

图 7-56　后张预应力梁

图 7-57　小建筑后张预应力屋面板

国家标准《混凝土结构工程施工规范》（GB 50666—2011）中对预应力工程钢筋张拉有如下规定：

1）预应力筋张拉前，应进行下列准备工作：

①计算张拉力和张拉伸长值，根据张拉设备标定结果确定油泵压力表读数。

②搭设安全可靠的张拉作业平台。

③清理锚垫板和张拉端预应力筋，检查锚垫板后混凝土的密实性。

2）预应力筋张拉设备及油压表应定期维护和标定。张拉设备和油压表应配套标定和使用，标定期限不应超过半年。当使用过程中出现反常现象或张拉设备检修后，应重新标定。

3）施加预应力时，同条件养护的混凝土立方体抗压强度应符合设计要求，并应符合下列规定：

①不应低于设计强度等级值的 75%，先张法预应力筋放张时不应低于 30MPa。

②不应低于锚具供应商提供的产品技术手册要求的混凝土最低强度要求。

③对后张法预应力梁和板，现浇结构混凝土的龄期分别不宜小于 7d 和 5d。

4）预应力筋的张拉控制应力应符合设计及专项施工方案的要求。当施工中需要超张拉时，调整后的张拉控制应力 σ_{con} 应符合下列规定：

①消除应力钢丝、钢绞线

$$\sigma_{con} \leqslant 0.80 f_{ptk} \tag{7-1}$$

②中强度预应力钢丝

$$\sigma_{con} \leqslant 0.75 f_{ptk} \tag{7-2}$$

③预应力螺纹钢筋

$$\sigma_{con} \leqslant 0.85 f_{pyk} \tag{7-3}$$

式中　σ_{con}——预应力筋张拉控制应力；

f_{ptk}——预应力筋强度标准值；

f_{pyk}——预应力筋屈服强度标准值。

5）采用应力控制方法张拉时，应校核张拉力下预应力筋伸长值。实测伸长值与计算伸长值的偏差不应超过±6%，否则应查明原因并采取措施后再张拉。必要时，宜进行现场孔道摩擦系数测定，并可根据实测结果调整张拉控制力。

6）预应力筋的张拉顺序应符合设计要求，并应符合下列规定：

①张拉顺序应根据结构受力特点、施工方便及操作安全等因素确定。

②预应力筋张拉宜符合均匀、对称的原则。

③对现浇预应力混凝土楼盖，宜先张拉楼板、次梁的预应力筋，后张拉主梁的预应力筋。

④对预制屋架等平卧叠浇构件，应从上而下逐榀张拉。

6）预应力筋应根据设计和专项施工方案的要求采用一端或两端张拉。采用两端张拉时，宜两端同时张拉，也可一端先张拉，另一端补张拉。当设计无具体要求时，应符合下列规定：

①有粘结预应力筋长度不大于20m时可一端张拉，大于20m时宜两端张拉；预应力筋为直线形时，一端张拉的长度可延长至35m。

②无粘结预应力筋长度不大于40m时可一端张拉，大于40m时宜两端张拉。

7）有粘结预应力筋应整束张拉；对直线形或平行编排的有粘结预应力钢绞线束，当各根钢绞线不受叠压影响时，也可逐根张拉。

8）预应力筋张拉时，应从零拉力加载至初拉力后，量测伸长值初读数，再以均匀速率加载至张拉控制力。对塑料波纹管成孔管道，达到张拉控制力后，宜持荷2~5min。初拉力宜为张拉控制力的10%~20%。

9）预应力筋张拉中应避免预应力筋断裂或滑脱。当发生断裂或滑脱时，应符合下列规定：

①对后张法预应力结构构件，断裂或滑脱的数量严禁超过同一截面预应力筋总根数的3%，且每束钢丝不得超过一根；对多跨双向连续板，其同一截面应按每跨计算。

②对先张法预应力构件，在浇筑混凝土前发生断裂或滑脱的预应力筋必须予以更换。

10）锚固阶段张拉端预应力筋的内缩量应符合设计要求。当设计无具体要求时，应符合表7-1的规定。

表7-1　张拉端预应力筋的内缩量限值

锚具类别		内缩量限值/mm
支承式锚具（螺母锚具、镦头锚具等）	螺帽缝隙	1
	每块后加垫板的缝隙	1
夹片式锚具	有顶压	5
	无顶压	8~10

11）后张法预应力筋张拉锚固后，如遇特殊情况需卸锚时，应采用专门的设备和工具。

12）预应力筋张拉或放张时，应采取有效的安全防护措施，预应力筋两端正前方不得站人或穿越。

13）预应力筋张拉或放张时，应对张拉力、压力表读数、张拉伸长值及异常情况等做出详细记录。

117. 如何进行二维构件、三维构件、造型复杂的异形构件、超长构件、超大构件的安装？

飘窗是典型的二维构件，如图7-50所示，柱头带一字梁的构件也是二维构件，如图

7-58所示；柱头带十字梁的构件是典型的三维构件，如图 7-59 所示；造型复杂的构件如曲面版，如图 7-60 所示；如跨层柱及跨层墙板属于超长超大构件，如图 7-61 所示。

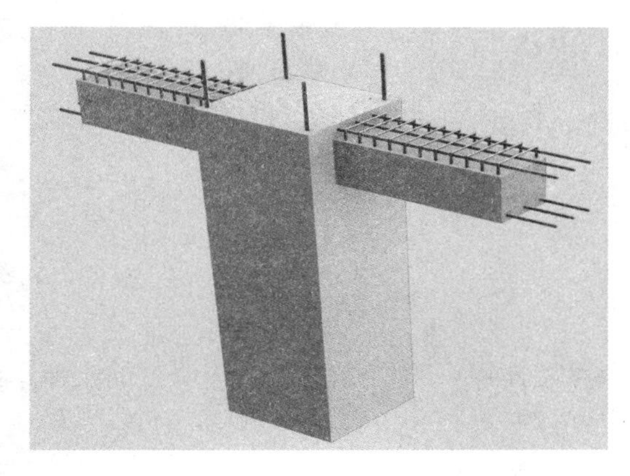

图 7-58　二维构件

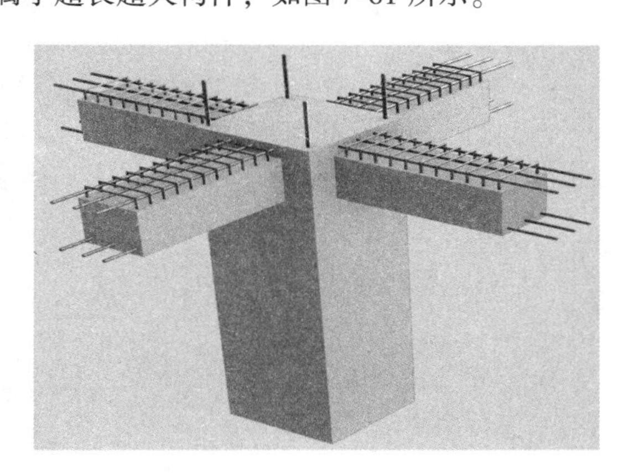

图 7-59　三维构件

图 7-60　曲面板

图 7-61　跨层墙板

对于该类构件吊装的工艺及工序可参照水平构件及竖向构件的相关要求，同时需要注意以下几点：

1）构件的吊点位置，支撑方案，支撑点以及防止运输过程中损坏的拉接方案等均应由设计单位给出，如果设计未明确，施工企业应会同构件制作企业一起做出方案，报监理审核批准后方可制定方案施工。

2）根据具体情况制定专项吊装方案，并且要经过反复论证确保吊装安全、吊装精度及吊装质量。

3）二、三维构件及造型复杂的构件在确定吊点的时候要经过严格的计算来保证起吊的时候保持构件平衡。如果吊点位置受限，需要设计专用吊具。

4）造型复杂的构件重心偏移，造成倾覆的可能性较大，因此，在没有连接牢固前要通过支撑及拉拽的方式将其固定住。

5）异形预制构件在安装时，如果下面需要用垫片调整标高，调整垫片不宜超过 3 点。如果是超大构件（尤其是重量较大的构件）要使用钢垫片取代塑料垫片。

6）该类构件在就位后要及时固定，而且要充分考虑到所有自由度的约束，同时保证所有加固点牢固可靠。

7）超长超大构件本身容易产生挠度，如果是梁、板构件就需要下端支撑，要严格按照事先制定好的方案搭设，并且在吊装好后做好警示，严禁在其上面放置不明或过重荷载。

8）细长的柱类构件容易造成折断，在翻转、吊立的过程中要避免急速。

9）超长、超大构件在吊装前要对作业区域进行清理，保证构件吊装过程中在作业范围内不会有异物阻挡。

118. 如何进行焊接连接？

全装配式结构构件和装配整体式的非结构构件的连接可采用焊接。外挂墙板的支座节点的制作可用焊接。

焊接连接通常用于如下情况的预制混凝土构件的连接：

1）预制楼梯固定结点的连接。

2）单层装配式混凝土结构厂房的起重机梁和屋顶预制混凝土桁架与柱子的连接。

3）钢结构与 PC 构件之间的连接。

4）PC 外挂墙板与现浇梁、柱或者预制梁、柱之间的连接。

用于焊接连接的预埋件锚固焊缝标准，须符合国家标准《混凝土结构设计规范》（GB 50010—2010）中关于预埋件及连接件的规定、《钢结构设计规范》（GB 50017—2003）及《钢结构焊接规范》（GB 50661—2011）中的有关规定。

1）焊条、焊丝、焊剂、电渣焊熔嘴等焊接材料与母材的匹配应符合设计要求及国家现行行业标准的规定。焊条、焊剂、药芯焊丝、熔嘴等在使用前，应按其产品说明书及焊接工艺文件的规定进行烘焙和存放。

2）焊工必须经考试合格并取得合格证书。持证焊工必须在其考试合格项目及其认可范围内施焊。

3）施工单位对其首次采用的钢材、焊接材料、焊接方法、焊后热处理等，应进行焊接工艺评定，并应根据评定报告确定焊接工艺。

4）设计要求全焊透的一、二级焊缝应采用超声波探伤进行内部缺陷的检验，超声波探伤不能对缺陷做出判断时，应采用射线探伤，其内部缺陷分级及探伤方法应符合现行国家标准《焊缝无损检测超声检测技术、检测等级和评定》（GB/T 11345—2013）或《金属熔化焊焊接接头射线照相》（GB/T 3323—2005）的规定。

5）焊缝表面不得有裂纹、焊瘤等缺陷。一级、二级焊缝不得有表面气孔、夹渣、弧坑裂纹、电弧擦伤等缺陷。且一级焊缝不许有咬边、未焊满、根部收缩等缺陷。

6）对于需要进行焊前预热或焊后热处理的焊缝，其预热温度或后热温度应符国家现行有关标准的规定或通过工艺试验确定。预热区在焊道两侧，每侧宽度均应大于焊件厚度的 1.5 倍，且不应小于 100mm；后热处理应在焊后立即进行，保温时间应根据板厚按每 25mm 板厚 1h 确定。

7）三级对接缝应按二级焊缝标准进行外观质量检验。二级、三级焊缝质量标准应符合表 7-2 的规定：

表 7-2　二级、三级焊缝质量标准

项　　目	允许偏差/mm	
缺陷类型	二级	三级
未焊满（指不足设计要求）	≤0.2+0.02t，且≤1.0	≤0.2+0.04t，且≤2.0
根部收缩	每 100.0 焊缝内缺陷总长≤25.0	
咬边	≤0.2+0.02t，且≤1.0	≤0.2+0.04t，且≤2.0
弧坑裂纹	长度不限	
电弧擦伤	≤0.05t，且≤0.5；连续长度≤100.0，且焊缝两侧咬边总长≤10%焊缝全长	≤0.1t 且≤1.0，长度不限
		允许存在个别长度≤5.0 的弧坑裂纹
		允许存在个别电弧擦伤
接头不良	缺口深度 0.05t，且≤0.5	缺口深度 0.1t，且≤1.0
	每 1000.0 焊缝不应超过 1 处	
表面夹渣		深≤0.2t 长≤0.5t，且≤2.0
表面气孔		每 50.0 焊缝长度内允许直径≤0.4t，且≤3.0 的气孔 2 个，孔距≥6 倍孔径

注：表内 t 为连接处较薄的板厚。

8）焊缝尺寸允许偏差应符合表 7-3 的规定：

表 7-3　焊缝尺寸偏差

序　　号	项　　目	允许偏差/mm	
		一级、二级	三级
1	对接焊缝余高 B	B<20:0~3.0 B≥20:0~4.0	B<20:0~4.0 B≥20:0~5.0
2	对接焊错边 d	d>0.15t， 且≤2.0	d<0.15t， 且≤3.0

9）焊出凹形的角焊缝，焊缝金属与母材间应平缓过渡；加工成凹形的角焊缝，不得在其表面留下切痕。

10）焊缝感观应达到外形均匀、成型较好，焊道与焊道、焊道与基本金属间过渡较平滑，焊渣和飞溅物基本清除干净。

11）焊接前需将就位后的预制混凝土构件的垂直、水平调整至误差允许范围内，并且固定牢固后方可进行焊接，以确保焊接后构件位置准确。

12）经过相关质检人员检验允许后才能拆除临时支撑。

13）焊接连接防锈蚀要保证规范要求，避免使用不当的防锈漆。防锈蚀作业需要按如下规定进行：

①涂装前钢材表面除锈应符合设计要求和国家现行有关标准和规定。处理后的钢材表面不应有焊渣、焊疤、灰尘、油污、水和毛刺等。当设计无要求时，钢材表面除锈等级应符合表表 7-4 的规定。

表 7-4　各种底漆或防锈漆要求最低的除锈等级

涂料品种	除锈等级
油性酚醛、醇酸等底漆或防锈漆	St2
高氯化聚乙烯、氯化橡胶、氯磺化聚乙烯、环氧树脂、聚氨酯等底漆或防锈漆	Sa2
无机富锌、有机硅、过氯乙烯等底漆	Sa2 $\frac{1}{2}$

②漆料、涂装遍数、涂层厚度均应符合设计要求。当设计对涂层厚度无要求时，涂层干漆膜总厚度：室外应为 150μm，室内应为 125μm，其允许偏差 -25μm。每遍涂层干漆膜厚度的允许偏差 -5μm。

119. 如何进行螺栓连接？

在装配整体式混凝土结构中，螺栓连接仅用于外挂墙板和楼梯等非主体结构构件的连接。

1）外挂墙板的安装节点大都是螺栓连接。

2）楼梯与主体结构的连接方式之一是螺栓连接。

3）型钢混凝土剪力墙采用螺栓连接。

在全装配式混凝土结构中，螺栓连接可用于主体结构。

进行螺栓连接作业一般需要注意以下几点：

1）预埋件位置准确，保证在误差允许范围内。通常情况下，采用螺栓连接的构件都需要多个螺栓，个别螺栓的位置不准会影响整体安装，因此，必须保证任何一个预埋件位置的准确性。

2）螺栓紧固前需将就位后的预制混凝土构件的垂直、水平调整至误差允许范围内，并且固定牢固后方可进行螺栓紧固，以确保紧固后构件位置准确。同时需要注意，并非所有螺栓都需要达到最大预紧力，预紧力的大小要根据设计要求，在施工过程中往往会忽视此问题。

3）如果单个预制构件上有多个需要紧固时，宜采用多次逐步达到预紧力的方式，这样可以保证紧固后的构件内应力最小。

4）要确保预埋螺栓的垂直度，符合规范要求，否则会影响连接强度，同时对安装造成很大影响。

5）预埋螺栓在使用前要保护好螺纹不受损坏，一般采取胶带缠绕保护或者塑料套筒保护等方式。

6）预制构件的螺栓连接应符合《钢结构设计规范》（GB 50017—2003）中关于紧固件连接的规定、《混凝土结构设计规范》（GB 50010—2010）中关于预埋件及连接件的规定、现行行业标准《钢结构高强度螺栓连接技术规程》（JGJ 82—2011）的规定进行操作。

①每一杆件在节点上以及拼接接头的一端，永久性的螺栓数不宜少于两个。对组合构件的缀条，其端部连接可采用一个螺栓。

②高强度螺栓孔应采用钻成孔。摩擦型高强度螺栓的孔径比螺栓公称直径 d 大 1.5 ~ 2.0mm；承压型高强度螺栓的孔径比螺栓公称直径 d 大 1.0 ~ 1.5mm。

③在高强度螺栓连接范围内，构件接触面的处理方法应在施工图中说明。

④螺栓的距离应符合表 7-5 的要求。

表 7-5　螺栓或铆钉的最大、最小容许距离

<table>
<tr><th>名　称</th><th colspan="3">位置和方向</th><th>最大容许距离
（取两者的较小值）</th><th>最小容许距离</th></tr>
<tr><td rowspan="3">中间间距</td><td rowspan="3">任意方向</td><td colspan="2">外排</td><td>8do 或 12t</td><td rowspan="3">3do</td></tr>
<tr><td rowspan="2">中间排</td><td>构件受压力</td><td>12do 或 18t</td></tr>
<tr><td>构件受拉力</td><td>16do 或 24t</td></tr>
<tr><td rowspan="4">中间至
构件边
缘距离</td><td colspan="3">顺内力方向</td><td rowspan="4">4do 或 8t</td><td>2do</td></tr>
<tr><td rowspan="3">垂直内力方向</td><td colspan="2">切割边</td><td rowspan="2">1.5do</td></tr>
<tr><td rowspan="2">轧制边</td><td>高强度螺栓</td></tr>
<tr><td>其他螺栓或铆钉</td><td>1.2do</td></tr>
</table>

注：1. do 为螺栓或铆钉的孔径，t 为外层较薄板件的厚度。

2. 钢板边缘与刚性构件（如角钢、槽钢等）相连的螺栓或铆钉的最大间距，可按中间排的数值采用。

7）对直接承受动力荷载的普通螺栓连接应采用双螺帽或其他能防止螺帽松动的有效措施。

8）受力预埋件的锚板宜采用 Q235、Q345 级钢，锚板厚度应根据受力情况计算确定，且不宜小于锚筋直径的 0.6 倍。受拉和受弯预埋件的锚板厚度尚宜大于 $b/8$，b 为锚筋的间距。受力预埋件的锚筋应采用 HRB400 或 HPB300 钢筋，不应采用冷加工钢筋。直锚筋与锚板应采用 T 形焊接。当锚筋直径不大于 20mm 时宜采用压力埋弧焊；当锚筋直径大于 20mm 时宜采用穿孔塞焊。当采用手工焊时，焊缝高度不宜小于 6mm 和 0.5d（HPB300 级钢筋）或 0.6d（HRB400 级钢筋），d 为锚筋的直径。

9）由锚板和对称配置的直锚筋所组成的受力预埋件（图 7-62），其锚筋的总截面面积应符合设计要求。

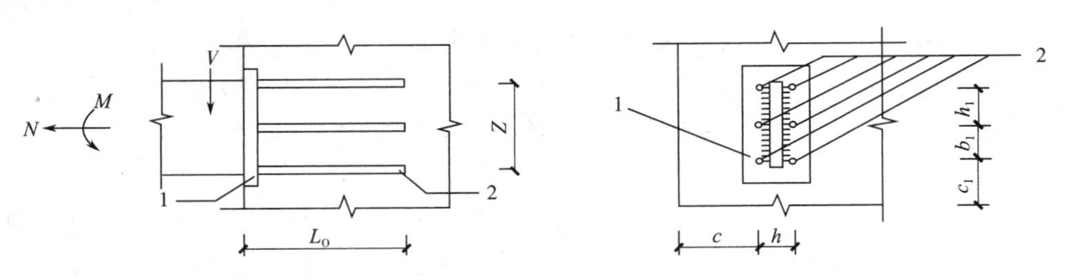

图 7-62　由锚板和直锚筋组成的预埋件

1—锚板　2—直锚筋

10）由锚板和对称配置的弯折锚筋共同承受剪力的预埋件（图 7-63），其弯折锚筋的截面面积应符合设计要求。

11）由锚板和弯折锚筋及直锚筋组成的预埋件。

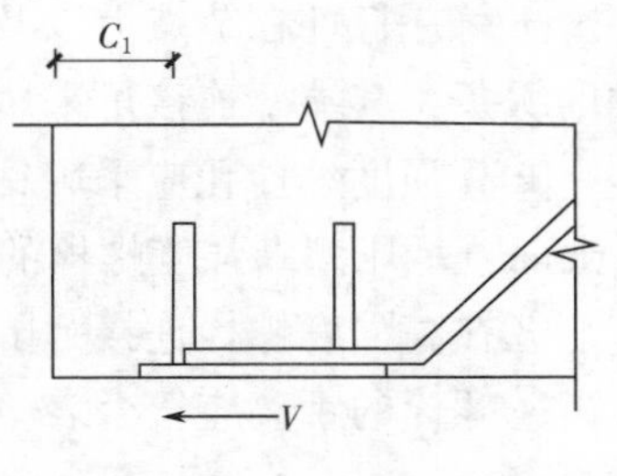

图 7-63　由锚板和弯折锚筋及直锚筋组成的预埋件

①预埋件锚筋中心至锚板边缘的距离不应小于 $2d$ 和 20mm。预埋件的位置应使锚筋位于构件的外层主筋的内侧。

②预埋件的受力直锚筋直径不宜小于 8mm，且不宜大于 25mm。数量不宜少于 4 根，且不宜多于 4 层；受剪预埋件的直锚筋可采用 2 根。

③对受拉和受弯预埋件，其锚筋的间距 b、b_1 和锚筋至构件边缘的距离 c、c_1，均不应小于 $3d$ 和 45mm。

④对受剪预埋件，其锚筋的间距 b 及 b_1 不应大于 300mm，且 b_1 不应小于 $6d$ 和 70mm；锚筋至构件边缘的距离 c_1 不应小于 $6d$ 和 70mm，b、c 均不应小于 $3d$ 和 45mm。

⑤受拉直锚筋和弯折锚筋的锚固长度不应小于《混凝土结构设计规范》（GB 50010—2010）第 8.3.1 条规定的受拉钢筋锚固长度；当锚筋采用 HPB300 级钢筋时末端还应有弯钩。当无法满足锚固长度的要求时，应采取其他有效的锚固措施。受剪和受压直锚筋的锚固长度不应小于 $15d$，d 为锚筋的直径。

⑥预制构件宜采用内埋式螺母、内埋式吊杆或预留吊装孔，并采用配套的专用吊具实现吊装，也可采用吊环吊装。内埋式螺母或内埋式吊杆须符合设计要求，满足起吊方便和吊装安全的要求。专用内埋式螺母或内埋式吊杆及配套的吊具，应根据相应的产品标准和应用技术规定选用。

12）螺栓安装。

①相同直径的螺栓其螺纹部分的长度是固定的，其值为螺母厚度加 5 ~ 6 扣螺纹。使用过长的螺栓将浪费钢材，增加不必要的费用，并给高强度螺栓施拧时带来困难，有可能出现拧到头的情况。螺栓太短的会使螺母受力不均匀。

②构件安装时，应用冲钉来对准连接节点各板层的孔位。应用临时螺栓和冲钉是确保安装精度的必要措施。

③螺纹损伤及沾染赃物的高强度螺栓连接副其扭矩系数将会大幅度变大，在同样终拧扭矩下达不到螺栓设计预拉力，直接影响连接的安全性。用高强度螺栓兼作临时螺栓，由于该螺栓从开始使用到终拧完成相隔时间较长，在这段时间内因环境等各种因素的影响（如下雨等），其扭矩系数将会发生变化，特别是螺纹损伤概率极大，会严重影响高强度螺栓终拧预拉力的准确性，因此，本条规定高强度螺栓不能兼作临时螺栓。

④为保证大六角头高强度螺栓的扭矩系数和扭剪型高强度螺栓的轴力，螺栓、螺母、垫圈经表面处理出厂时，按批配套装箱供应。因此要求使用的螺栓应保持其原始出厂状态。

⑤对于大六角头高强度螺栓连接副，垫圈设置内倒角是为了与螺栓头下的过渡圆弧相配合，因此在安装时垫圈倒三角的一侧必须朝向螺栓头，否则螺栓头就不能很好与垫圈密贴，影响螺栓的受力性能。对于螺母一侧的垫圈，因倒三角表面平整、光滑，拧紧时扭矩系数较小，且离散率也较小，所以垫圈有倒角一侧应朝向螺母。

⑥强行穿入螺栓，必然损伤螺纹，影响扭矩系数从而达不到设计预拉力。气割扩孔的

随意性大，切割面粗糙，严禁使用。修整后孔的最大直径和修孔数量作强制性规定是必要的。

⑦过大孔，对构件截面局部削弱，且减少摩擦接触面，与原设计不一致，需经设计核算。

⑧大六角头高强度螺栓，采用扭矩法施工时，影响预拉力因素除扭矩系数外，就是拧紧机具及扭矩值，所以规定了施拧用的扭矩扳手和矫正扳手的误差。

⑨高强度螺栓连接副在拧紧后会产生预拉力损失，为保证连接副在工作阶段达到设计预拉力，为此在施拧时必须考虑预拉力损失值，施工预拉力比设计预拉力增加10%。

⑩由于连接处钢板不平整，致使先拧与后拧的高强度螺栓预拉力有很大的差别，为克服这一现象，提高拧紧预拉力的精度，使各螺栓受力均匀，高强度螺栓的拧紧应分为初拧和终拧。当单排（列）螺栓个数超过15个时，可认为是属于大型接头，需要进行复拧。

⑪扭剪型高强度螺栓连接副不进行扭矩系数检验，其初拧（复拧）扭矩值参照大六角头高强度螺栓连接副扭矩系数的平均值（0.13）确定。

⑫螺栓群由中央顺序向外拧紧，使高强度螺栓连接处板层能更好密贴。

高强度螺栓连接副在工厂制造时，虽经表面防锈处理，有一定的防锈能力，但远不能满足长期使用的防锈要求，故在高强度螺栓连接处，不仅要对钢板进行涂漆防锈，对高强度螺栓连接副也应按照设计要求进行涂漆防锈、防火。

120. 水平构件临时支撑作业须注意什么？

在装配式建筑中水平构件用量较大，其中包括楼板（叠合楼板、双T板、SP板等）、楼梯、阳台板、空调板、遮阳板、挑檐板等。很多地方在装配式发展的初期阶段，大多建筑从使用水平构件开始入手。水平构件在施工过程中会承受较大的临时荷载，因此，此类构件的临时支撑就显得非常重要。

水平构件中，楼面板占比最大，目前，对楼面板的水平临时支撑有两种方式，一种是采用传统满堂脚手架，这里不做详述；另一种是单顶支撑，目前，在装配式建筑中使用单顶支撑的较多，因其方便拆装，作业层整洁，调整标高快捷等优势受到很多施工单位的青睐。

下面以单顶支撑为例介绍一下搭设过程中需要注意的事项：

1）搭设水平构件临时支撑时，要严格按照设计图样的要求进行搭设。如果设计未明确相关要求，需施工单位会同设计单位、构件生产厂共同做好施工方案，报监理批准方可实施，并对相关人员做好安全技术交底。

2）要保证整个体系的稳定性。如果采用独立支撑，下面的三脚架必须搭设稳定，如果采用传统支撑架体，连接节点要保证牢固可靠。

3）单顶支撑的间距要严格控制，避免随意加大支撑间距。

4）要控制好独立支撑离墙体的距离。

5）单顶支撑标高非常关键，应按要求支设到位，确保水平构件安装到位后平整度能满足要求。

6）单顶支撑的标高和轴线定位需要控制好，防止叠合板搭设出现高低不平。

7）顶部U托内木方不可用变形、腐蚀、不平直的材料，且叠合板交接处的木方需要搭接。

8）支撑的立柱套管旋转螺母不允许使用开裂、变形的材料。

9）支撑的立柱套管不允许使用弯曲、变形和锈蚀的材料。

10）单顶支撑在搭设时的尺寸偏差要符合表7-6的规定。

表7-6　单顶支撑尺寸偏差

项　目		允许偏差/mm	检验方法
轴线位置		5	钢尺检查
层高垂直度	不大于5m	6	经纬仪或吊线、钢尺检查
	大于5m	8	经纬仪或吊线、钢尺检查
相邻两板表面高低差		2	钢尺检查
表面平整度		3	2m靠尺和塞尺检查

11）单顶支撑的质量标准应符合表7-7的规定。

表7-7　单顶支撑质量标准

项　目	要　求	抽检数量	检查方法
单顶支撑	应有产品质量合格证、质量检验报告	750根为一批，每批抽取1根	检查资料
	独立支撑钢管表面应平整光滑，不应有裂缝、结疤、分层、错位、硬弯、毛刺、压痕、深的划道及严重锈蚀等缺陷；严禁打孔	全数	目测
钢管外径及壁厚	外径允许偏差±0.5mm；壁厚允许偏差±0.36mm	3%	游标卡尺测量
扣件螺栓拧紧扭力矩	扣件螺栓拧紧扭力矩值不应小于40N·m，且不应大于65N·m		

12）水平支撑搭设过程中的安全保障措施：

①单顶支撑体系搭设前需要对工人进行技术和安全交底。

②工人在搭设支撑体系的时候需要佩戴安全防护用品，包括安全帽、反光背心。

③搭设单顶支撑体系时需要按照专项施工方案进行，按照独立支撑平面布置图的纵横向间距进行搭设。

④单顶支撑体系搭设完成后，在浇筑混凝土前工长需要通知生产经理、技术总工、质量总监、安全总监、监理及劳务吊装人员参与叠合板、叠合梁的独立支撑验收，验收合格，方可进行楼板混凝土的浇筑；如果不合格，需要整改后再浇筑混凝土。

⑤浇筑混凝土前必须检查立柱下脚三脚架开叉角度是否相等，立柱上下是否对顶紧固、不晃动，立柱上端套管是否设置配套插销，独立支撑是否可靠。浇筑混凝土时必须由模板

支设班组设专人看模，随时检查支撑是否变形、松动，并组织及时恢复。

⑥搭设人员必须是通过考核的专业工人，必须持证上岗，不允许患高血压、心脏病的工人上岗。

⑦上下爬梯需要搭设稳固，要定期检查，发现问题及时整改。

⑧楼层周边临边防护、电梯井内、预留洞口封闭需要及时搭设。

⑨楼层内垃圾需要清理干净，独立支撑拆除后需要及时清理出去。

121. 竖向构件临时支撑作业须注意什么?

竖向构件一般为预制外墙板（图7-64）、预制柱、PCF板等。该类预制构件通常采用斜支撑固定，临时斜支撑的主要作用是为了避免预制剪力墙在灌浆料达到强度之前，出现倾覆的情况。

竖向构件临时支撑作业时需要注意以下几点：

1）固定竖向构件斜支撑地脚采用预埋的方式较好，将预埋件与楼板的钢筋网焊接牢固，避免混凝土斜支撑受力将预埋件拔出。如果采用膨胀螺栓固定斜支撑地脚，需要楼面混凝土强度达到20MPa以上，这样会大大地影响工期。

图7-64　预制外墙板斜支撑

2）特殊位置的斜支撑（支撑长度调整后与其他多数长度不一致）宜做好标记，转至上一层使用时可直接就位，会节约调整时间。

3）在竖向构件就位前宜先将斜支撑的一端固定在楼板上，待竖向构件就位后可马上抬起另一端，与构件连接固定。这样安排工序可提高效率。

4）对于支撑预制柱的情况，如果选择在预制柱的两个竖向面上支撑，应在相邻两个面上，不可选择相对的两面。

5）待竖向构件水平及垂直的尺寸调整好后，一定将斜支撑调节螺栓用力锁紧，避免在受到外力后发生松动，导致调好的尺寸发生改变。

6）在校正构件垂直度时，应同时调节两侧斜支撑，避免构件扭转，产生位移。

7）吊装前应检查斜支撑的拉伸及可调性，避免在施工作业中进行更换，不得使用脱扣或杆件锈损的斜支撑。

8）斜支撑与构件的夹角应在30°~45°之间，保证斜支撑合理的探出长度，便于施工及均匀受力。

9）如果采用在楼面预埋地脚埋件来固定斜支撑的一端，要注意预埋位置的准确性，浇筑混凝土时尽量避免将预埋件位置移动，万一发生移动，要及时调整。

10）在斜支撑两端未连接牢固前，不能使构件脱钩，以免构件倾倒。

122. 拆除临时支撑须注意什么？

后浇混凝土强度达到设计要求后方可拆除临时支撑，详见第4章45问。拆除临时支撑需注意以下问题：

1）需灌浆料和混凝土达到规定强度后方可拆除临时支撑，判断混凝土是否达到强度不能只根据时间判断，应该根据实际情况使用回弹仪检测混凝土强度，因为温度、湿度等外界条件对混凝土强度的影响很大。

2）拆除临时支撑前要对所支撑的构件进行观察，看是否有异常情况，确认彻底安全后方可拆除。

3）临时支撑拆除后，要码放整齐，以方便向上一层转运，同时保证安全文明施工。

4）同一部位的支撑最好放在同一位置，转运至上一层后放在相应位置，这样可以减少支撑的调整时间，加快进度。

123. 如何进行双面叠合剪力墙的安装？

双面叠合剪力墙是典型的免模板技术与预制技术的结合，该工法施工速度快、节省模板和支撑，建筑结构整体性好。国内装配式建筑行业较知名的企业，宝业集团和长沙远大对双面叠合剪力墙技术体系均有较深入的探索。该技术体系在房建（图7-65）及地下综合管廊（图7-66）中均有应用。

图7-65 双面叠合剪力墙在房建中的应用

图7-66 双面叠合剪力墙在管廊中的应用

辽宁地方标准《装规》对双面叠合剪力墙有如下规定：

（1）双面叠合剪力墙宜采用一字形；开洞叠合剪力墙洞口宜居中布置，洞口两侧的墙肢宽度，外墙不应小于500mm，内墙不应小于300mm，洞口上方连梁高度不宜小于400mm。

（2）合板式剪力墙截面厚度不应小于200mm，墙板预制部分厚度不应小于50mm；两片预制墙板的内表面应做成凹凸深度不小于4mm的粗糙面。

（3）双面叠合剪力墙的连梁不宜开洞。当需开洞时，洞口宜埋设套管，洞口上、下截面的有效高度不宜小于梁高的 1/3，且不宜小于 200mm；被洞口削弱的连梁截面应进行承载力验算，洞口处应配置补强纵向钢筋和箍筋，补强纵向钢筋直径不应小于 12mm。

（4）预制叠合墙板的宽度不宜大于 6m，高度不宜大于楼层高度。

（5）双面叠合剪力墙预制墙板内配置的桁架钢筋应满足下列要求：

1）桁架钢筋应沿竖向布置，中心间距不应大于 400mm，边距不应大于 200mm，且每块墙板至少设置 2 榀。

2）上弦钢筋直径不应小于 10mm，端部距墙板边缘不宜大于 50mm；下弦、斜向腹杆钢筋直径不应小于 6mm；斜向腹杆钢筋的配筋量尚不应低于现行行业标准《高层建筑混凝土结构技术规程》（JGJ 3—2010）中有关墙体拉筋的规定。

3）桁架钢筋的上、下弦钢筋可作为墙板的竖向分布筋考虑。

双面叠合剪力墙的安装过程如下：

（1）吊装流程

双面叠合剪力墙吊装流程如图 7-67 所示。

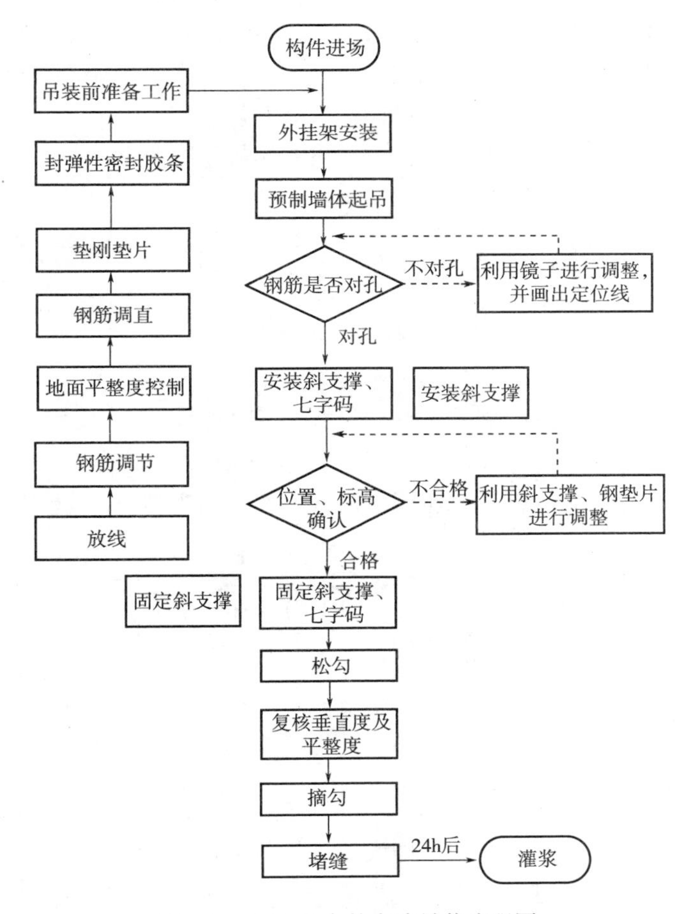

图 7-67 双面叠合剪力墙吊装流程图

（2）竖向墙体构件安装工艺

吊装墙板构件→安装斜撑→通过钢垫块调整墙体标高→通过斜撑调整墙体轴线及垂直

度（误差控制3mm内）→墙体节点及墙板与底板间连接钢筋绑扎→墙体后浇带支模→进入下道工序。

（3）抄平放线

利用挂线方式控制构件位置，利用预埋标高调整工装调整构件标高，控制线与位置线在安装垫块时已经放好，构件安装在该位置后仅需对其位置、标高进行校核，无误后可进行下一道工序。

（4）吊装竖向墙体构件

墙体构件起吊时应垂直平稳，下落至安装部位0.6m处缓停对位，安装人员扶正缓降构件至安放位置。

（5）墙体构件位置控制

构件安装就位后与预先弹放的控制线吻合。

（6）安装斜撑

1）墙体落稳后，标高、轴线复核完成后，安装固定斜撑。

2）双斜撑长杆位置设置于墙体2/3处，斜支撑水平间距为*L*/2，支撑距构件边缘距离约为*L*/4，每块墙板设置不少于2套支撑。

3）斜撑与墙体和底板连接时采用预埋套管及螺栓进行连接。

4）双斜撑支撑长杆及短杆均有调节器，可通过调节器调整构件，短杆调整墙体位置，长杆调整墙体垂直度，用检测仪器测量。

5）检查墙板相对位置，竖向标高位置确认及平整度、垂直度误差控制在3mm以内。

124. 如何进行圆孔板剪力墙安装？

预制圆孔剪力墙是在墙板中预留圆孔，即做成空心板。现场安装后，上下构件的竖向钢筋在圆孔内布置、搭接，然后在圆孔内浇筑微膨胀混凝土形成实心板，如图7-68所示。预制圆孔板剪力墙不需要套筒或浆锚连接，板的表面两面光洁。

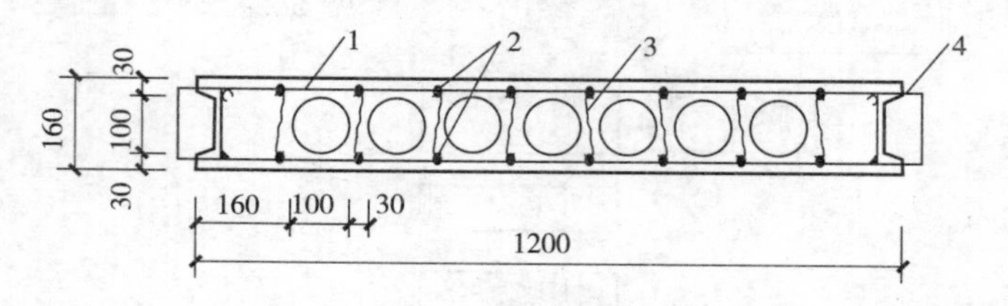

图7-68　预制圆孔板剪力墙连接示意图

1—横向箍筋　2—竖向分布钢筋　3—拉筋　4—贴模钢筋

北京市地方标准《装配式剪力墙结构设计规程》对圆孔剪力墙有如下规定：

（1）在施工过程中，楼层内相邻预制圆孔墙板之间的现浇段要求

1）现浇段的厚度应与预制圆孔墙板的厚度相同。

2）洞口两侧及纵横墙交接处边缘构件位置，现浇段的长度宜符合规定要求，其竖向钢筋配筋应满足受弯承载力要求及符合相同抗震等级现浇剪力墙结构构造边缘构件的规定。

3）非边缘构件位置现浇段的长度不宜小于200mm，其竖向钢筋的数量不应少于4根、直径不应小于10mm。

4）现浇段应配置箍筋，其直径不应小于6mm、间距不应大于200mm，箍筋应与预制圆孔墙板的贴模钢筋连接。

5）上下层现浇段的竖向钢筋应连续。

（2）上下层的连接

1）上层墙板的板腿与下层圈梁之间预留间隙的高度宜为10～20mm，且应采用坐浆填实，坐浆的立方体抗压强度宜高于墙板混凝土立方体抗压强度5MPa或以上。

2）墙板与圈梁之间板腿以外的其他部分，应采用现浇混凝土填实。

对于圆孔剪力墙的安装过程如下：

1）基层清理：清理墙板与楼顶面、地面、墙面的结合部，凡凸出墙面的砂浆、混凝土块等必须剔除并扫净，结合部找平。

2）放线、分档：在地面、墙面及顶面根据设计位置，弹好隔墙边线及门窗洞边线，并按板定位分档。根据分档线准备隔墙板，尽量选择相同规格的板块，当不符合模数时可现场按照实际尺寸进行制作。

3）安装锚固件：锚固件必须提前进行防腐处理，直接在上面刷防腐油漆，或者用镀锌的。墙板上部锚固件呈“U”形，又称U形卡。只安装板墙上口固定板墙，为保证强度满足设计要求，应按设计规范要求用U形钢板卡固定条板的顶端，间距600mm。在两块条板顶端拼缝之间用射钉将U形钢板卡固定在梁或板上。侧面的锚固件用射钉锚固在柱或墙上，然后将板块拼接上。锚固件安装好以后要检查其垂直度，无误后方可进行下道工序的施工。

（3）安装隔墙板

1）墙面安装：根据放线时画好的分档线，正确选用标准规格墙板，并按照顺序安装。安装的第一块板是定位板。安装工人将条板上下对准墨线立板，用撬杠将板向上顶紧。利用木楔调整位置，两个木楔为一组，使条板就位，可将板垂直向上挤压、顶紧梁、板，底部应固定好。之后用吊线锤检查板的垂直度，用靠尺检查平整度。条板顶面与混凝土楼板或梁的接缝厚度为5～10mm之间；板下端打入木楔固定；按上面的顺序安装第二块板，将板榫槽对准榫槽拼接，保持条板与条板之间紧密连接。板缝间隙不大于6～10mm灰口。之后调整好垂直度和相邻板面的平整度。将安装对接面清理干净，将水泥砂浆抹在对接面上以及梁底基线内。板与板之间拼接严密后，在灌缝水泥砂浆及墙体全部定型后，在所有的接缝处用水泥砂浆将玻璃纤维网格布贴上。

2）门洞口部位：按排板图标出的门洞口位置，应从门洞口向两侧安装墙板。门、窗框板边设计有混凝土柱时，应先将柱就位固定。可在门、窗框板中预埋木楔、钢连接件与木制、钢制、塑钢门、窗框固定；也可用金属膨胀螺钉与门、窗框固定，每侧打入螺钉应不少于3处。门、窗框有特殊要求时，可用钢板加固等措施，并应与门、窗框板的预埋件连接牢固。按设计要求，安装门头横板，应在门角的接缝处采取加网防裂措施。门、窗框边不宜采用补板。门、窗框与洞口周边的连接缝应采用聚合物砂浆或弹性密封材料填实。

3）采用空心条板做门、窗框板，必须用混凝土砂浆将板的边孔灌实，才能使用，或墙板厂直接生产满足此项要求的专用门、窗框板。门、窗框板的抗压强度应大于7.5MPa。

125. 如何进行型钢混凝土剪力墙安装?

装配式型钢混凝土剪力墙结构是在预制墙板的边缘设置型钢，拼缝位置设置钢板预埋件，型钢和钢板预埋件在拼缝位置采用焊接或螺栓连接的装配式剪力墙结构，如图7-69所示。

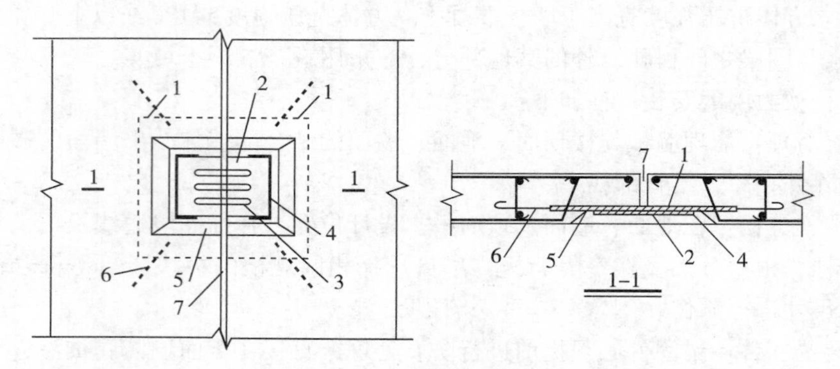

图7-69　型钢混凝土剪力墙连接示意
1—预埋连接钢板　2—后焊连接钢板　3—连接板水平开孔　4—焊缝
5—凹槽　6—锚固钢筋　7—安装缝隙

型钢混凝土结构剪力墙施工技术作为建筑工程中施工的重点，其施工的水平无论是对于该技术的广泛运用，还是对于促进建筑领域的发展而言，都有着其重要的意义。北京市地方标准《装配式剪力墙结构设计规程》对型钢剪力墙有如下规定：

1）同一楼层内，预制墙板之间的安装缝隙宽度可取为10~20mm，安装缝隙应采用结构胶或其他柔性材料封闭。

2）上下层相邻预制剪力墙边缘构件预埋型钢在水平缝处的连接应满足强连接、弱构件的要求。

3）型钢混凝土剪力墙结构楼层内相邻预制剪力墙连接的细部构造应能避免锚固、混凝土局部承压及焊缝破坏，并应具有较好的延性，钢板预埋件的竖向间距不宜大于1.5m。

4）连梁处设置竖缝时，竖缝宜设置于连梁跨中。

在型钢混凝土剪力墙体系中，对于混凝土梁与钢骨柱的连接，通常有以下3种方法：

1）把混凝土梁中的钢筋进行穿筋处理，这样会削弱钢骨柱的截面。虽然经过孔洞的补强，理论上可以减小截面削弱的影响，但是实际效果需经过试验验证。

2）采用钢筋连接器进行处理，混凝土梁所受的力通过连接器传递给柱子，经过实际的工程验证，该方法的传递效果较好。然而钢筋连接器对于施工的精度要求比较高，施工成本、连接器的成本相对比较大。

3）在柱子的翼缘（混凝土梁高范围内）上下各焊接了一个横的钢板，在竖向又焊接了一个竖的钢板。然后钢筋混凝土梁的钢筋通过焊接在这上下两个钢板上进行力的传递。

126. 施工过程中禁止哪些行为？

目前，PC 构件安装在国内属于较新的施工工艺，加之个别操作工人的质量意识不强，通常会在施工过程中出现一些问题。下面对在施工过程中常见的一些禁止行为和注意事项做以下总结：

（1）涉及结构安全的严禁行为

1）当插筋长度达不到设计要求，禁止安装，同时禁止私自采用焊接的方式加长钢筋。

2）在旁站监理不在场的情况下，禁止灌浆作业进行。

3）如漏埋预埋管线、预埋件，禁止在构件上剔凿开孔，损坏构件。

4）禁止未经同意由施工方采用植筋方式或后锚固的方式施工，如果需要，必须经设计及监理同意，按设计要求操作，在植筋时要用保护层测定仪检测植筋位置是否有钢筋干涉，如有要避开。

5）与套筒连接孔连接的钢筋定位不准时不能用乙炔氧加热煨弯钢筋，严禁直接切除定位钢筋。

6）在套筒内灌浆料初凝期（达到构件自身强度前）禁止扰动构件。

（2）应禁止的其他行为

1）施工过程中注意成品保护，尽量避免在构件卸车和安装过程中的损坏。

2）禁止将构件在未做任何保护的前提下，和硬质的混凝土地面直接接触。

3）在吊装过程中，禁止用撬棍强行复位损坏构件。

4）不能随意在构件上开槽、凿洞、切割。

5）在外挂架体上严禁堆放周转材料。

6）灌浆料搅拌过程中严格控制好水量，严禁随意加水。

7）坐浆部位的现浇混凝土面未经凿毛处理，禁止进行坐浆作业。

8）叠合板安装后禁止在其上面堆放过重的临时荷载。

9）斜支撑固定前，禁止摘除吊钩，避免构件滑落。

10）构件应存放在专用存储架上，避免倾倒。

11）构件起吊时，下方严禁站人。

12）灌浆料搅拌后 30min 内必须使用完毕，超时的灌浆料禁止使用。

13）顶板混凝土强度未达到规定要求前，禁止拆除顶板支撑。

14）禁止因安装不便随意破坏剪力墙板的外露箍筋。

15）禁止在 6 级及以上大风、雨雪天气进行施工。

16）设置构件起吊的安全区域，构件所经区域，应有标识警示，禁止起吊过程中有人员在此区域。

第 8 章　PC 工程后浇筑混凝土

127. 什么是后浇混凝土？哪些部位有后浇筑混凝土？

后浇筑混凝土是指预制构件安装后在预制构件连接区或叠合层现场浇筑的混凝土。在装配式建筑中，基础、首层、裙楼、顶层等部位的现浇混凝土，称为现浇混凝土；连接和叠合部位的现浇混凝土称为“后浇混凝土”。

装配式框架结构和装配式剪力墙结构后浇混凝土部位如下：

1）在装配式框架结构中，一般梁柱核心区、预制梁连接处、预制叠合板现浇层、预制梁现浇层、楼板现浇连接带等部位有后浇混凝土。

2）在装配式剪力墙结构中，一般预制外墙板与预制外墙板连接处、预制外墙板与预制内墙板连接处、预制内外墙板与预制连梁连接处、预制墙或梁与板连接核心区、预制墙板顶部圈梁、预制梁现浇层、预制叠合板现浇层、预制阳台板现浇层和锚固区、楼板现浇连接带以及叠合剪力墙板、预制圆孔剪力墙板、型钢混凝土剪力墙等部位有后浇混凝土。

在装配整体式混凝土结构中，后浇混凝土部位详见表 8-1。

表 8-1　装配整体式混凝土结构后浇混凝土部位一览表

序号	连接部位	示意图	用于结构体系	钢筋连接方式
1	柱子连接	预制柱 后浇筑混凝土 预制柱 叠合梁	框架结构、筒体结构	机械套筒、注胶套筒

（续）

序号	连接部位	示意图	用于结构体系	钢筋连接方式
2	柱、梁连接	次梁底纵筋 主梁梁腹构造钢筋 b_h 预制次梁 钢筋弯折 ≥6 1 预制主梁 预制次梁 1—1	框架结构、筒体结构	机械套筒、注胶套筒、绑扎、焊接、锚板
3	梁连接		框架结构、筒体结构	机械套筒、注胶套筒
4	叠合梁现浇部分	$>d_l$ 箍筋帽 开口箍筋 两肢箍	框架结构、筒体结构	机械套筒、注胶套筒、绑扎、焊接
5	叠合板现浇部分	后浇筑部分 ≥80 桁架钢筋预制板 $\geq l_l$ $\geq l_l$ 桁架钢筋预制板	框架结构、筒体结构	绑扎、焊接
6	叠合梁连接	箍筋加密，间距≤5d且≤100 ≤50≤50 ≤50≤50 ≥10 $\geq l_l$ ≥10 l_h	框架结构、筒体结构	机械套筒、注胶套筒、绑扎、焊接

（续）

序号	连接部位	示意图	用于结构体系	钢筋连接方式
7	叠合梁、叠合板连接	叠合悬挑板 ≥15d，且至少到梁（墙）中线 叠合梁或现浇梁 预制墙或现浇墙 梁（墙）中线	框架结构、筒体结构	绑扎、焊接、锚板
8	上下剪力墙板之间的现浇带	灌浆套筒 B 20 B 楼层标高 灌浆料填实 水平后浇带或后浇圈梁 竖向分布钢筋逐根连接	剪力墙结构	绑扎、焊接
9	纵横剪力墙板T形连接处	b_W 预留长U形钢筋 附加连接钢筋A_{sd} 边缘构件竖向钢筋 ≥b_{W_s}≥b_f且≥400 ≥200 b_f 竖向分布钢筋A_s ≥10 ≥0.6l_{aE} (≥0.6l_a) ≥0.6l_{aE} (≥0.6l_a) ≥10	剪力墙结构	绑扎、焊接

（续）

序号	连接部位	示　意　图	用于结构体系	钢筋连接方式
10	纵横剪力墙板转角型连接处	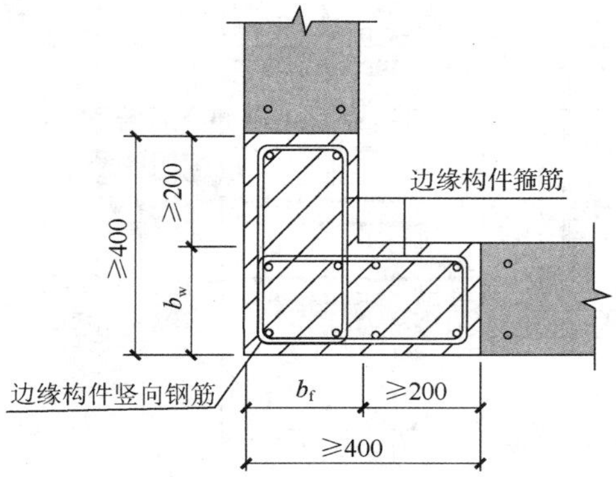 边缘构件箍筋；边缘构件竖向钢筋；≥200；≥400；b_w；b_f；≥200；≥400	剪力墙结构	绑扎、焊接
11	剪力墙板水平连接	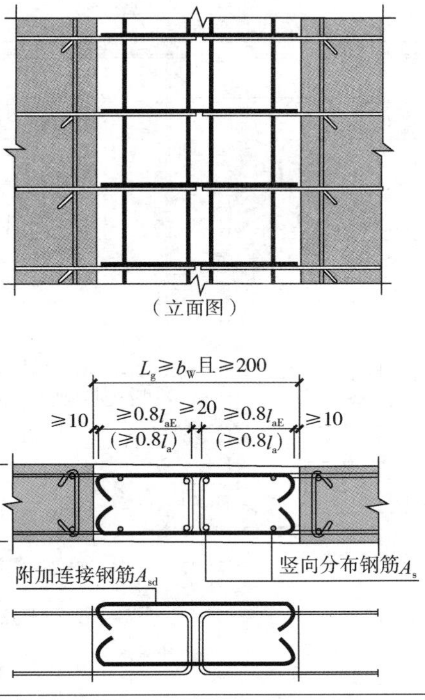 （立面图）；$L_g \geqslant b_W$ 且 ≥200；≥10；≥0.8l_{aE}（≥0.8l_a）；≥20；≥0.8l_{aE}（≥0.8l_a）；≥10；b_W；竖向分布钢筋A_s；附加连接钢筋A_{sd}	剪力墙结构	绑扎、焊接
12	叠合板与剪力墙水平现浇带连接	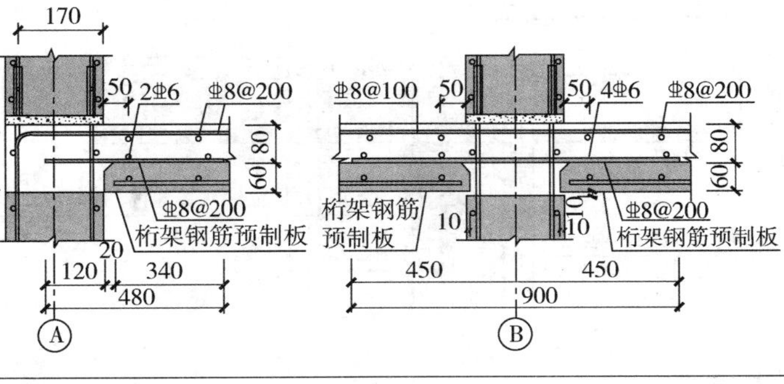 170；50；2Φ6；Φ8@200；120；80；60；Φ8@200；桁架钢筋预制板；20；120；340；480；Ⓐ；Φ8@100；50；50；4Φ6；Φ8@200；80；60；10；10；Φ8@200；桁架钢筋预制板；10；450；450；900；Ⓑ	剪力墙结构	绑扎、焊接

（续）

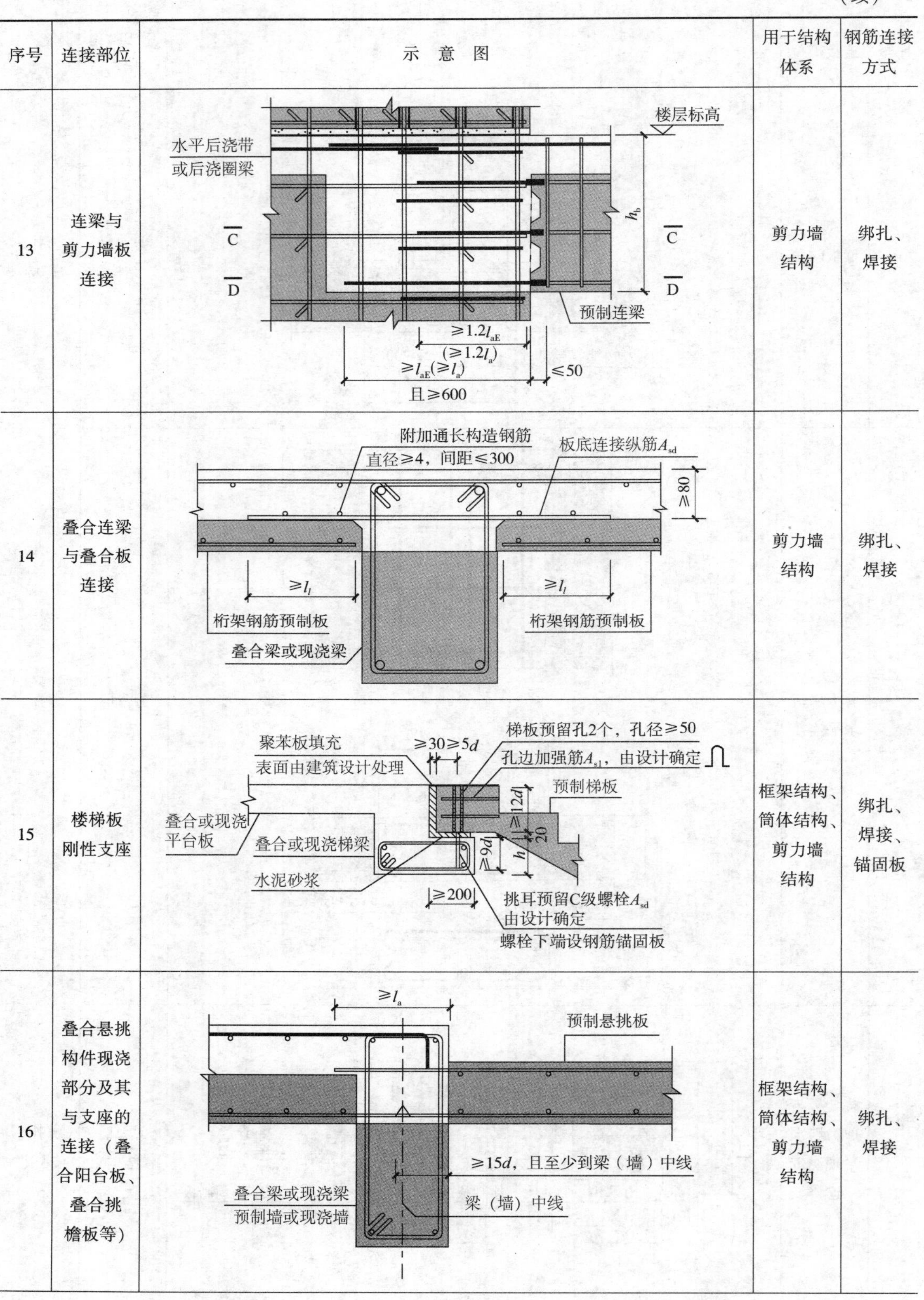

序号	连接部位	示 意 图	用于结构体系	钢筋连接方式
13	连梁与剪力墙板连接	水平后浇带或后浇圈梁 楼层标高 h_b C D 预制连梁 $\geqslant 1.2l_{aE}$ $(\geqslant 1.2l_a)$ $\geqslant l_{aE}(\geqslant l_a)$ 且≥600 ≤50	剪力墙结构	绑扎、焊接
14	叠合连梁与叠合板连接	附加通长构造钢筋 直径≥4，间距≤300 板底连接纵筋A_{sd} ≥80 $\geqslant l_l$ 桁架钢筋预制板 桁架钢筋预制板 叠合梁或现浇梁	剪力墙结构	绑扎、焊接
15	楼梯板刚性支座	聚苯板填充 表面由建筑设计处理 ≥30≥5d 梯板预留孔2个，孔径≥50 孔边加强筋A_{s1}，由设计确定 预制梯板 ≥12d 20 h ≥9d 叠合或现浇平台板 叠合或现浇梯梁 水泥砂浆 ≥200 挑耳预留C级螺栓A_{sd} 由设计确定 螺栓下端设钢筋锚固板	框架结构、筒体结构、剪力墙结构	绑扎、焊接、锚固板
16	叠合悬挑构件现浇部分及其与支座的连接（叠合阳台板、叠合挑檐板等）	$\geqslant l_a$ 预制悬挑板 ≥15d，且至少到梁（墙）中线 叠合梁或现浇梁 预制墙或现浇墙 梁（墙）中线	框架结构、筒体结构、剪力墙结构	绑扎、焊接

（续）

序号	连接部位	示　意　图	用于结构体系	钢筋连接方式
17	整体飘窗与剪力墙之间的连接	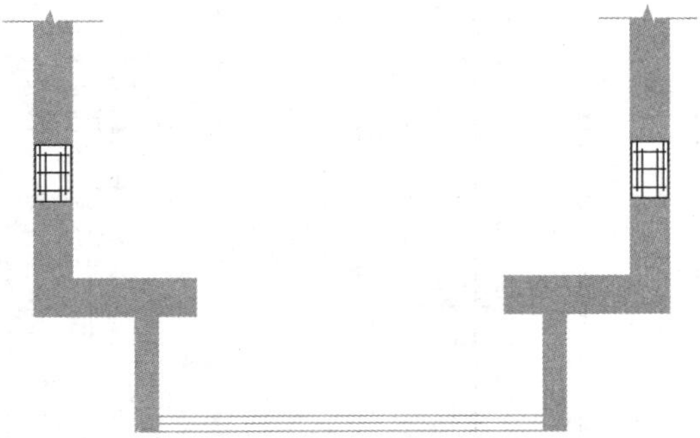	剪力墙结构	绑扎、焊接
18	双面叠合剪力墙板后浇混凝土	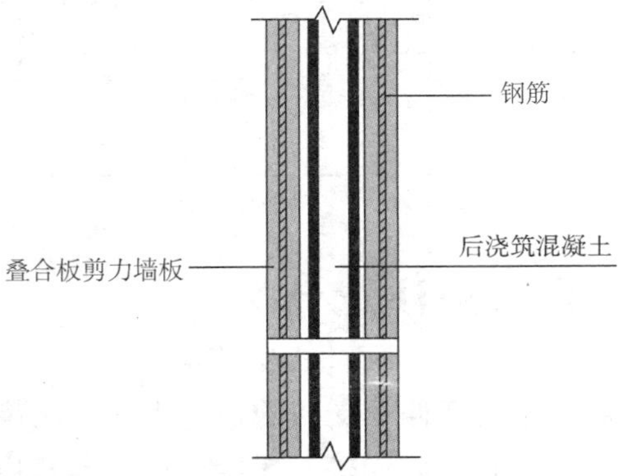 钢筋 叠合板剪力墙板 后浇筑混凝土	剪力墙结构	绑扎
19	圆孔剪力墙板后浇混凝土		剪力墙结构	绑扎
20	型钢剪力墙板后浇混凝土	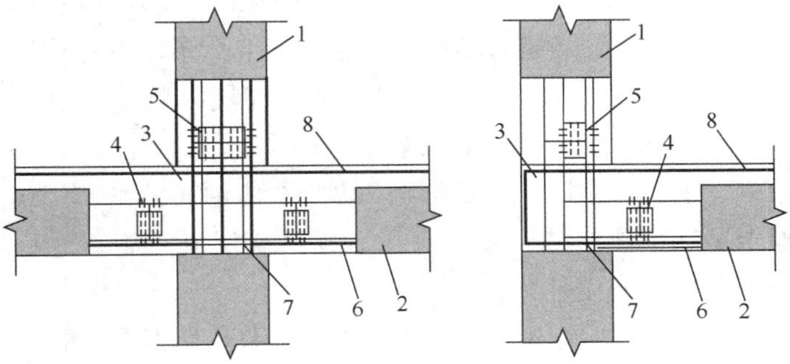 1 2 3 4 5 6 7 8	剪力墙结构	绑扎、焊接

（续）

序号	连接部位	示 意 图	用于结构体系	钢筋连接方式
21	梁板一体化墙板水平连接	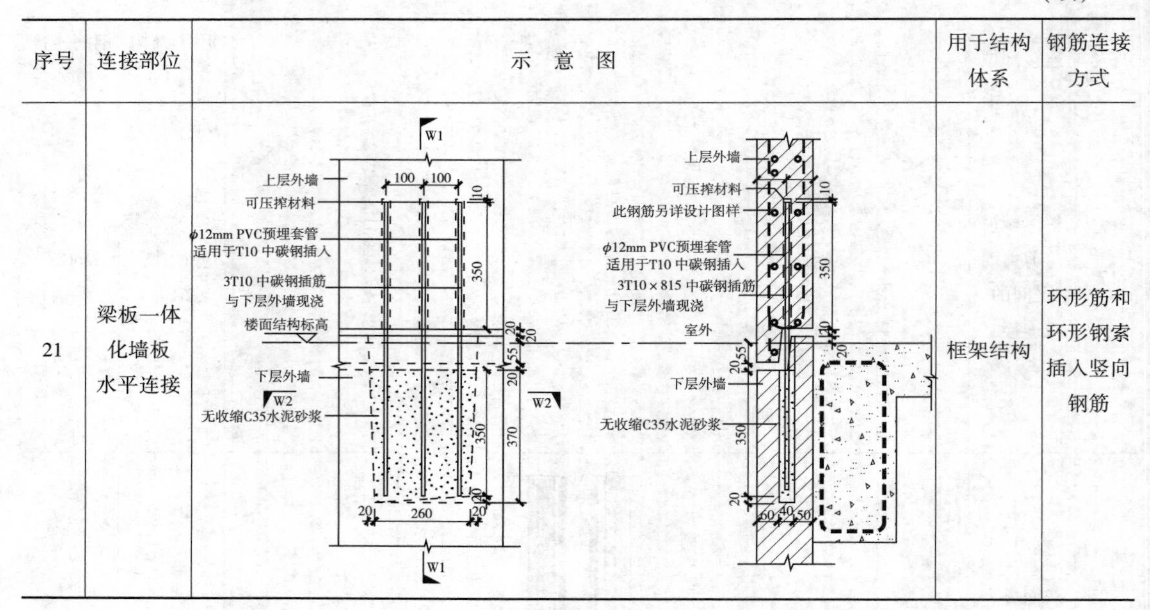	框架结构	环形筋和环形钢索插入竖向钢筋

128. 后浇混凝土施工须注意什么？

后浇混凝土的核心是钢筋连接钢筋伸入支座的构造措施。在装配式结构后浇混凝土中的钢筋连接，有机械套筒连接、注胶套筒连接、焊接连接、绑扎搭接、支座锚板连接等方式，目前国内多采用机械套筒连接，国外多采用注胶套筒连接。

在预制装配式结构后浇混凝土施工中，应注意以下几方面：

1）后浇混凝土施工前，应提前做好各项隐蔽工程验收。

2）后浇混凝土浇筑部位的杂物要清理干净，并检查模板是否支设加固完成，确认完成后浇水湿润。

3）预制构件结合面疏松部分的混凝土，应在构件安装之前或支设模板之前将其剔除并清理干净。

4）浇筑混凝土时分层浇筑高度应符合国家现行有关标准的规定，应在底层混凝土初凝前将上一层混凝土浇筑完毕，一般分层厚度不得大于300mm，要从一端开始，连续施工。

5）使用振捣棒进行振捣时，要提前将振捣棒插入柱内底部，随分层浇筑随分层振捣，振捣时要注意振捣时间，不得过振，以防止预制构件或模板因侧压力过大造成开裂，振捣时且尽量使混凝土中的气泡逸出，以保证振捣密实。

6）后浇混凝土部位为钢筋的主要连接区域，故此部位钢筋较密，浇筑空间狭小，对此应在结构设计之初对混凝土的浇筑施工予以考虑。在后浇混凝土施工过程中，要特别注意混凝土的振捣，保证混凝土的密实性。

7）预制梁、柱混凝土强度等级不同时，预制梁、柱节点区混凝土强度等级应符合设计要求。

8）楼板混凝土浇筑时要分段进行，每一段混凝土要从同一端起，分一或两个作业组平行浇筑，连续施工。混凝土表面用刮杠按板厚控制块顶面刮平，随即用木抹子搓平。

9）现浇楼板混凝土浇筑完成后，应随即采取保水养护措施，以防止楼板发生干缩裂缝。

10）混凝土浇筑完毕待终凝完成后，应及时进行浇水养护或喷洒养护剂养护，使混凝土保持湿润持续 7d 以上。

129. 后浇混凝土部位受力钢筋如何进行连接?

在装配式结构施工中，后浇混凝土部位受力钢筋的连接方式有多种，通常多为绑扎搭接、钢筋套筒连接和焊接。钢筋套筒连接分为注胶套筒连接和机械套筒连接。机械套筒连接又分为螺纹套筒连接和挤压套筒连接。在实际施工中，一般情况下板的钢筋多采用绑扎搭接，梁和柱的钢筋多采用套筒连接。具体采用何种方式，需要根据设计要求和现场实际情况而定。装配整体式混凝土结构后浇混凝土钢筋连接方式详见表 8-2。

表 8-2 装配整体式混凝土结构后浇混凝土钢筋连接方式一览表

序号	连接方式		示意图	适用部位
1	机械套筒连接	螺纹套筒	螺纹钢筋　灰浆注入孔　耦合器	适用于梁与梁、柱子与梁、柱子与柱子的连接
		挤压套筒	带肋钢筋　套筒	适用于梁与梁、柱子与梁、柱子与柱子的连接；剪力墙板的水平连接
2	注胶套筒连接			适用于梁与梁的连接
3	搭接绑扎	叠合梁、板上部构件绑扎	通长受力钢筋　现浇板　柱子箍筋　拉筋　Z2'　L1'　Z1　L1　Z2	适用于叠合梁、叠合板的上部连接

（续）

序号	连接方式		示意图	适用部位
3	搭接绑扎	直筋搭接	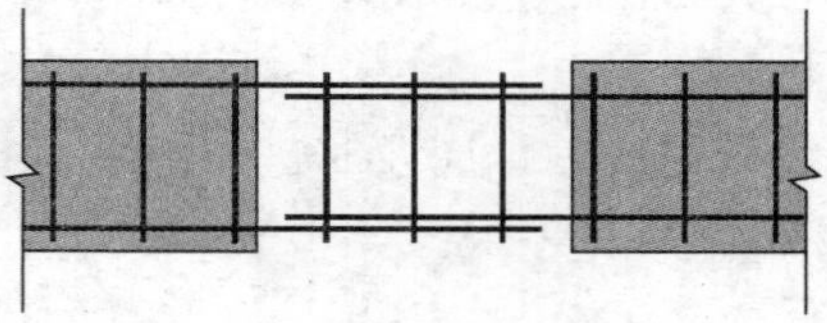	适用于梁的钢筋连接、柱与梁的连接
		环形筋搭接	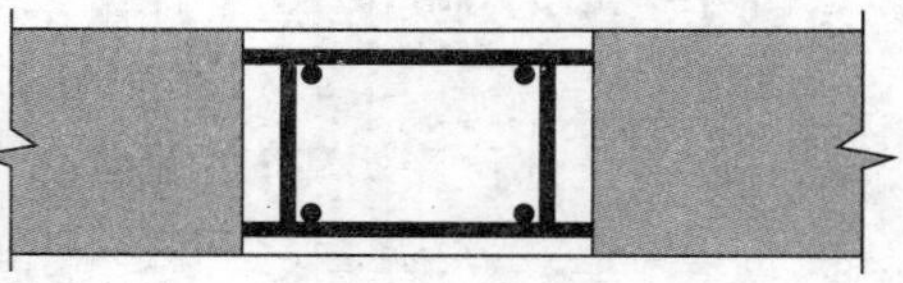	适用于剪力墙板的水平连接
4	钢筋焊接		 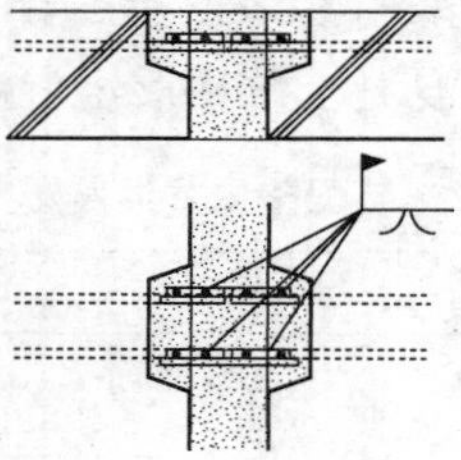	适用于叠合楼板之间的连接、柱子的竖向钢筋连接、剪力墙钢筋竖向连接、剪力墙钢筋的横向连接。叠合梁、板钢筋连接
5	钢筋锚板		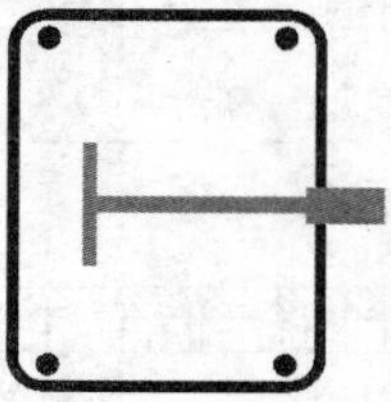	适用于支座内锚固
6	竖向钢筋插环	环形筋插入竖筋	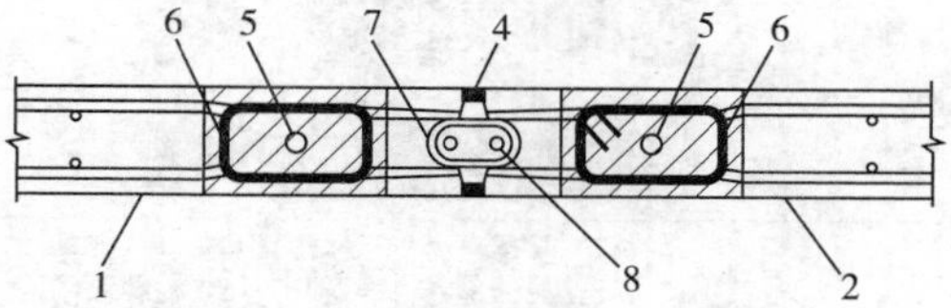	适用于多层剪力墙板之间的连接
		环形钢索插入竖筋	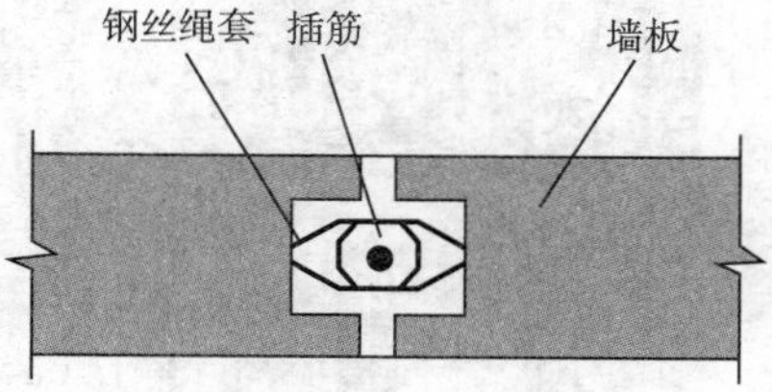	适用于多层剪力墙板之间的连接

130. 后浇区钢筋绑扎与受力钢筋锚固有什么要求?

装配式混凝土结构后浇区钢筋绑扎与受力钢筋锚固应符合下列要求：

（1）钢筋绑扎要求

1）绑扎钢筋的品种、规格、型号、数量、间距、形状及尺寸等必须符合设计、图集及规范要求。

2）钢筋的交叉点应用钢丝扎牢。

3）对板和墙的钢筋网，除靠近外围两行钢筋的相交全部扎牢外，中间部分交叉点可相隔交错扎牢，但必须保证钢筋不产生位置偏移。双向受力钢筋，须全部扎牢。

4）梁和柱的箍筋，除设计有特殊要求外，应与受力筋垂直设置。箍筋弯钩叠合处，应沿受力钢筋方向错开设置。

5）柱中的竖向钢筋搭接时，角部钢筋的弯钩应与模板成 45°（多边形柱为模板内角平分线，圆形柱与模板切线垂直），中间钢筋的弯钩应与模板成 90°。

6）在绑扎钢筋接头时，一定要把接头先行绑好，然后和其他钢筋绑扎。

7）绑扎和安装钢筋时，一定要符合主筋的混凝土保护层。

8）绑扎的钢筋网和钢筋骨架，不得有变形和松脱现象。

（2）受力钢筋的锚固要求

钢筋的锚固形式（一般有弯锚、贴焊锚筋、穿孔塞焊锚板、螺栓锚头）、锚固位置、锚固长度以及钢筋的接头形式、接头位置、接头长度等必须符合设计、图集及规范要求。钢筋锚板锚固方式详见图 8-1。

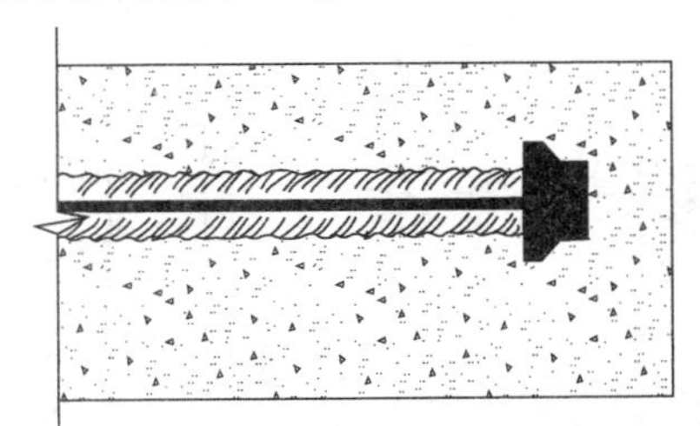

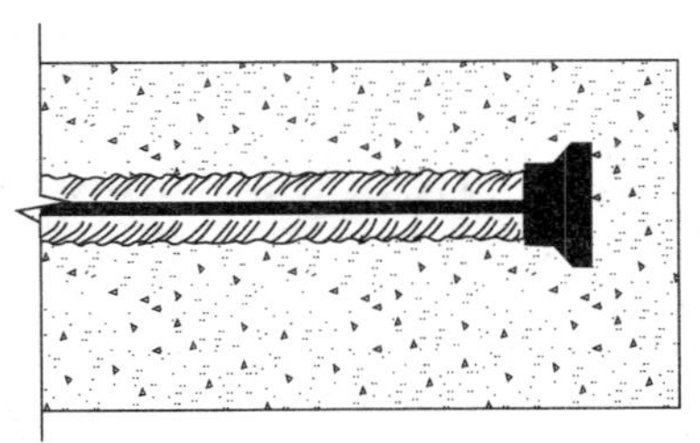

锚板锚固示意图
（我国做法）

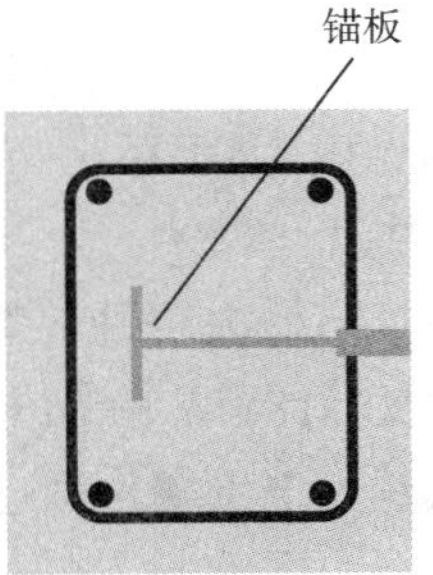

锚板锚固示意图
（欧洲做法）

图 8-1　钢筋锚板锚固方式

131. PC构件与后浇区的接触面没做键槽或粗糙面怎么办？

如果PC构件与后浇区的接触面没做键槽或粗糙面时，应采取如下方式进行处理：

（1）对于没有留设键槽的构件，可以采用角磨机在遗漏键槽的部位进行切割，然后再将键槽剔凿出来。

（2）对于没有做粗糙面的构件，可以采用剔凿式或酸洗式两种方法进行处理：

1）采用剔凿式的方法进行粗糙面处理时，必须保证整面剔凿到位。

2）采用酸洗式处理时，要使用经过稀释的盐酸溶液进行冲洗，酸洗时要保证酸洗到位，并做好安全防护措施，避免发生烧伤事故。

132. 后浇混凝土采用什么模板？如何支设？浇筑混凝土后什么时候拆除？拆除中须注意什么？构件遗漏模板安装预埋螺母怎么办？

1）在装配式结构中，后浇混凝土部位模板可根据工程现场实际情况而定，一般采用木模板、钢模板或铝模板等。考虑到装配式结构多为后期免抹灰施工，所以要求模板必须表面光滑平整，并且在施工中要接缝严密，加固方式牢固可靠。

2）后浇混凝土部位的模板要根据现场实际情况及尺寸进行加工制作，模板的加固方式一般情况下需要在预制构件加工生产时，提前在预制构件上预埋固定模板用的预埋螺母，在施工现场支设安装模板时，采用螺栓与预制构件上预埋螺母进行连接对模板加固。剪力墙结构后浇混凝土部位模板安装如图8-2所示。

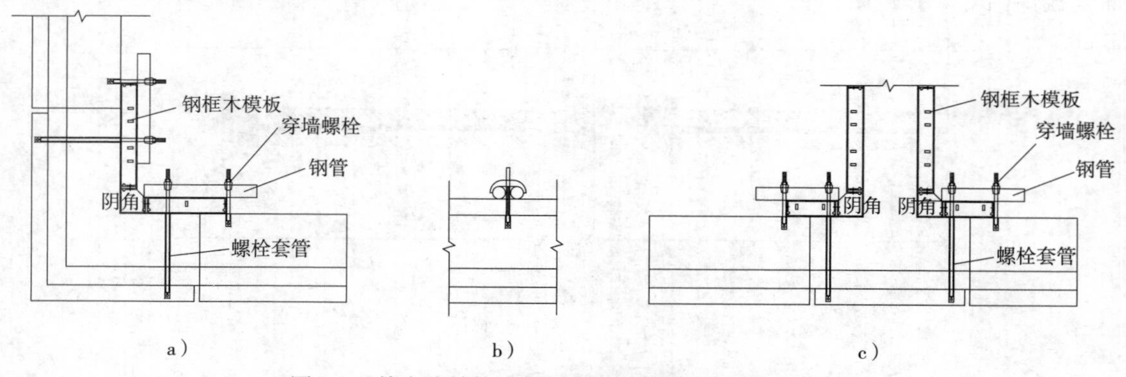

图8-2 剪力墙结构后浇混凝土部位模板安装示意图

a）转角处模板节点图 b）侧视图 c）内外墙相交处模板节点图

3）后浇混凝土浇筑完成后，在竖向受力构件混凝土达到设计强度要求时，方可拆除模板，对于悬挑构件，混凝土必须达到设计强度100%时，方可拆除模板。

4）在模板拆除过程中，需注意对后浇部位混凝土及预制构件进行成品保护，避免造成损坏。

5）如果在预制构件加工制作过程中遗漏模板安装预埋螺母，可采取后期安装膨胀螺栓的方式进行模板安装。在安装膨胀螺栓时，应首先经监理工程师同意，提前使用钢筋保护层探测仪在构件表面对内部钢筋位置进行探测，以便打孔施工时避开构件内部钢筋位置。

133. 如何安装剪力墙结构 L 形保温一体化“外叶板”?

装配式剪力墙结构 L 形保温一体化“外叶板”（PCF 板）的安装操作步骤如下：

（1）安装准备工作

预制外墙 PCF 板卸车时应认真检查吊具是否扣牢，确认无误后方可缓慢起吊。为保证 PCF 外墙板受力均匀，使用吊运钢梁卸车，现场采用平放方式放置。

预制外墙 PCF 板顶部预埋螺母供吊装施工，用螺栓吊点将钢丝绳和预制外墙 PCF 板连接紧固进行吊装。

（2）安装就位

1）安装连接钢片：预制外墙 PCF 板安装之前要提前将连接钢片用螺栓安装到墙板两侧。PCF 墙板连接件如图 8-3 所示。

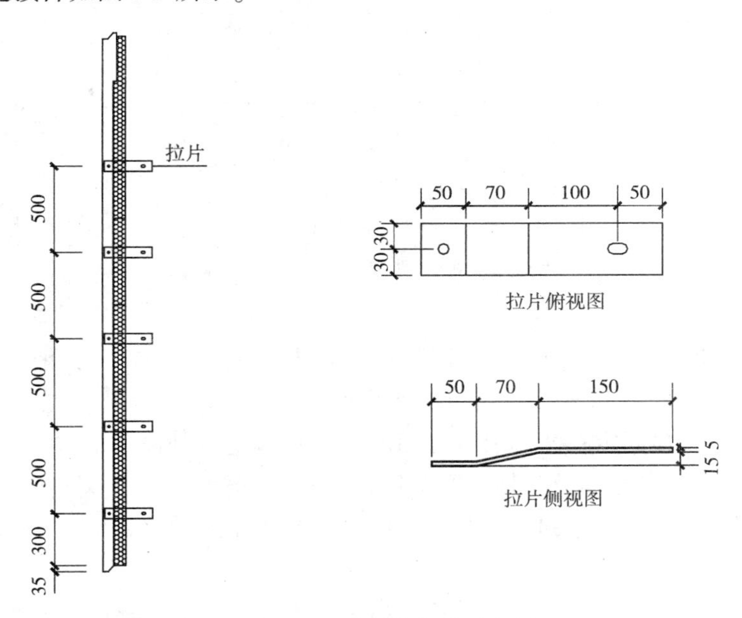

图 8-3　PCF 墙板连接件示意图

2）施工面清理：预制外墙 PCF 板吊装就位之前要将墙板下面的现浇楼板面及钢筋表面清理干净，不得有混凝土残渣、油污、灰尘等，以免浇筑混凝土后产生隔离层影响结构性能。

3）粘贴底部密封条：楼板面和钢筋表面清理完成后构件底部之间的缝隙要提前粘贴保温密封条，保温密封条采用橡塑棉条（宽度 40mm、高度 40mm），用胶粘接在下层墙板保温层的顶面之上，粘接时要注意粘接位置要在构件保温层的内侧向外 10mm 处，以防止保温密封条占用构件灌浆层位置影响结构性能。

4）设置墙板标高控制垫片：预制外墙 PCF 板标高控制垫片设置在墙板下面，总高度为 20mm，每块墙板在两端角部下面设置两点，位置均在距离墙板外边缘 20mm 处，钢垫片要提前用水平仪抄测好标高，标高以本层板面设计结构标高 +20mm 为准，如果过高或过低可增减垫片的数量进行调节，直至达到要求标高为准，施工中特别注意本操作环节的控制精度，以防止构件吊装就位后墙板侧面的垂直度发生偏差。预制外墙 PCF 板标高控制垫片在混凝土浇筑完成后撤出。

5）墙板起吊：起吊墙板采用专用吊运钢梁，用卸扣将钢丝绳与预制外墙 PCF 板上端预埋的螺栓吊点相连接，并确认连接紧固后，在板的下端放置两块 1000mm × 1000mm × 100mm 的海绵胶垫，以预防板起吊离地时板的边角被撞坏。并应注意起吊过程中，板面不得与堆放架发生碰撞。

塔式起重机缓慢将预制外墙 PCF 板吊起，待板的底边升至距地面 600mm 时略作停顿，再次检查吊挂是否牢固，板面有无污染破损，若有问题必须立即处理。确认无误后，继续提升使之慢慢靠近安装作业面。PCF 板吊装如图 8-4 所示。

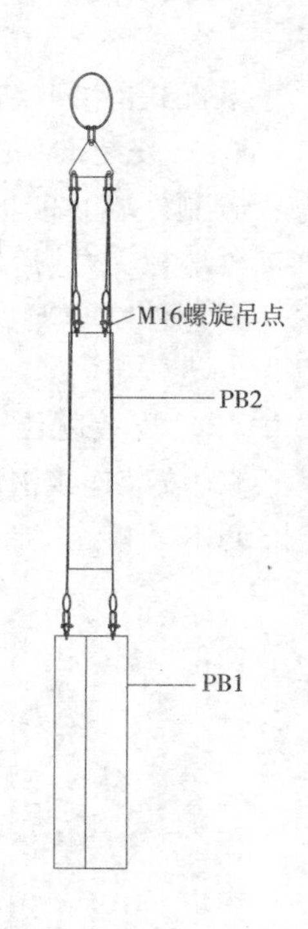

图 8-4　PCF 板吊装示意图

6）吊装就位：起吊后的预制外墙 PCF 板在距作业层上方 600mm 左右略作停顿，施工人员可以手扶墙板，控制墙板下落方向。墙板在此缓慢下降，待到距预埋定位销顶部 20mm 处，将 PCF 板水平推至外侧与两侧墙板平齐后利用反光镜进行定位销与插孔的对位，预制 PCF 板底部插孔位置与下面预埋定位销位置对准后，将 PCF 板缓缓下降，使之平稳就位。

7）安装调节：安装时由专人负责预制外墙 PCF 板定位，并用 2m 吊线尺校正垂直和相邻墙板的平整度，其最大误差均不得超过 2mm。

8）预制外墙 PCF 板临时固定：预制外墙 PCF 板采用连接钢片进行固定。吊装前先将连接钢片安装在预制外墙 PCF 板两侧的预埋螺栓上，并全部调至水平。吊装就位并调整完成后将连接钢片用螺栓固定在两侧墙板侧面的预埋螺母上。预制外墙 PCF 板具有同时兼做模板的作用，故在安装连接固定时必须保证牢固可靠，与两侧墙板间缝隙要封闭严密，避免在后期浇筑混凝土时，发生漏浆和胀模等现象。PCF 板安装连接如图 8-5 和图 8-6 所示。

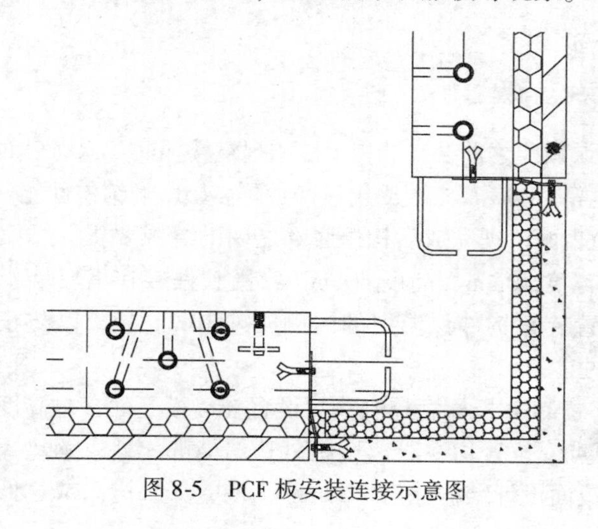
图 8-5　PCF 板安装连接示意图

图 8-6　PCF 板安装连接

134. 后浇筑混凝土部位隐蔽工程验收包括哪些内容？

根据现行国家标准《装标》第 12.1.2 条规定，以及现行行业标准《装规》第 11.1.5 条规定，装配式结构后浇混凝土部位在浇筑前应进行隐蔽工程验收，其验收项目应包括下列内容：

1）钢筋的牌号、规格、数量、位置、间距等，箍筋弯钩的弯折角度及平直段长度。

2）钢筋的连接方式、接头位置、接头数量、接头面积百分率、搭接长度、锚固方式及锚固长度。

3）预埋件、预留管线的规格、数量、长度、位置及固定措施。

4）混凝土粗糙面的质量，键槽的规格、数量、位置。

5）预制混凝土构件接缝处防水、防火等构造做法。

6）保温及其节点施工。

7）其他隐蔽项目。

135. 后浇混凝土浇筑应符合哪些规定？

根据现行国家标准《装标》第 12.3.7 条规定，以及现行行业标准《装规》第 10.4.7 ~ 10.4.10 条规定，后浇混凝土的施工应符合下列规定：

1）预制构件结合面疏松部分的混凝土应剔除并清理干净。

2）模板应保证后浇混凝土部分形状、尺寸和位置准确，并应防止漏浆。

3）在浇筑混凝土前应洒水湿润结合面，混凝土应振捣密实。

4）同一配合比的混凝土，每个工作班且建筑面积不超过 $1000m^2$ 应制作一组标准养护试件，同一楼层应制作不少于 3 组标准养护试件。

5）装配式混凝土结构宜采用工具式支架和定型模板。

6）模板与预制构件接缝处应采取防止渗漏的措施，可粘贴密封条。

7）装配式混凝土结构的后浇混凝土部位应按《装标》第 11.1.5 条进行隐蔽工程验收。

8）混凝土分层浇筑高度应符合国家现行有关标准的规定，应在底层混凝土初凝前将上一层混凝土浇筑完毕。

9）预制梁、柱混凝土强度等级不同时，预制梁、柱节点区混凝土强度等级应符合设计要求。

10）混凝土浇筑应布料均衡，浇筑和振捣时，应对模板及支架进行观察和维护，发生异常情况应及时处理。构件接缝混凝土浇筑和振捣应采取措施防止模板、相连接构件、钢筋、预埋件及其定位件移位。

11）构件连接部位后浇混凝土及灌浆料的强度达到设计要求后，方可拆除临时支撑系统。拆模时的混凝土强度应符合现行国家标准《混凝土结构工程施工规范》（GB 50666—2011）的有关规定和设计要求。

第 9 章　PC 工程结构工程验收

136. PC 结构工程验收依据是什么？与现浇结构有什么不同？

（1）PC 结构工程验收的相关依据

1）PC 结构工程验收应符合国家标准《装标》的规定：

①单位工程、分部工程、分项工程、检验批的划分及质量验收应按国家标准《建筑工程施工质量验收统一标准》（GB/T 50300—2013）中的有关规定进行。

②PC 结构工程应按混凝土结构子分部工程进行验收，装配式混凝土结构部分应按混凝土结构子分部工程的分项工程验收，混凝土结构子分部中其他分项工程应符合现行国家标准《混凝土结构工程施工质量验收规范》（GB 50204—2015）的有关规定。

③混凝土结构子分部工程验收时还应提供下列文件和记录：

a. 工程设计文件、预制构件安装施工图和加工制作详图。

b. 预制构件、主要材料及配件的质量证明文件、进场验收记录、抽样检验报告。

c. 预制构件安装施工记录。

d. 钢筋套筒灌浆型式检验报告、工艺检验报告和施工检验记录，浆锚搭接连接的施工检验记录。

e. 后浇混凝土部位的隐蔽工程检查验收文件。

f. 后浇混凝土、灌浆料、坐浆材料的强度检验报告。

g. 外墙防水施工质量检验记录。

h. 装配式结构分项工程质量验收文件。

i. 装配式工程的重大质量问题的处理方案和验收记录。

j. 装配式工程的其他文件和记录。

④PC 结构工程施工用的原材料、构配件均应按检验批进行进场验收。

⑤PC 结构连接节点及叠合层混凝土浇筑前，应进行隐蔽工程验收。其中包括：混凝土粗糙面质量，预埋件位置，钢筋的牌号、规格、数量、间距、箍筋的弯折角度及平直长度，钢筋的连接方式、接头位置、接头数量、接头面积百分率、搭接长度、锚固方式及长度等。

2）PC 结构工程验收还应符合如下国家标准及行业标准之规定：

国家标准《建筑工程施工质量验收统一标准》（GB/T 50300—2013）

国家标准《装配式混凝土建筑技术标准》（GB/T 51231—2016）

行业标准《装配式混凝土结构技术规程》（JGJ 1—2014）

行业标准《钢筋套筒灌浆连接应用技术规程》（JGJ 355—2015）

（2）在验收方面与现浇结构的不同

1）增加了构件的验收，构件的隐蔽工程验收通常在工厂内进行，验收资料随构件交付施工方、监理方；构件的外形尺寸及外观验收通常在施工现场进行，验收后留存验收资料。

2）增加了构件之间连接的验收，PC 结构工程增加了连接节点，包括 PC 构件的横向连接、竖向连接、叠合连接、机械连接、焊接连接等。对这些关键的连接节点需要进行验收。

3）对后浇混凝土的验收。

137. 工程如何进行项目验收划分？什么是一般项目与主控项目？

（1）项目验收划分

国家标准《建筑工程施工质量验收统一标准》（GB 50300—2013）将建筑工程质量验收划分为单位工程、分部工程、分项工程和检验批。其中分部工程较大或较复杂时，可划分为若干子分部工程。

质量验收划分不同，验收抽样、要求、程序和组织都不同。

1）对于分项工程，由专业监理工程师组织施工单位专业项目技术负责人等进行验收。

2）对于分部工程，由总监理工程师组织施工单位负责人和项目技术负责人等进行验收。

3）设计单位项目负责人和施工单位技术、质量部门负责人应参加主体结构、节能分部工程验收。

2015 年版的国家标准《混凝土结构工程施工质量验收规范》（GB 50204—2015）将装配式建筑划为分项工程。

（2）主控项目与一般项目

工程检验项目分为主控项目和一般项目。

主控项目是建筑工程中对安全、节能、环境保护和主要使用功能起决定性作用的检验项目。主控项目以外的项目为一般项目。

138. PC 工程结构验收有哪些主控项目？

PC 结构与传统现浇结构在工程验收阶段有较多不同的主控项目，主要集中在横向连接、竖向连接及接缝防水等方面。具体项目以及检查数量、检验方法如下：

1）预制构件临时固定措施应符合设计、专项施工方案要求及国家现行有关标准的规定。

检查数量：全数检查。

检验方法：观察检查，检查施工方案、施工记录或设计文件。

2）装配式结构采用后浇混凝土连接时，构件连接处后浇混凝土强度应符合设计要求。

检查数量：按批检验。

检验方法：应符合现行国家标准《混凝土强度测验评定标准》（GB/T 50107—2010）的有关规定。

3）钢筋采用套筒灌浆连接、浆锚搭接连接时，灌浆应饱满、密实，所有出口均应出浆。

检查数量：全数检查。

检验方法：检查灌浆施工质量检查记录和有关检验报告。

4）钢筋套筒灌浆连接及浆锚搭接连接用的灌浆料强度应符合国家现行有关标准的规定及设计要求。

检查数量：按批检验，以每层为一批；每工作班应制作1组且每层不少于3组40mm×40mm×160mm的长方体试件，标准养护28d后进行抗压强度试验。

检验方法：检查灌浆料强度实验报告及评定记录。

5）预制件底部接缝坐浆强度应满足设计要求。

检查数量：按批检验，以每层为一批；每工作班应制作1组且每层不少于3组边长为70.7mm的立方体试件，标准养护28d后进行抗压强度试验。

检验方法：检查坐浆材料强度试验报告及评定记录。

6）钢筋采用机械连接时，其接头质量应符合现行行业标准《钢筋机械连接技术规程》（JGJ 107—2016）的有关规定。

检查数量：应符合现行行业标准《钢筋机械连接技术规程》（JGJ 107—2016）的有关规定。

检验方法：检查钢筋机械连接施工记录及平行测试的强度试验报告。

7）钢筋采用焊接连接时，其焊缝的接头质量应满足设计要求，并应符合现行行业标准《钢筋焊接及验收规程》（JGJ 18—2012）的有关规定。

检查数量：应符合现行行业标准《钢筋焊接及验收规程》（JGJ 18—2012）的有关规定。

检验方法：检查钢筋焊接接头检验批质量验收记录。

8）预制构件采用型钢焊接连接时，型钢焊缝接头质量应满足设计要求，并应符合现行国家标准《钢结构焊接规范》（GB 50661—2011）和《钢结构工程施工质量验收规范》（GB 50205—2001）的有关规定。

检查数量：全数检查。

检验方法：应符合现行国家标准《钢结构工程施工质量验收规范》（GB 50205—2001）的有关规定。

9）预制构件采用螺栓连接时，螺栓的材质、规格、拧紧力矩应符合设计要求及现行国家标准《钢结构设计规范》（GB 50017—2003）和《钢结构工程施工质量验收规范》（GB 50205—2001）的有关规定。

10）装配式结构分项工程的外观质量不应有严重缺陷，且不得有影响结构性能和使用功能的尺寸偏差。

检查数量：全数检查。

检验方法：应符合现行国家标准《钢结构工程施工质量验收规范》（GB 50205—2001）

的有关规定。

11）外墙板接缝的防水性能应符合设计要求。

检查数量：按批检验。每 1000m^2 外墙（含窗）面积应划分为一个检验批，不足 1000m^2 时也应划分为一个检验批；每个检验批应至少抽查一处，抽查部位应为相邻 4 块墙板形成的水平和竖向十字接缝区域，面积不得少于 10m^2。

检验方法：检查现场淋水实验报告。

139. 套筒灌浆与浆锚搭接灌浆如何检查验收？

套筒灌浆与浆锚搭接灌浆是 PC 结构工程最为重要的竖向连接方式，灌浆质量的好坏对结构整体性能影响非常大，应采取措施保证孔道灌浆密实。钢筋采用套筒灌浆连接或浆锚搭接时，连接接头的质量及传力性能是影响装配式混凝土结构受力性能的关键，应严格控制。

现行国家标准《装标》对套筒灌浆与浆锚搭接灌浆的检查验收有如下规定：

1）钢筋采用套筒灌浆连接、浆锚搭接连接时，灌浆应饱满、密实，所有出口均应出浆。

检查数量：全数检查。

检验方法：检查灌浆施工质量检查记录和有关检验报告。

2）钢筋套筒灌浆连接及浆锚搭接连接用的灌浆料强度应符合国家现行有关标准的规定及设计要求。

检查数量：按批检验，以每层为一批。

检查方法：每工作班应制作 1 组且每层不少于 3 组 40mm × 40mm × 160mm 的长方体试件，标准养护 28d 后进行抗压强度试验。

140. 剪力墙构件坐浆料的强度如何检验？

剪力墙底部接缝采用坐浆连接时，坐浆料或填缝砂浆的强度均应满足设计要求。施工时应采取措施确保坐浆在接缝部位饱满密实，并加强养护。

国家标准《装标》中对剪力墙构件坐浆料的强度检测有如下规定：

预制件底部接缝坐浆强度应满足设计要求。

检查数量：按批检验，以每层为一批；每工作班应制作 1 组且每层不少于 3 组边长为 70. 7mm 的立方体试件，标准养护 28d 后进行抗压强度试验。

检验方法：检查坐浆材料强度试验报告及评定记录。

141. 钢筋焊接应符合什么标准？

在装配式混凝土结构中，构件横向连接部位的主筋通常采用焊接连接或者机械连接。

焊接连接采用电渣压力焊接。国家标准《装标》中对钢筋采用焊接连接时的规定如下：

钢筋采用焊接连接时，其焊缝的接头质量应满足设计要求，并应符合现行行业标准《钢筋焊接及验收规程》（JGJ 18）的有关规定。

钢筋焊接接头形式有如下几种：钢筋电渣压力焊接接头、钢筋闪光对焊接头、箍筋闪光对焊接头、钢筋电弧焊接接头、钢筋气压焊接接头等。

在装配整体式结构中后浇混凝土部分主筋一般采取电渣压力焊接。电渣压力焊焊接参数应包括焊接电流、焊接电压和通电时间，采用 HJ431 焊剂时，宜符合表 9-1 的规定。采用专用焊剂或自动电渣压力焊机的时候，应根据焊剂或焊机使用说明书中推荐数据，通过试验确定。

表 9-1　电渣压力焊焊接参数（《钢筋焊接及验收规程》JGJ 18 表 4.6.6）

钢筋直径/mm	焊接电流/A	焊接电压/V		焊接通电时间/s	
		电弧过程 $U_{2.1}$	电渣过程 $U_{2.2}$	电弧过程 t_1	电渣过程 t_2
12	280 ~ 320	35 ~ 45	18 ~ 22	12	2
14	300 ~ 350			13	4
16	300 ~ 350			15	5
18	300 ~ 350			16	6
20	350 ~ 400			18	7
22	350 ~ 400			20	8
25	350 ~ 400			22	9
28	400 ~ 450			25	10
32	450 ~ 500			30	11

《钢筋焊接及验收规程》（JGJ 18）对钢筋焊接验收有如下规定：

1）纵向受力钢筋焊接接头的连接方式应符合设计要求，并应全数检查，检验方法为目视观察。

2）纵向受力钢筋焊接接头的外观质量检查应符合下列规定：

①每一检验批中应随机抽取 10% 的焊接接头；箍筋闪光对焊接头应随机抽取 5%。检查结果，当外观质量各小项不合格数均小于或等于抽检数的 10%，则该批焊接接头外观质量评为合格。

②当某一小项不合格数超过抽检数的 10% 时，应对该批焊接接头该小项逐个进行复检，并剔出不合格接头；对外观检查不合格接头采取修整或补焊措施后，可提交二次验收。

3）焊接接头外观检查时，首先应由焊工对所焊接头或制品进行自检；然后由施工单位专业质量检查员检验；监理（建设）单位进行验收。

4）施工单位专业检查员应检查焊接材料产品合格证和焊接工艺试验时的接头力学性能试验报告。

5）钢筋焊接接头力学性能检验时，应在接头外观检查合格后随机抽取试件进行试验。试验方法应按现行行业标准《钢筋焊接接头试验方法标准》（JGJ/T 27）有关规定执行。

6）电渣压力焊接头的质量检验，应分批进行外观检查和力学性能检验，并应按下列规定作为一个检验批：

在现浇钢筋混凝土结构中，应以 300 个同牌号钢筋接头作为一批；在房屋结构中，应以不超过两楼层中 300 个同牌号钢筋接头作为一批；当不足 300 个接头时，仍应作为一批。每批随机切取 3 个接头试件做拉伸试验。

7）电渣压力焊接头外观检查结果，应符合下列要求：

①四周焊包凸出钢筋表面的高度，当钢筋直径为 25mm 及以下时，不得小于 4mm；当钢筋直径为 28mm 及以上时，不得小于 6mm。

②钢筋与电极接触处，应无烧伤缺陷。

③接头处的弯折角度不得大于 3°。

④接头处的轴线偏移不得大于钢筋直径的 0.1 倍，且不得大于 2mm。

142. 钢筋机械连接应符合什么标准？

国家标准《装标》中规定：钢筋采用机械连接时，其接头质量应符合行业标准《钢筋机械连接技术规程》（JGJ 107）的有关规定。

（1）接头的安装

1）直螺纹钢筋接头的安装质量应符合下列要求：

①安装接头时可用管钳扳手拧紧，应使钢筋螺纹头在套筒中央位置相互顶紧。标准型接头安装后的外露螺纹不宜超过 2p。

②安装后应用扭力扳手校核拧紧扭矩，拧紧扭矩值应符合表 9-2 的规定：

表 9-2 直螺纹接头安装时的最小拧紧扭矩值（《钢筋机械连接技术规程》表 6.21）

钢筋直径/mm	≤16	18～20	22～25	28～32	36～40
拧紧扭矩/N·m	100	200	260	320	360

③校核用扭力扳手的准确度级别可选用 10 级。

2）锥螺纹钢筋接头的安装质量应符合下列要求：

①接头安装时应严格保证钢筋与连接套筒的规格相一致。

②接头安装时应用扭力扳手拧紧，拧紧扭矩值应符合表 9-3 的规定：

表 9-3 锥螺纹接头安装时的最小拧紧扭矩值（《钢筋机械连接技术规程》表 6.22）

钢筋直径/mm	≤16	18～20	22～25	28～32	36～40
拧紧扭矩/N·m	100	180	240	300	360

③校核用扭力扳手与安装用扭力扳手应区分使用，校核用扭力扳手应每年校核 1 次，准确度级别应选用 5 级。

3）套筒挤压钢筋接头的安装质量应符合下列要求：

①钢筋端部不得有局部弯曲，不得有严重锈蚀和附着物。

②钢筋端部应有检查插入套筒深度的明显标记，钢筋端头离套筒长度中心点不宜超过 10mm。

③挤压应从套筒中央开始，依次向两端挤压，压痕直径的波动范围应控制在供应商认定的允许波动范围内，并提供专用量规进行检查。

④挤压后的套筒不得有肉眼可见裂纹。

（2）接头的验收

1）工程中应用钢筋机械接头时，应由该技术提供单位提交有效的型式检验报告。

2）钢筋连接工程开始前，应对不同钢筋生产厂的进场钢筋进行接头工艺检验；施工过程中，更换钢筋生产厂时，应补充进行工艺检验。工艺检验应符合下列规定：

①每种规格钢筋的接头试件不应少于3根。

②每根试件的抗拉强度和3根接头试件的残余变形的平均值均应符合《钢筋机械连接技术规程》表3.05和表3.07的规定。

③接头试件在测量残余变形后可再进行抗拉强度试验，并宜按《钢筋机械连接技术规程》附录A表A1.3中的单向拉伸加载制度进行试验。

④第一次工艺检验中1根试件抗拉强度或3根试件的残余变形平均值不合格时，允许再抽3根试件进行复验，复验仍不合格时判为工艺检验不合格。

3）接头安装前应检查连接件产品合格证及套筒表面生产批号标识；产品合格证应包括适用钢筋直径和接头性能等级、套筒类型、生产单位、生产日期以及可追溯产品原材料力学性能和加工质量的生产批号。

4）现场检验应按《钢筋机械连接技术规程》进行接头的抗拉强度试验，加工和安装质量检验；对接头有特殊要求的结构，应在设计图样中另行注明相应的检验项目。

5）接头的现场检验应按验收批进行，同一施工条件下采用同一批材料的同等级、同形式、同规格接头，应以500个为一个验收批进行检验与验收，不足500个也应作为一个验收批。

6）螺纹接头安装后应按《钢筋机械连接技术规程》第7.0.5条的验收批，抽取其中10%的接头进行拧紧扭矩校核，拧紧扭矩值不合格数超过被校核接头数的5%时，应重新拧紧全部接头，直到合格为止。

7）对接头的每一验收批，必须在工程结构中随机截取3个接头试件作抗拉强度试验，按设计要求的接头等级进行评定。当3个接头试件的抗拉强度均符合《钢筋机械连接技术规程》表3.0.5中相应等级的强度要求时，该验收批应评为合格。如有1个试件的抗拉强度不符合要求，应再取6个试件进行复检。复检中如仍有1个试件的抗拉强度不符合要求，则该验收批应评为不合格。

8）现场检验连续10个验收批抽样试件抗拉强度试验一次合格率为100%时，验收批接头数量可扩大1倍。

9）现场截取抽样试件后，原接头位置的钢筋可采用同等规格的钢筋进行搭接连接，或采用焊接及机械连接方法补接。

10）对抽检不合格的接头验收批，应由建设方会同设计等有关方面研究后提出处理方案。

143. 如何检查验收后浇混凝土？

装配式结构采用后浇混凝土连接时，构件连接处后浇混凝土强度应符合设计要求。装配整体式混凝土结构节点区的后浇混凝土质量控制非常重要，不但要求其与预制构件的结合面紧密结合，还要求其自身浇筑密实，更重要的是要控制混凝土强度指标。当后浇混凝土和现浇结构采用相同等级混凝土浇筑时，可以采用现浇结构的混凝土试块进行评定；对有特殊要求的后浇混凝土应单独制作试块进行检验评定。

检查验收后浇混凝土，应符合国家标准《装标》的规定，装配式混凝土结构的后浇混凝土部位在浇筑前应进行隐蔽工程验收，隐蔽工程验收应包含下列内容：

1）混凝土粗糙面的质量，键槽的尺寸、数量、位置。

2）钢筋的牌号、规格、数量、位置、间距，箍筋弯钩的弯折角度及平直长度。

3）钢筋的连接方式、接头位置、接头数量、接头面积百分率、搭接长度、锚固方式及锚固长度。

4）预埋件、预留管线的规格、数量、位置。

5）预制混凝土构件接缝处防水、防火等构造做法。

6）保温及其节点施工。

7）其他隐蔽项目。

另外，后浇混凝土验收应符合现行国家标准《混凝土强度检验评定标准》（GB/T 50107—2010）的有关规定：

（1）混凝土的取样

1）混凝土的取样，宜根据本标准规定的检验评定方法要求制定检验批的划分方案和相应的取样计划。

2）混凝土强度试样应在混凝土的浇筑地点随机抽取。

3）试件的取样频率和数量应符合下列规定：

①每 100 盘，但不超过 $100m^3$ 的同配合比混凝土，取样次数不应少于一次。

②每一工作班拌制的同配合比混凝土，不足 100 盘和 $100m^3$ 时取样次数不应少于一次。

③当一次连续浇筑的同配合比混凝土超过 $1000m^3$ 时，每 $200m^3$ 取样不应少于一次。

④对房屋建筑，每一楼层、同一配合比的混凝土，取样不应少于一次。

4）每批混凝土试样应制作的试件总组数，除满足混凝土强度评定所必需的组数外，还应留置为检验结构或构件施工阶段混凝土强度所必需的试件。

（2）混凝土试件的制作与养护

1）每次取样应至少制作一组标准养护试件。

2）每组 3 个试件应由同一盘或同一车的混凝土中取样制作。

3）检验评定混凝土强度用的混凝土试件，其成型方法及标准养护条件应符合现行国家标准《普通混凝土力学性能试验方法标准》（GB/T 50081—2002）的规定。

4）采用蒸汽养护的构件，其试件应先随构件同条件养护，然后应置入标准养护条件下继续养护，两段养护时间的总和应为设计规定龄期。

(3) 混凝土试件的试验

1) 混凝土试件的立方体抗压强度试验应根据现行国家标准《普通混凝土力学性能试验方法标准》(GB/T 50081—2002) 的规定执行。每组混凝土试件强度代表值的确定，应符合下规定：

①取3个试件强度的算术平均值作为每组试件的强度代表值。

②当一组试件中强度的最大值或最小值与中间值之差超过中间值的10%时，取中间值作为该组试件的强度代表值。

③当一组试件中强度的最大值和最小值与中间值之差均超过中间值的15%时，该组试件的强度不应作为评定的依据。

注：对掺矿物掺合料的混凝土进行强度评定时，可根据设计规定，采用大于28d龄期的混凝土强度。

2) 当采用非标准尺寸试件时，应将其抗压强度乘以尺寸折算系数，折算成边长为100mm的标准尺寸试件抗压强度。尺寸折算系数按下列规定采用：

①当混凝土强度等级低于C60时，对边长为100mm的立方体试件取0.95，对边长为200mm的立方体试件取1.05。

②当混凝土强度等级不低于C60时，宜采用标准尺寸试件；使用非标准尺寸试件时，尺寸折算系数应由试验确定，其试件数量不应少于30对组。

(4) 混凝土强度的检验评定

混凝土强度的检验评定通常由实验室专业人员或者第三方检测中心根据《混凝土强度检验评定标准》(GB/T 50107—2010) 的有关规定进行评定。有统计方法评定和非统计方法评定。

144. PC构件焊接连接采用什么标准验收？

焊接连接方式是在预制混凝土构件中预埋钢板，构件之间如钢结构一样用焊接方式连接。与螺栓连接一样，焊接方式在装配整体式混凝土结构中，仅用于非结构构件的连接。在全装配式混凝土结构中，可用于结构件的连接。

焊接连接在混凝土结构建筑中用得比较少。有的预制楼梯固定结点采用焊接连接方式。单层装配式混凝土结构厂房的起重机梁和屋顶预制混凝土桁架与柱子连接也会用到焊接方式。用于钢结构建筑的PC构件也可能采用焊接方式。

国家标准《装标》中规定：预制构件采用型钢焊接连接时，型钢焊缝接头质量应满足设计要求，并应符合现行国家标准《钢结构焊接规范》(GB 50661—2011) 和《钢结构工程施工质量验收规范》(GB 50205—2001) 的有关规定。具体如下：

1) 焊条、焊丝、焊剂、电渣焊熔嘴等焊接材料与母材的匹配应符合设计要求及国家现行行业标准的规定。焊条、焊剂、药芯焊丝、熔嘴等在使用前，应按其产品说明书及焊接工艺文件的规定进行烘焙和存放。

检查数量：全数检查。

检验方法：检查质量证明书和烘焙记录。

2）焊工必须经考试合格并取得合格证书。持证焊工必须在其考试合格项目及其认可范围内施焊。

检查数量：全数检查。

检验方法：检查焊工合格证及其认可范围、有效期。

3）施工单位对其首次采用的钢材、焊接材料、焊接方法、焊后热处理等，应进行焊接工艺评定，并应根据评定报告确定焊接工艺。

检查数量：全数检查。

检验方法：检查焊接工艺评定报告。

4）设计要求全焊透的一级、二级焊缝应采用超声波探伤进行内部缺陷的检验，超声波探伤不能对缺陷做出判断时，应采用射线探伤，其内部缺陷分级及探伤方法应符合现行国家标准《焊缝无损检测超声检测技术、检测等级和评定》（GB/T 11345—2013）或《金属熔化焊焊接接头射线照相》（GB/T 3323—2005）的规定。

检查数量：全数检查。

检验方法：检查超声波或射线探伤记录。

5）T 形接头、十字接头、角接接头等要求熔透的对接和角对接组合焊缝，其焊脚尺寸不应小于 $t/4$，设计有疲劳验算要求的起重机梁或类似构件的腹板与上翼缘连接焊缝的焊脚尺寸为 $t/2$。

检查数量：资料全数检查；同类焊缝抽查 10%，且不应少于 3 条。

检验方法：观察检查，用焊缝量规抽查测量。

6）焊缝表面不得有裂纹、焊瘤等缺陷。一级、二级焊缝不得有表面气孔、夹渣、弧坑裂纹、电弧擦伤等缺陷。且一级焊缝不许有咬边、未焊满、根部收缩等缺陷。

检查数量：每批同类构件抽查 10%，且不应少于 3 件；被抽查构件中，每一类型焊缝按条数抽查 5%，且不应少于 1 处；每条检查 1 处，总抽查数不应少于 10 处。

检验方法：观察检查或使用放大镜、焊缝量规定和钢尺检查，当存在疑义时，采用渗透或磁粉探伤检查。

145. PC 构件螺栓连接采用什么标准验收？

螺栓连接是用螺栓和预埋件将预制构件与预制构件或预制构件与主体结构进行连接。套筒灌浆连接、浆锚搭接连接、后浇筑连接和钢丝绳索套加钢筋销连接都属于湿连接，螺栓连接属于干连接。螺栓连接是全装配式混凝土结构的主要连接方式。可以连接结构柱、梁。非抗震设计或低抗震设防烈度设计的低层或多层建筑，当采用全装配式混凝土结构时，可用螺栓连接主体结构。

国家标准《装标》中规定：

预制构件采用螺栓连接时，螺栓的材质、规格、拧紧力矩应符合设计要求及现行国家标准《钢结构设计规范》（GB 50017—2003）和《钢结构工程施工质量验收规范》（GB 50205—2001）的有关规定。

检查数量：全数检查。

检查方法：应符合现行国家标准《钢结构工程施工质量验收规范》（GB 50205—2001）的有关规定。

（1）普通紧固件连接

1）普通螺栓作为永久性连接螺栓时，当设计有要求或对其质量有疑义时，应进行螺栓实物最小拉力载荷复验，其结果应符合现行国家标准《紧固件机械性能　螺栓、螺钉和螺柱》（GB/T 3098.1—2010）的规定。

检查数量：每一规格螺栓抽查 8 个。

检验方法：检查螺栓实物复验报告。

2）连接薄钢板采用的自攻螺钉、拉铆钉、射钉等，其规格尺寸应与连接钢板相匹配，其间距、边距等应符合设计要求。

检查数量：按连接节点数抽查 1%，且不应少于 3 个。

检验方法：观察和尺量检查。

3）永久普通螺栓紧固应牢固、可靠、外露螺纹不应少于 2 扣。

检查数量：按连接节点数抽查 10%，且不应少于 3 个。

检验方法：观察和用小锤敲击检查。

4）自攻螺钉、钢拉铆钉、射钉等与连接钢板应紧固密贴，外观排列整齐。

检查数量：按连接节点数抽查 10%，且不应少于 3 个。

检验方法：观察或用小锤敲击检查。

（2）高强度螺栓连接

1）钢结构制作和安装单位应分别进行高强度螺栓连接摩擦面的抗滑移系数试验和复验，现场处理的构件摩擦应单独进行摩擦面抗滑移系数试验，其结果应符合设计要求。

检查数量：制造批可按分部（子分部）工程划分规定的工程量。每 2000t 为一批，不足 2000t 的可视为一批。选用两种及两种以上表面处理工艺时，每种处理工艺应单独检验，每批三组试件。

检验方法：检查摩擦面抗滑移系数试验报告和复验报告。

2）高强度大六角头螺栓连接副终拧完成 1h 后、48h 内应进行终拧扭矩检查。

检查数量：按节点数检查 10%，且不应少于 10 个；每个被抽查节点按螺栓数抽查 10%，且不应少于 2 个。

检验方法：紧固件连接工程检验项目。

3）高强度螺栓连接副的施拧顺序和初拧、复拧扭矩应符合设计要求和国家现行行业标准《钢结构高强度螺栓连接技术规程》（JGJ 82—2011）的规定。

检查数量：资料全数检查。

检验方法：检查扭矩扳手标定记录和螺栓施工记录。

4）高强度螺栓连接副终拧后，螺栓螺纹外露应为 2～3 扣，其中允许有 10% 的螺栓螺纹外露 1 扣或 4 扣。

检查数量：按节点数抽查 5%，且不应少于 10 个。

检验方法：观察检查。

5）高强度螺栓连接摩擦面应保持干燥、整洁，不应有飞边、毛刺、焊接飞溅物、焊疤、氧气铁皮、污垢等，除设计要求外摩擦面不应涂漆。

检查数量：全数检查。

检验方法：观察检查。

6）高强度螺栓应自由穿入螺栓孔。高强度螺栓孔不应采用气割扩孔，扩孔数量应征得设计同意，扩孔后的孔径不应超过 $1.2d$（d 为螺栓直径）。

检查数量：被扩螺栓孔全数检查。

检验方法：观察检查及用卡尺检查。

7）螺栓球节点网架总拼完成后，高强度螺栓与球节点应紧固连接，高强度螺栓拧入螺栓球内的螺纹长度不应小于 $1.0d$（d 为螺栓直径），连接处不应出现有间隙、松动等未拧紧情况。

检查数量：按节点数抽查 5%，且不应少于 10 个。

检验方法：普通扳手及尺量检查。

146. PC 工程结构验收有哪些一般项目？

PC 工程验收除了主控项目外还有一些一般项目，国家标准《装标》中对 PC 工程结构验收的一般项目规定如下：

（1）预制构件制作

1）预制构件外观质量不应有一般缺陷，对出现的一般缺陷应要求构件生产单位按技术处理方案进行处理，并重新检查验收。

检查数量：全数检查。

检验方法：观察，检查技术处理方案和处理记录。

2）预制构件粗糙面的外观质量、键槽的外观质量和数量应符合设计要求。

检查数量：全数检查。

检验方法：观察，量测。

3）预制构件表面预贴饰面砖、石材等饰面及装饰混凝土饰面的外观质量应符合设计要求或国家现行有关标准的规定。

检查数量：按批检查。

检验方法：观察或轻击检查；与样板对比。

4）预制构件上的埋件、预留插筋、预留孔洞、预埋管线等规格型号、数量应符合设计要求。

检查数量：按批检查。

检验方法：观察、尺量；检查产品合格证。

5）预制板类、墙板类、梁柱类构件外形尺寸偏差和检验方法应分别符合相应的规定。

检查数量：按照进场检验批，同一规格（品种）的构件每次抽检数量不应少于相应规定数量的 5% 且不少于 3 件。

6）装饰构件的装饰外观尺寸偏差和检验方法符合设计要求。当设计无要求时，应按照表 9-4 的规定。

表 9-4　装饰构件外观尺寸允许偏差及检验方法

项　次	装饰种类	检验项目	允许偏差/mm	检验方法
1	通用	表面平整度	2	2m 靠尺或塞尺检查
2	面砖、石材	阳角方正	2	用托线板检查
3		上口平直	2	拉通线用钢尺检查
4		接缝平直	3	用钢尺或塞尺检查
5		接缝深度	±5	用钢尺或塞尺检查
6		接缝宽度	±2	用钢尺检查

检查数量：按照进场检验批，同一规格（品种）的构件每次抽检数量不应少于该规格（品种）数量的 10% 且不少于 5 件。

（2）预制构件安装与连接

1）装配式结构分项工程的施工尺寸偏差及检验方法应符合设计要求；当设计无要求时，应按照表 9-5 的规定。

检查数量：按楼层、结构缝或施工段划分检验批。在同一检验批内，对梁、柱，应抽查构件数量的 10%，且不少于 3 件；对墙和板，应按有代表性的自然间抽查 10%，且不少于 3 间；对于大空间结构，墙可按相邻轴线间高度 5m 左右划分检查面，板可按纵、横轴线划分检查面，抽查 10%，且均不少于 3 面。

2）装配式混凝土建筑的饰面外观质量应符合设计要求，并应符合现行国家标准《建筑装饰装修工程质量验收规范》（GB 50210—2001）的有关规定。

检查数量：全数检查。

检验方法：观察、对比量测。

147. PC 工程结构安装验收允许偏差是多少？

PC 结构工程安装的允许偏差见表 9-5。

表 9-5　预制构件安装尺寸的允许偏差及检验方法

项　目			允许偏差/mm	检验方法
构件中心线对轴线位置	基础		15	经纬仪及尺量
	竖向构件（柱、墙、桁架）		8	
	水平构件（梁、板）		5	
构件标高	梁、柱、墙、板底面或顶面		±5	水准仪或拉线、尺量
构件垂直度	柱、墙	≤6m	5	经纬仪或吊线、尺量
		>6m	10	
构件倾斜度	梁、桁架		5	经纬仪或吊线、尺量

（续）

<table>
<tr><th colspan="3">项　　目</th><th>允许偏差/mm</th><th>检 验 方 法</th></tr>
<tr><td rowspan="5">相邻构件平整度</td><td colspan="2">板端面</td><td>5</td><td rowspan="5">2m 靠尺和塞尺测量</td></tr>
<tr><td rowspan="2">梁、板底面</td><td>外露</td><td>3</td></tr>
<tr><td>不外露</td><td>5</td></tr>
<tr><td rowspan="2">柱墙侧面</td><td>外露</td><td>5</td></tr>
<tr><td>不外露</td><td>8</td></tr>
<tr><td>构件搁置长度</td><td colspan="2">梁、板</td><td>±10</td><td>尺量</td></tr>
<tr><td>支座、支垫中心位置</td><td colspan="2">板、梁、柱、墙、桁架</td><td>10</td><td>尺量</td></tr>
<tr><td>墙板接缝</td><td colspan="2">宽度</td><td>±5</td><td>尺量</td></tr>
</table>

148. 如何进行 PC 结构实体检验？

PC 结构实体检验是工程验收过程中的关键。具体有如下项目：

（1）装配式混凝土结构子分部工程分段验收前，应进行结构实体检验。结构实体检验应由监理单位组织施工单位实施，并见证实施过程。参照国家标准《混凝土结构工程施工质量验收规范》（GB 50204—2015）第 8 章现浇结构分项工程。

（2）结构实体检验应包括混凝土强度、钢筋保护层厚度、结构位置与尺寸偏差以及合同约定的项目，必要时可检验其他项目，除结构位置与尺寸偏差外的结构实体检验项目，应由具有相应资质的检测机构完成。预制构件实体性能检验报告应由构件生产单位提交施工总承包单位，并由专业监理工程师审查备案。

（3）钢筋保护层厚度、结构位置与尺寸偏差按照《混凝土结构工程施工质量验收规范》（GB 50204—2015）执行。

（4）预制构件现浇结合部位实体检验应进行以下项目检测：

1）结合部位的钢筋直径、间距和混凝土保护层厚度。

2）结合部位的后浇混凝土强度。

（5）对预制构件的混凝土、叠合梁、叠合板后浇混凝土和灌浆料的强度检验，应以在浇筑地点制备并与结构实体同条件养护的试件强度为依据。混凝土强度检验用同条件养护试件的留置、养护和强度代表值应按《混凝土结构工程施工质量验收规范》（GB 50204—2015）附录 D 的规定进行，也可按国家现行标准规定采用非破损或局部破损的检测方法检测。

（6）当未能取得同条件养护试件强度或同条件养护试件强度被判定为不合格，应委托具有相应资质等级的检测机构按国家有关标准的规定进行检测。

第 10 章　PC 工程建筑部品安装

149. 装配式建筑内装施工有哪些要求?

《装标》3.0.5 条款规定，装配式混凝土建筑应实现全装修，内装系统应与结构系统、外围护系统、设备与管线系统一体化设计建造。

特别是“装配式混凝土建筑应实现全装修”这一条，就给装配式建筑带来了几个变化：第一，全装修施工与结构施工的一体化；第二，内装系统中部品部件的集成化；第三，内装施工与结构施工的流水作业与交叉作业。在施工过程中还要注意以下规定：

（1）国家标准规定

《装标》10.5.1～10.5.4 条对装配式混凝土建筑的部品安装做出了以下规定：

1）部品安装宜与主体结构同步进行，可在安装部位的主体结构验收合格后进行，并应符合国家现行有关规定。

2）安装前准备工作应编制好施工组织计划和专项施工方案，内容包括安全、质量、环境保护方案及施工进度计划。

3）应对所有进场部品、零配件及辅助材料按设计规定的品种、规格、尺寸和外观要求进行检查。

4）应进行技术交底与人员培训。

5）安装前应进行测量放线工作。

6）严禁擅自改动主体结构或改变房间主要功能，严禁擅自拆改燃气、暖通、电气等配套设施。

7）部品吊装应采用专用吊具吊装，安装就位应平稳避免磕碰。

（2）其他注意事项

根据笔者的经验，除了以上国家标准中的规定以外，装配式混凝土建筑内装施工中还应该注意以下几点：

1）内装系统施工要与主体结构施工形成流水作业，只有这样才能体现出装配式建筑节约工期的优势，如图 10-1、图 10-2 所示。

2）与主体结构施工需要交叉作业的要计划协调好。比如整体卫浴，要在楼板浇筑混凝土前提前吊到位置；因此塔式起重机使用要详细计划。

3）要做好成品保护，避免湿作业对部品部件的污染以及其他施工作业对部品部件的磕碰。

4）内装作业的隐蔽结点要提前拍照存档。

5）内装完成后要绘制出水、电、燃气、通信等线路图交给业主，同时要留存档案。

图 10-1　日本内装系统与结构施工流水作业 1

图 10-2　日本内装系统与结构施工流水作业 2

150. 预制外墙、现场组合骨架外墙有哪些要求？

（1）预制外墙

《装标》10. 5. 5 条规定，预制外墙安装应符合以下规定：

1）墙板应设置临时固定和调整装置。

2）墙板应在轴线、标高和垂直度调校合格后方可永久固定。

3）当条板采用双层墙板安装时，内、外层墙板的拼缝宜错开。

4）蒸压加气混凝土板（图 10-3）施工还要符合现行行业标准《蒸压加气混凝土建筑应用技术规程》（JGJ/T 17—2008）中的规定，主要内容包括：

图 10-3　蒸压加气混凝土板

①加气混凝土外墙板应与结构主体有可靠的连接。当采用竖板和拼接板时应分层承托，横板应按一定高度由主体结构承托。

②地震区采用外墙板时，应符合抗震构造要求。

③外墙拼装大板，洞口两边和上部过梁最小尺寸应符合《蒸压加气混凝土建筑应用技术规程》（JGJ/T 17—2008）中的规定，见表 10-1。

表 10-1　最小尺寸限值

洞口尺寸 宽 × 高/mm	洞口两边板宽/mm	过梁板板高/mm
900 × 1200 以下	300	300
1800 × 1500 以下	450	300
2400 × 1800 以下	600	400

（2）现场组合骨架外墙

《装标》10.5.6条规定，要求现场组合骨架外墙安装应符合以下规定：

1）竖向龙骨安装应平直，不得扭曲，间距应满足设计要求。

2）空腔内的保温材料应连续、密实，并应在隐蔽验收后安装面板。

3）面板安装方向及拼缝位置应满足设计要求，内外侧接缝不应在同一根竖向龙骨上。

4）木骨架组合墙体施工还应符合现行国家标准《木骨架组合墙体技术规范》（GB/T 50361—2005）中的规定，主要内容包括：

①施工作业面清理干净，作业面的平整度、强度和干燥度符合设计要求。

②木骨架制作前应检查木材的含水率、虫蛀、裂纹等质量是否符合设计要求。

③木骨架安装前按安装线安装好塑料垫，待安装固定后用密封胶和密封条填严，填满四周连接缝。

④安装后检查尺寸、垂直度、表面平整度等符合设计要求。

⑤要做好外墙体局部防渗、防潮保护。

151. 幕墙安装有哪些要求？

《装标》10.5.7条规定，装配式建筑的幕墙安装应符合以下要求：

1）玻璃幕墙安装应符合现行行业标准《玻璃幕墙工程技术规范》（JGJ 102—2003）的规定。

2）金属与石材幕墙安装应符合现行行业标准《金属与石材幕墙工程技术规范》（JGJ 133—2001）的规定。

3）人造板材安装应符合现行行业标准《人造板材幕墙工程技术规范》（JGJ 336—2016）的规定。

4）装配式建筑外幕墙有两种情况，石材幕墙直接通过反打石材与混凝土外墙板形成一体化及清水混凝土墙板，见本书第7章105问与111问；剪力墙板和外挂墙板的安装。

5）无龙骨幕墙，在预制主体结构上直接预埋螺栓与幕墙连接，注意以下要点：

①幕墙附框可以在构件吊装前安装上。

②幕墙也可以与PC构件在工厂集成一起再吊装（图10-4）。

③幕墙安装注意成品保护。

图10-4　幕墙与PC构件一体化

152. 轻质隔墙施工有哪些要求？

装配式混凝土建筑中内隔墙板一般采用轻质隔墙条板或龙骨隔墙，其中轻质条板隔墙板按材料分有陶粒条板、珍珠岩条板、聚苯颗粒条板、GRC 条板等几种。在施工过程中还要符合以下规定：

(1) 国家相关标准规定

《装标》10. 5. 9 条要求，轻质隔墙安装施工应符合现行行业标准《建筑轻质条板隔墙技术规程》（JGJ/T 157—2014）的有关规定，主要包括：

1）安装施工前编制施工技术文件，内容包含：排板图、安装结点技术资料、具体施工方案。

2）施工技术文件由施工单位技术负责人批准，经监理单位审核后实施；条板安装工程应在做地面找平以前。

3）安装人员要经过技术培训，并进行技术交底。

4）过程中应对各工序进行验收，并做好记录保存。

5）安装应从主体墙柱一段按照顺序施工，有洞口位置宜从洞口向两边安装。

6）接缝处应填满灌实黏结材料，板缝间揉挤严密，多余的黏结材料应刮平。

7）安装卡件、铆钉等安装辅助材料进场应提供产品合格证。

8）搬运条板应采用侧立的方式，重量较大的条板应用轻型机具（图 10-5）辅助施工安装。

图 10-5　墙板安装辅助机械人
（照片由山东天意机械股份有限公司提供）

9）当合同约定或者设计要求对条板隔墙工程进行见证检测时，应进行隔墙的抗冲击性能检测。

10）安装允许误差应符合国家现行行业标准《建筑轻质条板隔墙技术规程》（JGJ/T 157—2014）的有关规定，见表 10-2。

表 10-2　条板隔墙安装的允许偏差和检验方法

序　号	项　目	允许偏差/mm	检 验 方 法
1	墙体轴线位移	5	用经纬仪或拉线和尺检查
2	表面平整度	3	用 2m 靠尺和楔形塞尺检查
3	立面垂直度	3	用 2m 垂直检测尺检查
4	接缝高低	2	用直尺和楔形塞尺检查
5	阴阳角方正	3	用方尺及楔形塞尺检查

(2) 其他注意事项

除以上规范规定外轻质隔墙安装施工还需要注意以下要点：

1）在吊挂空调、画框等设备或其他物品的常用部位，应设置加强板或其他可靠加固措施。

2）安装墙板前应清理干净作业现场的杂物。

3）隔墙板的品种、规格、性能、外观应符合设计要求。有隔声、保温、防火、防潮等特殊要求的工程，板材应有满足相应性能等级的检测报告。

4）隔墙板安装所需预埋件、连接件的位置规格、数量和连接方法应符合设计要求。

5）墙板之间、墙板与建筑结构之间结合应牢固、稳定，连接方法应符合设计要求。

6）墙板安装所用接缝材料的品种及接缝方法应符合设计要求。

7）隔墙板安装应垂直、平整、位置正确，转角应规正，板材不得有缺边、掉角、开裂等缺陷，如图10-6所示。

图10-6　安装完成的轻质隔墙板

8）系统构造设计宜考虑与室内管线敷设结合，减少管线安装和维修更换时对墙体造成破坏和对室内空间的占用。

9）应满足不同功能房间对于隔声的要求，采用龙骨隔墙时，空腔内部宜填充岩棉、玻璃棉等具有隔声防火功能的材料。

(3) 龙骨隔墙

根据《装标》10.5.9条的规定，龙骨隔墙安装应符合以下要求：

1）龙骨骨架应与主体结构连接牢固，并应垂直、平整、位置准确。

2）龙骨的间距应满足设计要求。

3）门、窗洞口应采用双排竖向龙骨。

4）壁挂设备、装饰物等的安装位置应设置加固措施。

5）隔墙饰面板安装前，隔墙板内管线应进行隐蔽工程的验收。

6）面板拼缝应错缝设置，采用双层面板安装时，上下层的接缝应错开。

另外，除以上国家标准的规定外，根据经验，龙骨隔墙安装施工时，还应注意以下要点：

1）首先图样会审，编制龙骨隔墙施工方案。

2）培训工人并技术交底。

3）先做样板墙一道待鉴定合格后再大面积安装。

4）隔墙与地面连接处宜设置减振措施。

5）饰面板宜沿竖向安装，当采用粘接法固定于龙骨上时，板间缝隙应使用防霉型硅酮玻璃胶填充并勾缝光滑。

6）应满足不同功能房间对于隔声的要求，空腔内部宜填充岩棉、玻璃棉等具有隔声防火功能的材料，如图10-7所示。

图10-7　龙骨隔墙内部宜填充岩棉

7）如果使用木龙骨必须进行防火处理，并应符合有关防火规范，直接接触的木龙骨应预先刷防腐漆。

8）根据设计要求，隔墙板超过 3m 高时应加装横向卡挡龙骨。

9）安装纸面石膏板时应从门口处开始，没有门口的墙体从墙的一端开始。

10）纸面石膏板缝隙处理应刮专用腻子，并粘贴拉结带。

日本龙骨隔墙施工过程，如图 10-8、图 10-9 所示。

图 10-8　施工过程中的龙骨隔墙

图 10-9　轻钢龙骨石膏板墙体示意图

153. 吊顶施工有哪些要求？

装配式建筑内装系统中的吊顶施工宜采用集成吊顶。

（1）国家相关标准

根据《装标》10.5.10 条的要求，吊顶部品的安装应符合以下规定：

1）装配式吊顶龙骨应与主体结构固定牢固。

2）超过 3kg 的灯具、电扇及其他设备应设置独立吊挂结构。

3）饰面板安装前应完成吊顶内管道、管线施工，并经隐蔽验收合格。

（2）其他注意事项

除以上国家标准的规定外，根据实际经验，吊顶的安装施工还应注意以下要点：

1）首先图样会审，编制吊顶施工技术方案。

2）培训工人并技术交底。

3）装配式混凝土建筑的吊顶系统应根据实际需要而设置，宜减小占用室内空间高度，保证室内净高。

4）不同功能的空间可采取不同的吊顶高度，吊顶高度要确保吊顶上面铺设管线（图 10-10）的尺寸。

图 10-10　吊顶上部铺设的机电管线

5）当楼板采用预制叠合楼板时，隔

墙、龙骨吊杆、机电设备和管线等连接件、预埋件应在结构板预制时事先埋设，一般不宜在楼板上射钉、打眼、钻孔。

6）龙骨吊杆、机电设备和管线等连接件、预埋件应在结构楼板预制时事先埋设，较轻管线可以采用后粘接措施固定。

7）吊顶内设备管线关键部位应设置检修口，如图10-11所示。

图10-11 吊顶关键部位设置的检修口

8）安装前应处理木龙骨、轻钢龙骨。居室中出现火情时火苗是向上燃烧的，因此，在施工过程中，应该严格对木龙骨进行防火处理，对于轻钢龙骨也要按规定进行防锈处理。

9）在布置吊杆的时候，应该按照设计的要求进行弹线，确定吊杆的位置，而且其间距不应该大于1.2m。另外，吊杆不应该与用作其他设备的吊杆混用，当吊杆和其他设备有冲突的时候，应该根据实际情况来调整吊杆的数量。

10）吊顶应注意拼接平整。在安装主龙骨时，应该及时检查其拼接是否平整，然后在安装的过程中进行调试，一定要满足板面的平整要求。在固定螺栓的时候，应该从板的中间向四周固定，而不应该同时施工。

11）与墙面涂装应无漏缝。吊顶压条在安装的时候一定要平直，根据实际情况及时调整。而墙面涂装涂料的时候一定不要有堆积现象，尤其是在墙面和吊顶交接的地方，不应该有漏缝等情况发生。

施工完成的集成吊顶如图10-12、图10-13所示。

图10-12 施工完成的集成吊顶一
（照片由浙江奇力集成吊顶提供）

图10-13 施工完成的集成吊顶二
（照片由浙江奇力集成吊顶提供）

154. 集成式厨房安装有哪些要求？

集成式厨房一般由厨房家具、厨房设备和厨房设施组成。在安装过程中应要注意以下要点：

1）施工过程中应保持产品外表面原有状态，不得有碰伤、划伤、开裂和压痕等损伤现象。

2）橱柜安装位置应按家用厨房设备设计图样要求进行，不得随意变换位置。

3）橱柜摆放应协调一致，台面及吊柜组合后应保证水平，且保证固定牢固。

4）对门板应进行全面调节，使门板上下、前后、左右齐整，缝隙度均匀一致。

5）厨房部品安装尺寸要符合设计要求。

6）吊柜与墙面的安装应结合牢固，连接螺钉不应小于 M8，每 900mm 长度不宜少于两个连接固定点。

7）拼接式结构橱柜的安装部件之间的连接应牢靠不松动，紧固螺钉要全部拧紧。

8）吸油烟机安装应水平，牢靠固定在后墙面（或连接板）上，不得松动或抖动。

9）台面与柜体要结合牢固，不得松动。

10）吊柜安装完毕，门中缝处应能承受 150N 的水平冲击力，底部还能承受 150N 的垂直冲击力，而柜体无任何松动和损坏。

11）排水机构、燃气具接头、吸油烟机等部品安装完成后密封性能要符合设计要求。

12）应为洗涤池、灶具、操作台、吸油烟机等预留电气等设施的位置和标准接口。

13）应检查燃气热水器及排烟管道的安装及留孔的位置是否满足安装条件。

14）给水排水、燃气管线等正确标出定位线，于连接处设置检修口。

15）集成式厨房安装过程以及安装完成后注意成品保护。

安装完成的集成式厨房如图 5-1、图10-14 所示。

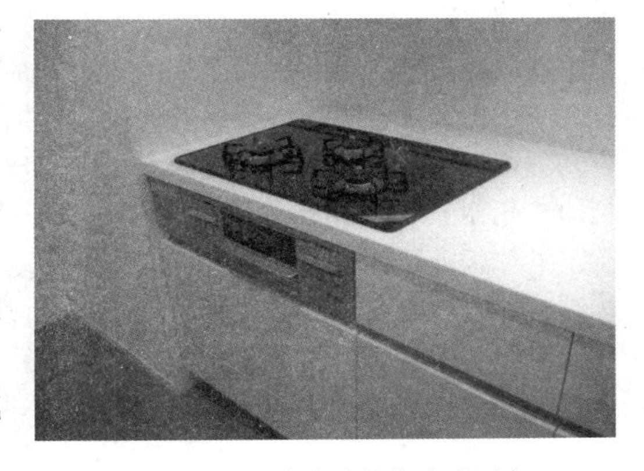

图 10-14　安装完成的集成式厨房

155. 集成式卫生间安装有哪些要求？

集成式卫生间安装应符合以下要求：

1）集成式卫生间安装前，安装单位应编制专项施工方案，并进行技术交底，安装人员应经过培训并经考核合格。

2）所有构件、配件进场时应对品种、规格、外观和尺寸进行验收。构件、配件包装应完好，应有产品的装配图、合格证书、使用安装说明书及相关性能的检测报告。

3）施工现场环境温度不宜低于 5℃。

4）安装施工中各专业工种应加强配合，做好专业交接，合理安排工序，保护好已完成工序的半成品及成品。

5）壁板与防水盘的连接、壁板之间的连接，应加防水密封垫以及顶板与壁板的连接应安全可靠，满足设计要求。

6）防水盘金属支撑腿、支撑壁板的金属型材应进行防腐处理。

7）防水盘安装注意要点：

①采用同层排水方式，整体卫生间门洞应与其外围合墙体门洞平行对正，底盘边缘与对应卫生间墙体平行。

②采用异层排水方式，同时应保证地漏孔和排污孔、洗面台排污孔与楼面预留孔一一对正。

③用专用扳手调节地脚螺栓，调整底盘的高度及水平；保证底盘完全落实，无异响现象。

8）壁板安装要点：

①按安装壁板背后编号依次用连接件和镀锌栓进行连接固定，注意保护墙板表面。

②壁板拼接面应平整，缝隙为自然缝，壁板与底盘结合处缝隙均匀，误差不大于2mm。

③壁板安装应保证壁板转角处缝隙、排水盘角中心点两边空隙均等，以利于压条的安装。

9）顶板安装要点：

①安装顶板前，应将顶板上端的灰尘、杂物清除干净。

②采用内装法安装顶板时，应通过顶板检修口进行安装。

③顶板与顶板、顶板与壁板间安装应平整，缝隙要小而均匀。

10）给水管安装要点：

①沿壁板外侧固定给水管时，应安装管卡固定。

②整体卫生间各给水管接头位置按工厂设置好的安装孔进行安装。

③使用热熔管时，应保证所熔接的两个管材或配管对准。

11）电气设备管安装要点：

①将卫生间预留的每组电源进线分别通过开关控制，接入接线端子对应位置。

②不同用电装置的电源线应分别穿入走线槽或电线管内，并固定在顶板上端，其分布应有利于检修。

③各用电装置的开关应单独控制。

12）对于工厂组装整体卫生间安装注意要点：

①将在工厂组装完成的整体卫生间，经检验合格后，做好包装保护，由工厂运输至施工现场。

②利用垂直运输工具将整体卫生间放置在楼层的临时指定位置。

③当满足整体卫生间安装条件后，使用专用平移工具将整体卫生间移动到安装位置就位。

④拆掉整体卫生间门口包装材料，进入卫生间内部检验有无损伤，调整好整体卫生间的水平、垂直度。

⑤完成整体卫生间与给水、排水预留点位、电路预留点位接驳和进行相关检验工作，并记录存档。

⑥所有工作完成后进行清洁、自检、报检和成品保护工作。

⑦进行门窗安装、收口工作。

⑧拆掉整体卫生间外围包装保护材料，由相关单位进行整体卫生间外围墙体的施工工作。

集成式卫生间安装过程如图 10-15 所示；安装完成的集成式卫生间如图 10-16 所示。

图 10-15　集成式卫生间安装过程
（由重庆科逸卫浴有限公司提供）

图 10-16　日本安装完成的集成式卫生间

156. 整体收纳、架空地板及外门窗安装有哪些要求？

由于装配式建筑内装系统与结构系统的一体化施工，为避免因流水线作业或交叉作业彼此影响，应将内装系统中的整体收纳、架空地板及门窗的安装技术方案与要求详细列出，并与结构系统的施工方案进行对照交底。

（1）整体收纳

1）整体收纳的造型、结构、尺寸及安装位置要符合设计要求。

2）所用材料的材质、颜色和规格型号应符合设计要求，同时要与样品或样块一致。

3）整体收纳安装顺序由房间内向外逐步安装。

4）安装使用的配件及螺栓要齐全，螺栓要安装到位。

5）安装过程严禁野蛮安装。

6）表面采用贴面材料时，应粘贴平整牢固，不脱胶，边角不起翘。

7）安装完成的柜门或抽屉开关应灵活。

8）整体收纳应安装牢固，防止坠落。

9）安装完成后表面应光滑平整，无毛刺、划痕和锤痕。

10）安装完成后应将垃圾清理干净。

11）进出精装修完成的房间要更换拖鞋。

安装完成的整体收纳如图 10-17、图 10-18 所示。

（2）架空地板

装配式混凝土建筑的地面系统宜选用集成化部品系统，并应符合《装标》10. 5. 11 条的主要规定：

1）架空地板安装前，应完成架空层内管线敷设，且经隐蔽验收合格。

图 10-17　安装完成的整体酒柜
（图片由北京润达家具提供）

图 10-18　安装完成的整体衣柜
（图片由北京润达家具提供）

2）地板辐射供暖系统应对地暖加热管线进行水压实验并隐蔽验收合格后铺设面层。

除以上国家标准规定外架空地板施工还需注意以下要点：

1）地面系统的承载力应满足房间使用的要求。

2）根据房间布局用红外线水平扫描仪，在四周的墙面上打好半腰水平，然后找出房间的较低点和较高点，计算地面到板面的平均值（此平均值等于甲方要求的安装高度）。

3）架空支架系统（图 10-19）的高度应符合设计要求，并要考虑架空空间中铺设的管线尺寸（图 10-20）。

图 10-19　架空地板使用的支架

图 10-20　架空地板空间铺设的管线

4）铺设架空地板前应根据现场实际测量尺寸进行深化设计地板铺设图样。

5）支架应平稳放置于地面上，支架与横梁需要用螺钉固定。

6）施工现场注意防火，施工人员严禁吸烟。

7）搬运地板注意安全，防止地板被刮毛或压变形，防止碰坏墙、柱、门框及栏杆。

8）架空地板铺设前要确保架空空间内的管线已经施工完成，并经过验收。

（3）外门窗安装

外门窗应符合《装标》10.5.8 条的规定：

1）铝合金门窗安装应符合现行行业标准《铝合金门窗工程技术规程》（JGJ 214—2010）的规定：

①铝合金门窗工程不得采用边砌口边安装或先安装后砌口的施工方法。

②铝合金门窗安装宜采用干法施工，金属附框安装应在洞口及墙体抹灰湿作业前完成，铝合金门窗应在湿作业后进行。

③铝合金门窗安装施工宜在室内侧或洞口内进行。

④安装完成的门窗应开启灵活，无卡滞。

⑤金属附框的内、外两侧宜采用固定片与墙体连接，固定片采用 Q235 钢材，厚度不应小于 1.5mm，宽度不应小于 20mm，表面应做防腐处理。

⑥金属附框固定片安装位置与墙体位置应满足图 10-21、图 10-22 的要求。

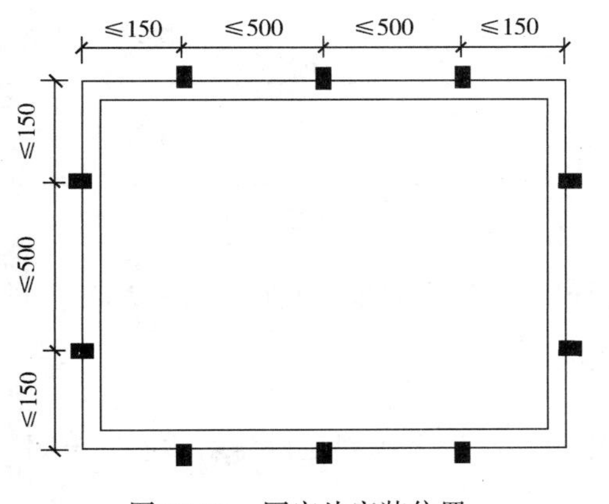

图 10-21　固定片安装位置

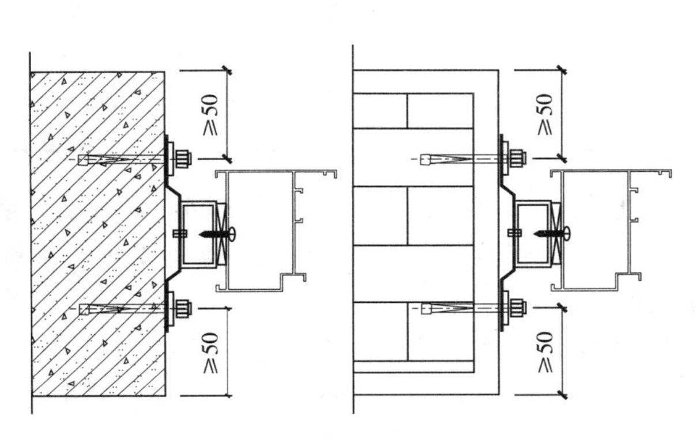

图 10-22　固定片与墙体安装位置

⑦安装后允许偏差见表 10-3。

表 10-3　门窗框安装允许偏差　　（单位：mm）

项目		允许偏差	检查方法
门窗框进出方向位置		±5.0	经纬仪
门窗框标高		±3.0	水平仪
门窗框左右方向相对位置偏差（无对线要求时）	相邻两层处于同一垂直位置	+10 0.0	经纬仪
	全楼高度内处于同一垂直位置（30m 以下）	+15 0.0	
	全楼高度内处于同一垂直位置（30m 以上）	+20 0.0	
门窗框左右方向相对位置偏差（有对线要求时）	相邻两层处于同一垂直位置	+2 0.0	经纬仪
	全楼高度内处于同一垂直位置（30m 以下）	+10 0.0	
	全楼高度内处于同一垂直位置（30m 以上）	+15 0.0	
门窗竖边框及中竖框自身进出方向和左右方向的垂直度		±1.5	铅垂仪或经纬仪

（续）

项目		允许偏差	检查方法
门窗上、下框及中横框水平		±1.0	水平仪
相邻两横向框的高度相对位置偏差		+1.5 0.0	水平仪
门窗宽度、高度构造内侧对边尺寸差	$L<2000$	+2.0 0.0	钢卷尺
	$2000\leq L<3500$	+3.0 0.0	钢卷尺
	$L\geq 3500$	+4.0 0.0	钢卷尺

⑧门窗安装后，边框与墙体之间应做好密封防水处理。

2）塑料门窗安装应符合现行行业标准《塑料门窗工程技术规范》（JGJ 103—2008）的规定：

①塑料门窗应采用固定片干法施工。

②根据设计要求，可在门、窗安装前预先安装附框，附框采用固定片与墙体连接牢固。

③不得在窗框排水槽内进行钻孔。

④安装门时应采取防止门框变形的措施。

⑤门窗的安装允许偏差见表10-4。

表10-4　门窗的安装允许偏差

项目		允许偏差/mm	检验方法
门、窗框外形（高、宽）尺寸长度差	≤1500mm	2	用精度1mm钢卷尺，测量外框两相对外墙面，测量部位距墙边100mm
	≥1500mm	3	
门、窗框两对角线长度差	≤2000mm	3	用精度1mm钢卷尺测量
	≥2000mm	5	
门、窗框正、侧面垂直度		3	用1m垂直检测尺检查
门、窗框水平度		3	用1m水平尺和精度0.5mm塞尺检查
门、窗下横框标高		5	用精度1mm钢直尺检查与基准线比较
双层门、窗内外框间距		4	用精度0.5mm钢直尺检查
门、窗框竖向偏离中心		5	用精度0.5mm钢直尺检查
平开门窗	门、窗扇与框搭接缝	2	用深度尺或精度0.5mm钢直尺检查
	同框门、窗相邻扇的水平高度差	2	用靠尺和精度0.5mm钢直尺检查
	门、窗框扇四周的配合间隙	1	用楔形塞尺检查
推拉门窗	门、窗扇与框搭接量	2	用深度尺或精度0.5mm钢直尺检查
	门、窗扇与框或相邻扇立边平行度	2	用精度0.5mm钢直尺检查

（续）

项　　目		允许偏差/mm	检 验 方 法
组合门窗	平面度	2.5	用 2m 靠尺和精度 0.5mm 钢直尺检查
	竖缝直线度	2.5	用 2m 靠尺和精度 0.5mm 钢直尺检查
	横缝直线度	2.5	用 2m 靠尺和精度 0.5mm 钢直尺检查

⑥外窗的安装必须牢固可靠，在砌体上安装时，严禁用射钉固定，应采用膨胀螺栓固定。

⑦窗框与洞口之间应采用聚氨酯发泡胶填充，应做好防水处理。

除以上国家标准规定外门窗施工还需注意以下要点：

1）门窗安装应根据图样设计要求，提前在工厂加工完成，收口部位采用工厂标准化门窗套。

2）门窗拼接口保证平整，横平竖直。

3）安装要求牢固，做好防腐、防火、防水等处理。

4）安装过程门窗应做好成品保护，防止划伤破坏外表面；安装后应将保护纸撤掉。

第 11 章　PC 工程设备与管线安装

157. PC 工程设备与管线安装有哪些要求?

国家标准《装标》中关于设备与管线系统有几条重要要求，使装配式建筑与现浇建筑有很大不同，分别是：

1）《装标》把装配式建筑定义为“结构系统、外围护系统、设备与管线系统、内装系统的主要部分采用预制部品部件集成的建筑”。如此，集成式部品成为装配式建筑的“标配”，如集成式厨房、集成式卫生间等，使设备与管线系统的工程安装发生了很多变化。

2）《装标》要求：设备与管线系统宜与主体结构分离。如此，传统的设备管线系统特别是强电弱电系统的施工变化很大，如图 11-1 所示。

3）《装标》要求：宜实现同层排水，如图 11-2 所示。

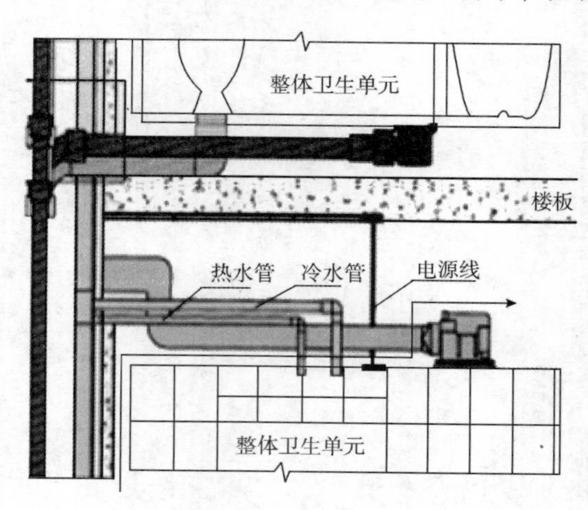

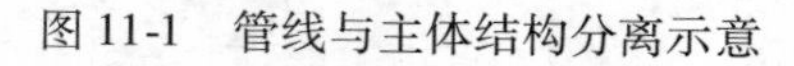
图 11-1　管线与主体结构分离示意

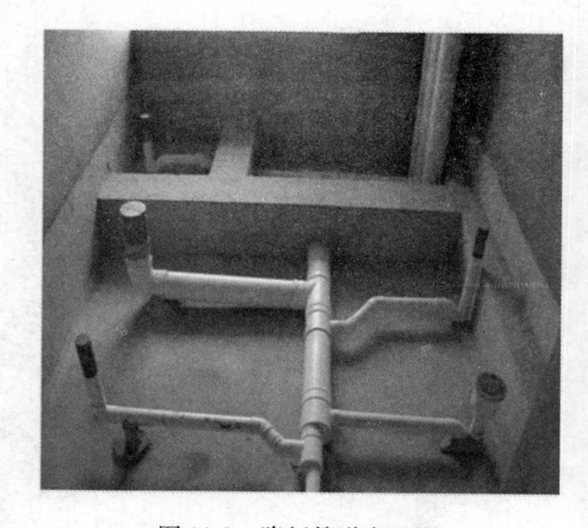

图 11-2　降板管道布置图

即使由于各种原因，装配式项目未做管线分离设计，强、弱电管线仍然要埋设在剪力墙内或者叠合板的叠合层混凝土里，由于装配式建筑禁止在预制构件上开槽、凿洞，以往在施工现场根据实际情况埋设作业的环节，现在必须都设计到预制构件制作图内，为此，施工企业必须在设计出图前与设计方对接互动，以避免设计遗漏。设备与管线系统安装需注意以下问题：

1）PC 建筑除了叠合板后浇层有的需要埋置电源线、信号线，其他结构部位和电气通信以外的管线都不能在施工现场埋设，不能砸墙凿洞，不能随意使用膨胀螺栓。

2）设备与管线需要与结构构件连接时宜采用预留埋件的连接方式。当采用其他连接方法时，不得影响混凝土构件的完整性与结构的安全性。

3）设备与管线施工前应按照设计文件核对该设备及管线参数，并应对结构构件预埋套管及预留孔洞的尺寸、位置进行复核，合格后方可施工。

4）电气工程分为强电及弱电，在构件施工阶段要注意管线埋设的位置是否与设计相符，在施工时避免混凝土漏入各线管内部，造成线管堵塞。

5）各类电盒在施工时需要考虑其埋设的位置及埋设方向，与设计图样统一。楼层之间预留的操作孔需要确定，并保证施工尺寸，便于工人操作。图 11-3 所示是日本某工地对讲门开关的安装效果，整洁、舒适。

6）隐蔽在装饰墙体内的管道，其安装应牢固可靠。管道安装部位的装饰结构应采取方便更换、维修的措施。

7）柱、梁结构体系中（框架结构、框架—剪力墙结构和密柱筒体结构）墙体管线敷设与设备固定应注意以下三点：

①外围护结构墙板不应埋设管线、设备的预埋件，如果外墙所在墙面需要设置电源、电视插座或埋设其他管线，应当设置架空层。

②如果需要在梁、柱上固定管线或设备，应当在构件预制时埋入内埋式螺母或预埋件，不要安装后在梁、柱上打膨胀螺栓，如图 11-4 所示。

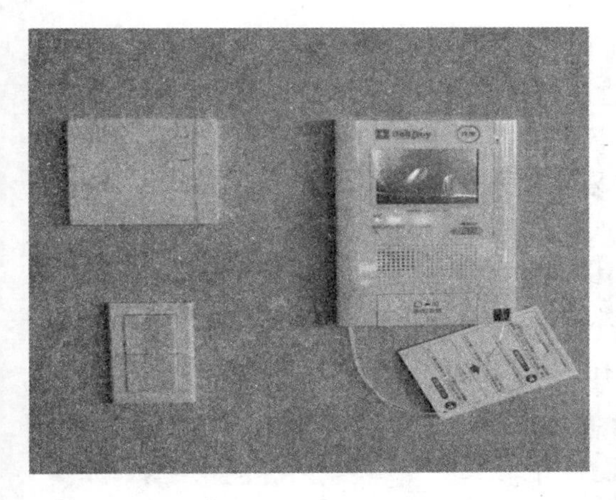

图 11-3　对讲门开关安装效果

图 11-4　梁、柱上固定管线或设备（日本的做法）

③柱、梁结构体系内隔墙宜采用可方便敷设管线的架空墙、空心墙板或轻质墙板等，如图 11-5 所示。

8）剪力墙结构墙体管线敷设与设备固定需要注意如下问题：

①剪力墙结构外墙不应埋设管线和固定管线、设备的预埋件，如果外墙所在墙面需要设置电源、电视插座或埋设其他管线，应与框架结构外围护结构墙体一样，设置架空层。

②剪力墙如果没有架空层，有需要埋设电源线、电信线、插座或配电箱等，在施工过程中要严格按照设计要求进行施工。

③在连梁或剪力墙上固定管线或设备，应在构件预制时埋入内埋式螺母，不能打膨胀螺栓。

④剪力墙结构建筑的非剪力墙内隔墙宜采用可方便敷设管线的架空墙或空心墙板。

⑤电器以外的其他管线不能埋设在混凝土中；墙体没有架空层的情况下，必须敷设在墙体上的管线应明管敷设，靠装修解决。

⑥当管线需埋置在桁架钢筋混凝土叠合板后浇混凝土中时，应设置在桁架钢筋下方，如图11-6所示。

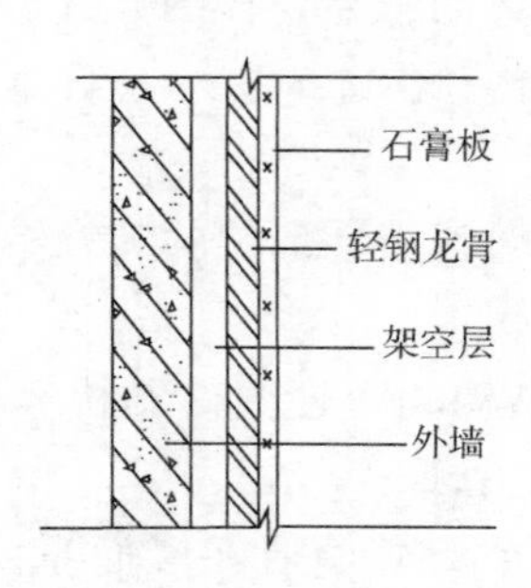

图11-5　外墙内壁设置架空层示意图

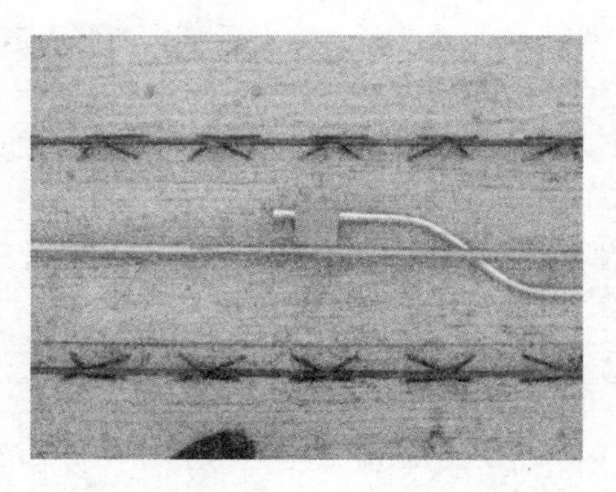

图11-6　叠合楼板叠合层内敷设线管做法

 158. 管线穿越PC构件有哪些要求?

管线穿越PC构件的情况分为竖向管线穿越楼板（图11-7）和横向管线穿越结构梁、墙（图11-8）的情况如图11-9所示。需穿过楼板的竖向管线包括电气干线、电信（网线、电话线、有线电视线、可视门铃线）干线、自来水给水、中水排水、热水给水、雨水立管、消防立管、排水、暖气、燃气、通风、排烟管道等。《装配式混凝土结构设计规程》（DB21/T 2572—2016）中规定：竖向管线宜集中布置，并应满足维修更换的要求。一般会设置管道井，需穿过结构梁、墙的横向管线包括电源线、电信线、给水、暖气、燃气、通风管道、空调管线等。对于管线穿越PC构件，在施工过程中需要注意下列问题：

图11-7　预制楼板预留竖向管线孔洞

图11-8　装配式建筑结构梁预留横向干线孔洞

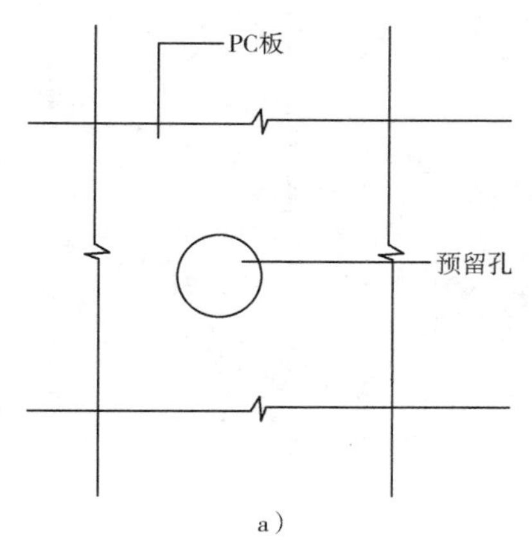

a）

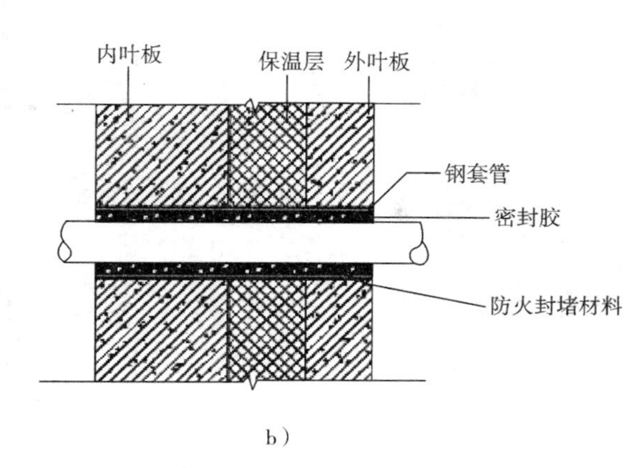

b）

图 11-9　管线穿过 PC 构件构造
a）立面　b）剖面

1）竖向管线穿越楼板、结构梁、墙时需要在预制楼板上预留孔洞，严禁在预制构件上凿洞、后锚固螺栓或者植筋。

2）施工前，技术人员应在各个预留孔位置做好标记，以免孔洞多的情况下将管线错穿。

3）在管线安装前，要做好各种管线的安装方案，充分考虑到各个管线在安装过程中的干涉情况，严禁各个施工班组不分先后，随意安装本专业的管线，导致后面的管线安装困难，影响施工效率。

4）装配式建筑管线穿越 PC 构件一般有防水、防火、隔声的构造要求，在施工过程中要注意按照设计要求施工。

159. 管线支架、管线固定与连接、设备安装与连接有哪些要求？

作为管线固定和承重用的支、托、吊架作用至关重要，在施工过程中需要引起作业人员的高度重视，要严格按照相关标准制作、施工。

国家标准《装标》中对管线支架有如下规定：

室内架空地板内排水管道支（拖）架及管座（墩）的安装应按排水坡度排列整齐，支（拖）架与管道接触紧密，非金属排水管道采用金属支架时，应在与管外径接触处设置橡胶垫片。

设备的安装与连接要牢固可靠，同时要方便后期的维护及检修。

（1）管线支架、管线固定与连接

1）管线支架构造、安装方式和安装位置须满足管线的承重、伸缩和固定要求，并且要能方便管线及管线附件的维修，如果 11-10 所示。

2）任何支架不得与被支撑管线直接焊接。避免无法拆卸和检修，如图 11-11 所示。

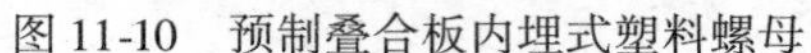

图 11-10　预制叠合板内埋式塑料螺母　　　　图 11-11　管线支架

3）有配套支架的管线，尽量使用厂家的配套支架。

4）支架横梁、受力部件、螺栓等所用材料的规格和材质，支架的安装形式和方法等，应符合设计要求和国标规定。

5）有坡度的管线的管架安装位置和高度还必须符合管线的坡度要求。

6）大直径管道上的阀门（*DN*80 及以上）和沟槽连接件等处应设专用支架或采取有效的加固措施，不得用管道承受阀体和连接件的重量。

7）设备配管的支架不能遗漏，不得使柔性接头（例如沟槽连接件）和管道接口承担管道和设备的重量。也不能靠设备来承担其配管的重量。

8）建筑工程暖卫冷、热水支管管径小于 *DN*25，管径中心距墙不超过 60mm 可采用单管卡做托架，支架间距根据管材类别依照国家施工验收规范规定间距要求确定，支架在拐弯及易受外力变形部位需加设管卡。单、双管卡规格应符合管道不变形、不脱落，满足承重及管道固定牢靠的原则。

9）水平钢管管道支架的最大间距可参考表 11-1。

表 11-1　水平钢管管道支架的最大间距

公称直径/mm		15	20	25	32	40	50	70	80	100	125
支架最大间距/m	保温管	2	2.5	2.5	2.5	3	3	4	4	4	6
	不保温管	2.5	3	3.5	4	4.5	5	6	6	6	6
公称直径/mm		150	200	250	300						
支架最大间距/m	保温管	6	6	6	6						
	不保温管	6	6	6	6						

10）管架埋设应平整牢固，吊杆顺直，必须能保证不同类型管道支架作用。

11）固定支架和管道接触应紧密，固定应牢靠。

12）滑动支架应灵活，滑托与滑槽两侧应留有 3～5mm 的间隙，纵向移动量应符合设计要求。滑托长度应满足热变形量，以免造成支架破坏。

13）无热伸长管道的吊架，吊杆应垂直安装，有热伸长的管道支架，吊杆应向热膨胀的反方向偏移 1/2 伸长量，保温管道的高支座在横梁滑托上安装时，应向热膨胀的反方向偏斜 1/2 伸长量。

14）塑料管及复合管道采用金属支座的管道支架时，应在管道和支架之间加衬非金属垫或管套。

15）塑料排水管道的安装要求：

①间距可参考表 11-2。

表 11-2　排水管道间距

管径/mm	40	50	75	110	125	160
间距/m	0.4	0.5	0.75	1.1	1.25	1.6

②悬吊在楼板下的 UPVC 排水横支管上，若连接有穿越楼板的卫生器具排水竖向支管时，可视为一个滑动支架。非固定支承件的内壁应光滑，与管壁之间应留有微隙。

（2）设备的安装与连接

1）如果需要在预制梁、柱、墙上固定设备，应当在构件预制时埋入内埋式螺母或预埋件，不应安装后在梁、柱、墙上打膨胀螺栓。

2）安装设备要考虑到方便日后的维护及检修，预留出足够的检修空间。

3）设备的安装及固定尽量使用机械连接，避免焊接固定，以方便设备更换。

160. 如何连接防雷引下线？

PC 建筑受力钢筋的连接，无论是套筒连接还是浆锚连接，都不能确保连接的连续性，因此，不能用钢筋作为防雷引下线，应埋设镀锌扁钢带作防雷引下线。镀锌扁钢带的尺寸不小于 25mm×4mm。在埋置防雷引下线的柱子或墙板的构件制作图中给出详细的位置和探出接头长度，引下线在现场焊接连成一体，焊接点要进行防锈蚀处理，如图 11-12 所示。

剪力墙设计成 PC 构件，设计埋设镀锌扁钢不小于 25mm×4mm 作为防雷引下线，构件制作图中给出详细的位置和探出接头长度。图 11-6、图 11-7 所示为工厂加工实例。

日本装配式建筑采用在柱子中预埋直径 10～15mm 的铜线做防雷引下线，接头为专用接头，如图 11-13 所示。

图 11-12　防雷引下连接实物图

图 11-13　日本防雷引下铜线及连接头

国家标准《装标》中有如下规定：

防雷引下线、防侧击雷、等电位连接施工应与预制构件安装配合。利用预制柱、预制梁、预制墙板内钢筋作为防雷引下线、接地线时（图 11-14、图 11-15），应按设计要求进行预埋和跨接，并进行引下线导通性试验，保证连接的可靠性。

图 11-14　工厂柱子内防雷引下线连接做法

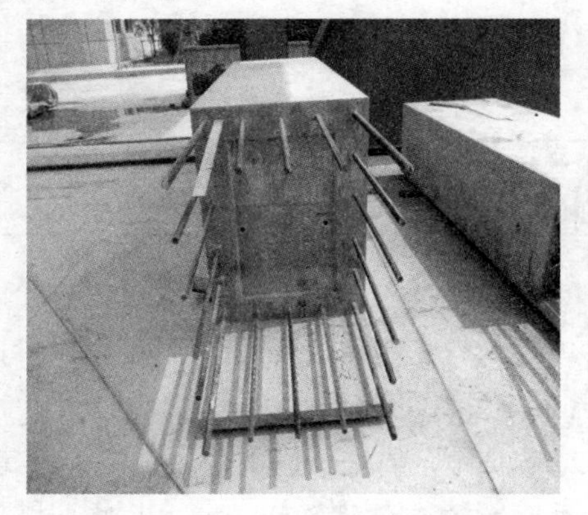

图 11-15　柱子防雷引下线连接做法实物

下面介绍一下阳台及窗户的防雷：

1）阳台金属护栏防雷，阳台金属护栏应当与防雷引下线连接，如此，预制阳台应当预埋 25mm×4mm 镀锌钢带，一端与金属栏杆焊接，另一端与其他 PC 构件的引下线系统连接，如图 11-16 所示。

2）铝合金窗和金属百叶窗防雷，距离地面高度 4.5m 以上外墙铝合金窗和金属百叶窗，特别是飘窗铝合金窗的金属窗框和百叶应当与防雷引下线连接，如此，预制墙板或飘窗应当预埋 25mm×4mm 镀锌钢带，一端与铝合金窗、金属百叶窗焊接，另一端与其他 PC 构件的引下线系统连接，如图 11-17 所示。

3）阳台自设窗户或窗户外金属防盗网，有的业主把阳台用铝合金窗封闭，或安装金属防盗网，这是防雷的空白地带，应该明确禁止，或预埋防雷引下线。

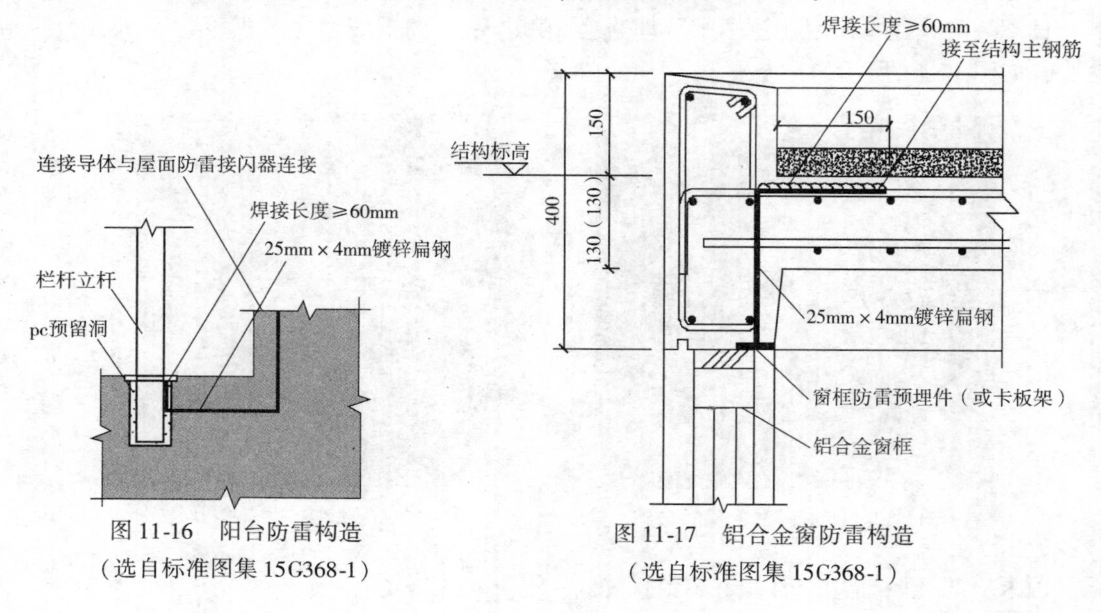

图 11-16　阳台防雷构造
（选自标准图集 15G368-1）

图 11-17　铝合金窗防雷构造
（选自标准图集 15G368-1）

161. 如何进行建筑部件水、电、暖接口连接?

国家标准《装标》中对水、电、暖接口连接有如下规定：

1）装配式混凝土建筑的部品与配管连接、配管与主管道连接及部品间连接应采用标准化接口，且应方便安装使用维护。

2）给水系统配水管道与部品的接口形式及位置应便于检修更换，并应采取措施避免结构或温度变形对给水管道接口产生影响。为便于日后管道维修拆卸，给水系统的给水立管与部品配水管的管口宜设置内螺纹活结连接。

3）给水分水器与用水器具的管道接口应一对一连接，在架空层或吊顶内敷设时，中间不得有连接配件，分水器设置位置应便于检修，并宜有排水措施。

4）当墙板或楼板上安装供暖设备与空调时，其连接处应采取加强措施。

5）设置在预制构件上的接线盒、连接管等应做预留，出线口和接线盒应准确定位。

在施工过程中需要注意以下几点：

1）装配式混凝土建筑的内装部品、室内设备管线与主体结构的连接应符合下列要求：

①根据设计要求，开洞尺寸及定位要准确。

②宜采用预留预埋的安装方式；当采用其他安装固定方法时，不应影响预制构件的完整性与结构安全性。

2）内装部品接口应本着位置固定，连接合理，拆装方便，使用可靠的原则施工。

3）集成式卫生间和集成式厨房的采暖接口出厂前已经设置好，施工现场接口留在吊顶内和下部橱柜内，按设计要求连接即可。

4）集成式厨房的通风及其接口在出厂前已经设置好，现场的预留接口在吊顶内，可按设计要求进行连接。

5）集成式卫生间采用防水底盘时，防水底盘的固定安装不应破坏结构防水层；防水底盘与壁板、壁板与壁板之间应有可靠连接，并保证水密性。

6）集成式卫生间的通风接口，在出厂前已设置好，可直接与现场各层的卫生间排风预留接口连接。

7）集成式厨房及集成式卫生间的排水接口如图 11-18 所示。

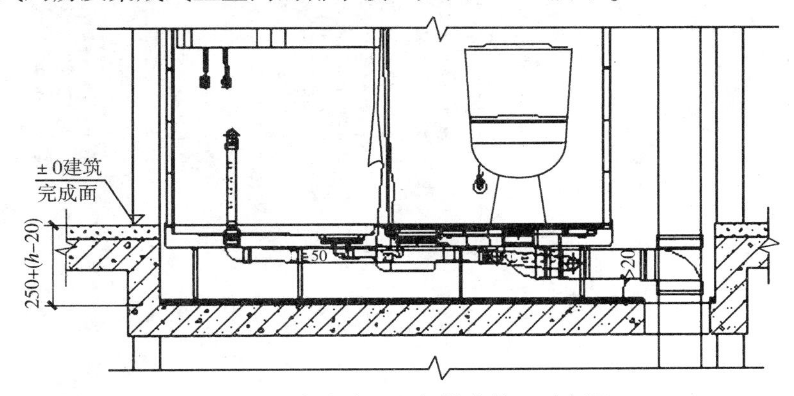

图 11-18　集成式卫生间排水接口示意图

8）当采用集成式厨房时的冷热水接口，集成式卫生间的中水（没有中水时用冷水）接口和冷热水接口，做法如图 11-19、图 11-20 所示。

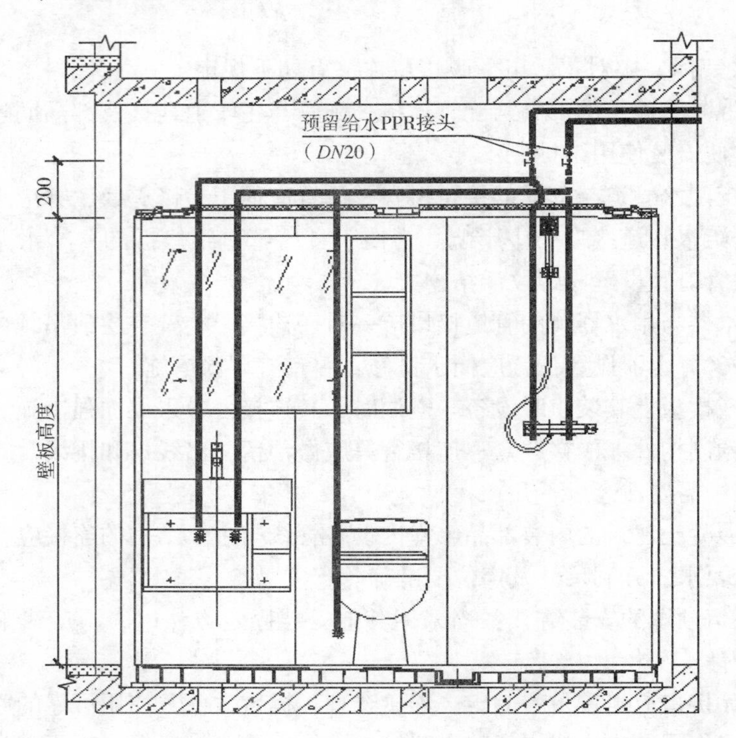

图 11-19　集成式卫生间在顶部预留冷水、热水接口示意图

图 11-20　集成式卫生间在侧面预留冷水、热水接口示意图（吉博力）

第 12 章　PC 工程其他施工环节

162. PC 构件建筑构造接缝如何施工？

PC 构件建筑构造接缝有如下几种：

1）夹心保温剪力墙板的外墙的构造接缝。

2）无保温外墙构造接缝。

3）梁柱构件的构造接缝，如图 12-1 所示。

图 12-1　无外挂墙板框架结构

4）建筑的变形缝。

5）框架结构和筒体结构外挂墙板间的构造接缝。

外挂墙板接缝在 163 问中详述，梁柱间构造与现浇工程一样，这里不再介绍。其他 3 种接缝介绍如下：

（1）夹心保温剪力墙外墙接缝

1）夹心保温剪力墙外墙水平缝节点。夹心保温剪力墙外墙的内叶墙是通过套筒灌浆料或浆锚搭接的方式与后浇梁连接的，外叶板有水平缝及其防水构造，如图 12-2 所示。

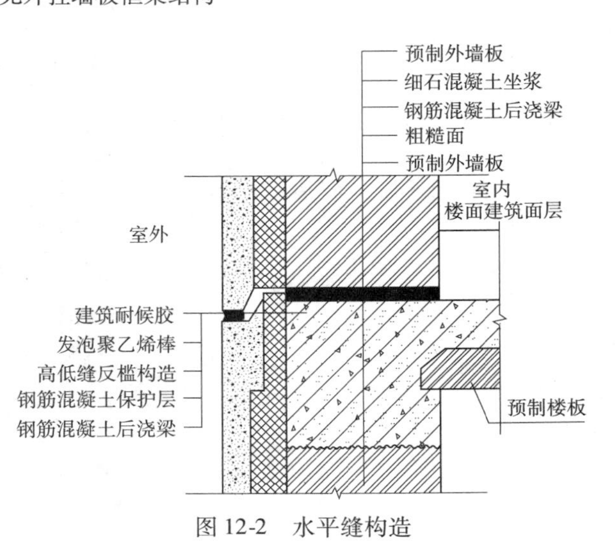

图 12-2　水平缝构造

2）夹心保温剪力墙外墙竖缝节点。剪力墙外墙的竖缝一般是后浇混凝土区。预制剪力墙的保温层与外叶墙外延，以遮挡后浇区，也作为后浇区混凝土的外模板，如图12-3所示。

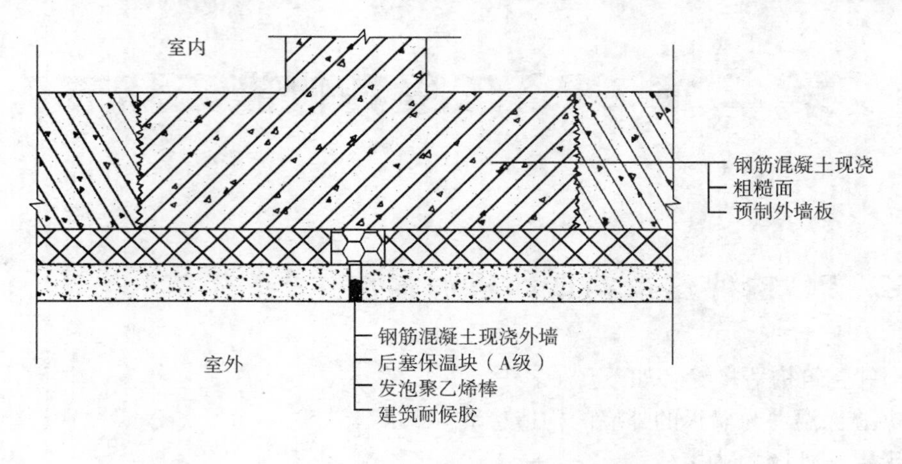

图12-3　竖缝构造

3）L形后浇段构造。带转角PCF板剪力墙转角处为后浇区，表皮与上述墙板一样，如图12-4所示。

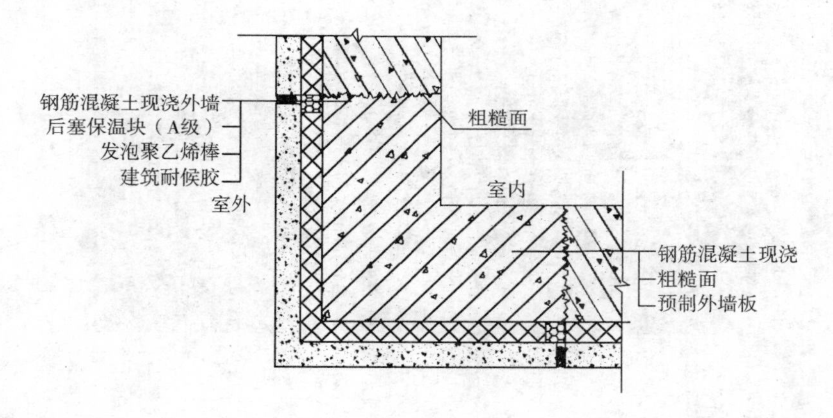

图12-4　L形竖向后浇段构造图

转角墙的构造接缝，如图12-5所示。

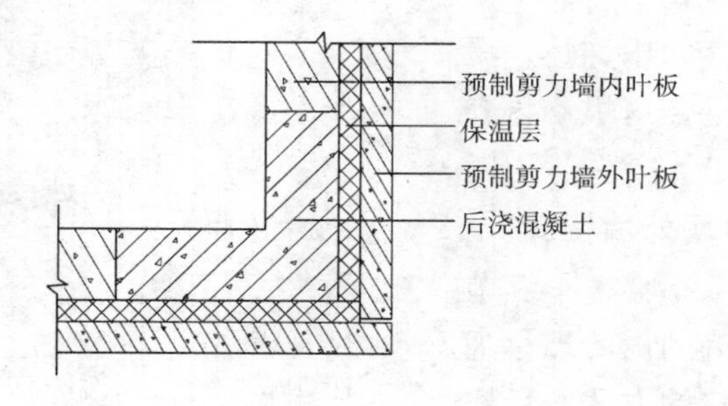

图12-5　转角处预制剪力墙外叶板延伸构造

（2）无保温层或外墙内保温的构件构造接缝

表面为清水混凝土或涂漆时，连接节点灌浆料部位通常做成凹缝，构造如图 12-6 所示。为保证接缝处受力钢筋的保护层厚度，堵缝用橡胶条塞入堵缝，灌浆后取出，形成凹缝。

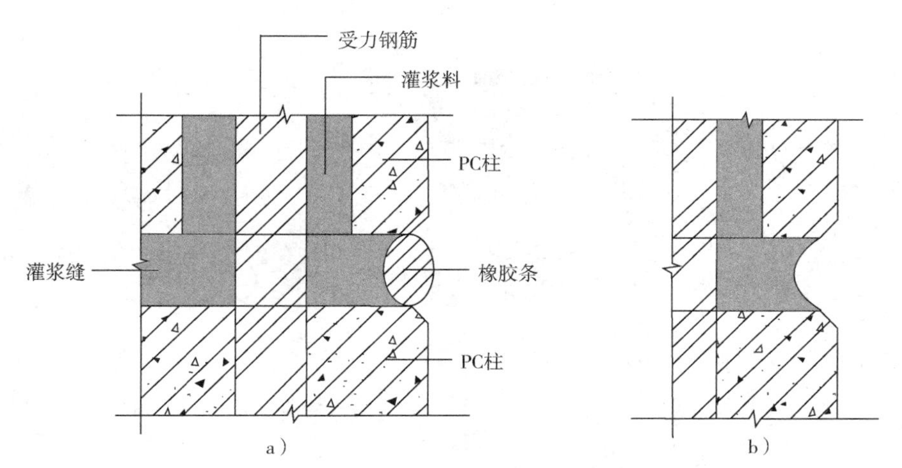

图 12-6　灌浆料部位凹缝构造
a）灌浆时用橡胶条临时堵缝　b）灌浆后取出橡胶条效果

（3）变形缝

变形缝构造如图 12-7 所示。

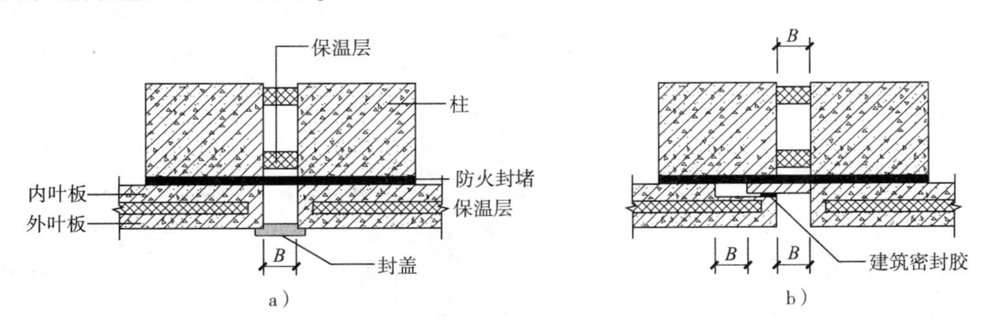

图 12-7　变形缝构造
a）封盖式　b）PC 板悬壁式

PC 结构建筑构造接缝在施工过程中要保证接缝处的保温、防火、防水、美观的效果达到设计要求，需要注意下列问题：

1）接缝处理必须严格按照设计要求和规范要求施工。

2）缝隙需要填充防火及保温材料时，应该根据设计要求选择合适的填充材料，填塞密实，保证保温效果，防止冷桥产生。

3）有防火要求的接缝，墙板保温材料边缘应当用 A 级防火等级的保温材料，按设计要求填塞密实。

4）防水构造处理要复杂一些，需要注意以下几点：

①选择建筑防水密封胶时应考虑到与混凝土有良好的粘接性，而且要具有耐候性、可涂装性、环保性，国内较多采用MS胶。

②密封胶应填充饱满、平整、均匀、顺直、表面平滑，厚度符合设计要求，宜使用专用工具进行打胶，保证胶缝美观。为使胶缝美观要使用一些专用工具，如图12-8所示。

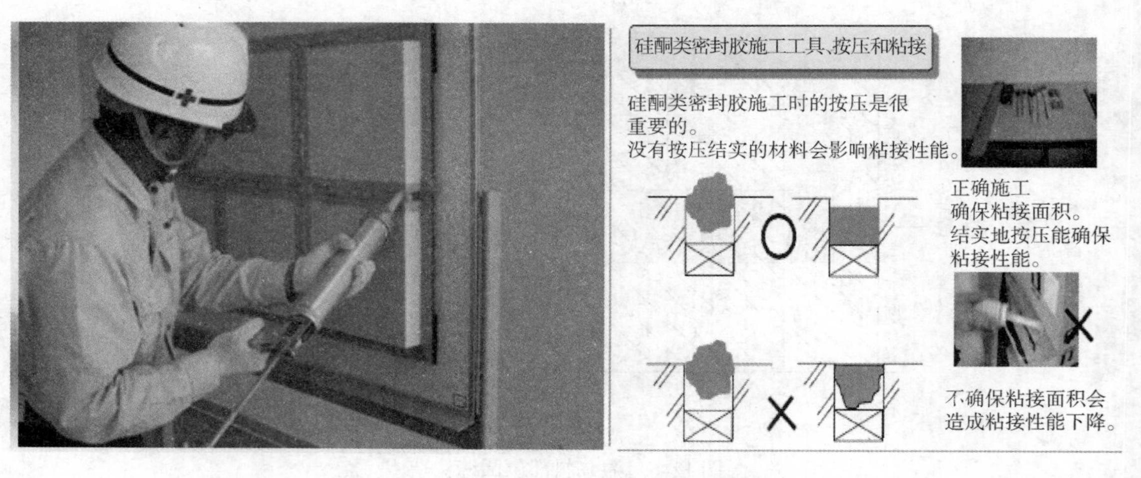

图12-8　打胶用专用工具（钟化公司提供）

③防水密封胶除了密封性能好、耐久性好外，还应当有较好的弹性，压缩率高。

④止水橡胶条必须是空心的，除了密封性能好、耐久性好外，还应当有较好的弹性，压缩率高。

⑤PC构件外墙外侧接缝处理前应先修整接缝，清除浮灰，做好底涂，然后打胶，如图12-14所示。

⑥施工前打胶缝两侧须粘贴胶带或美纹纸，防止污染墙面。

⑦打胶工序如图12-9、图12-10所示。

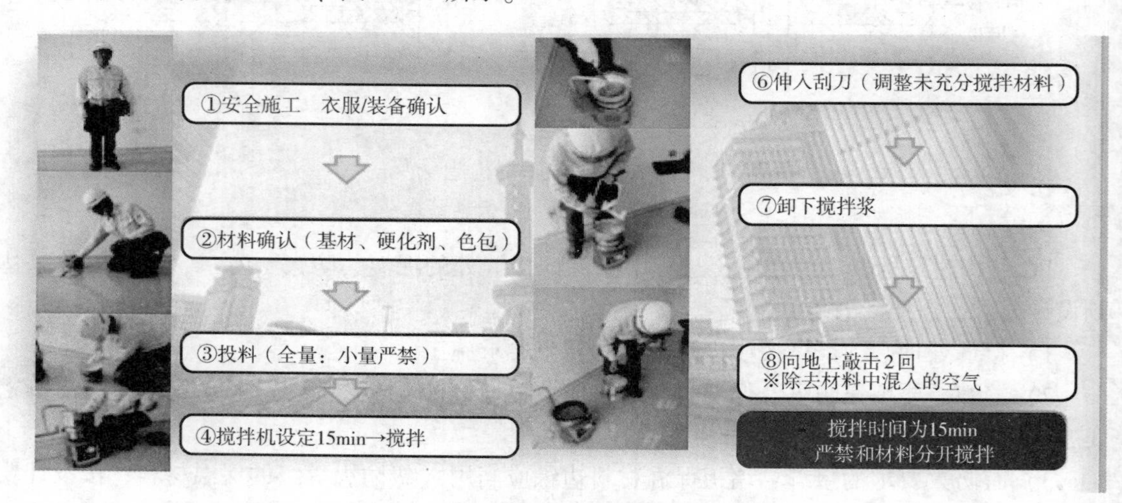

图12-9　打胶前的准备工作（钟化公司提供）

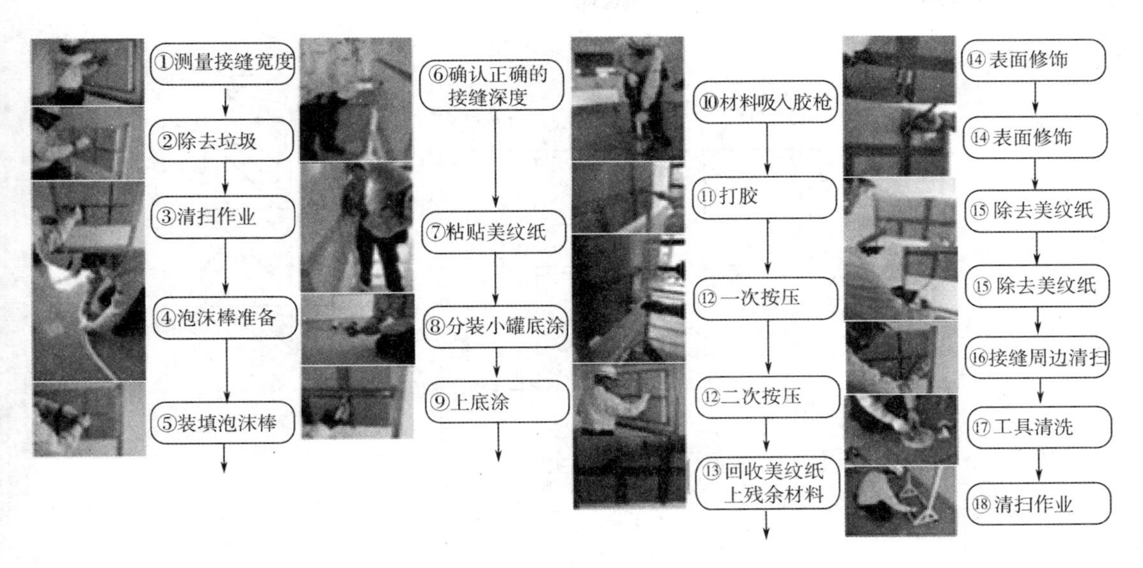

图 12-10　打胶工序（钟化公司提供）

163. PC 外挂墙板接缝如何施工？

在混凝土柱、梁结构及钢结构中，外挂墙板作为外围护结构的应用很多。外挂墙板的接缝形式有以下 3 种情况：

1）无保温外挂墙板接缝构造，如图 12-11 所示。

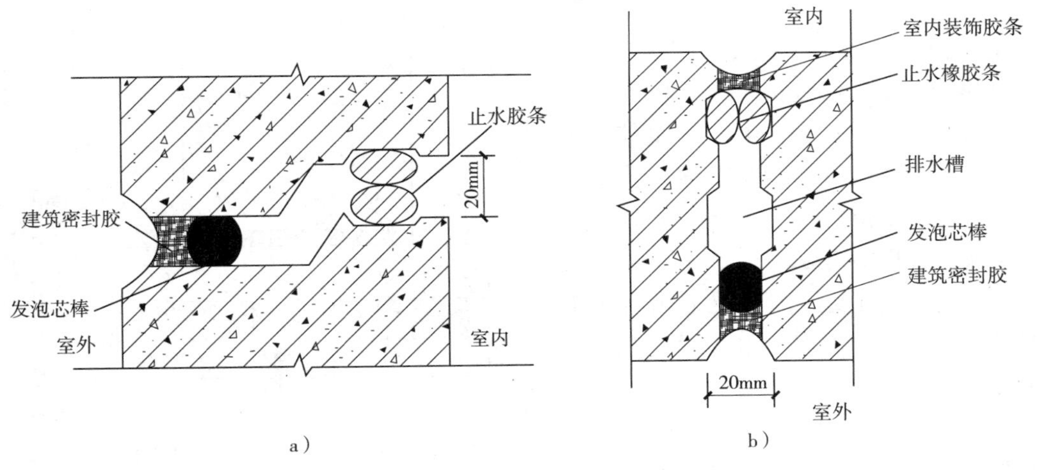

图 12-11　无保温外挂墙板接缝构造
a）水平缝　b）竖向缝

2）夹心保温板接缝构造有两种，如图 12-12 所示。

3）夹心保温板外叶板端部封头构造如图 12-13 所示。

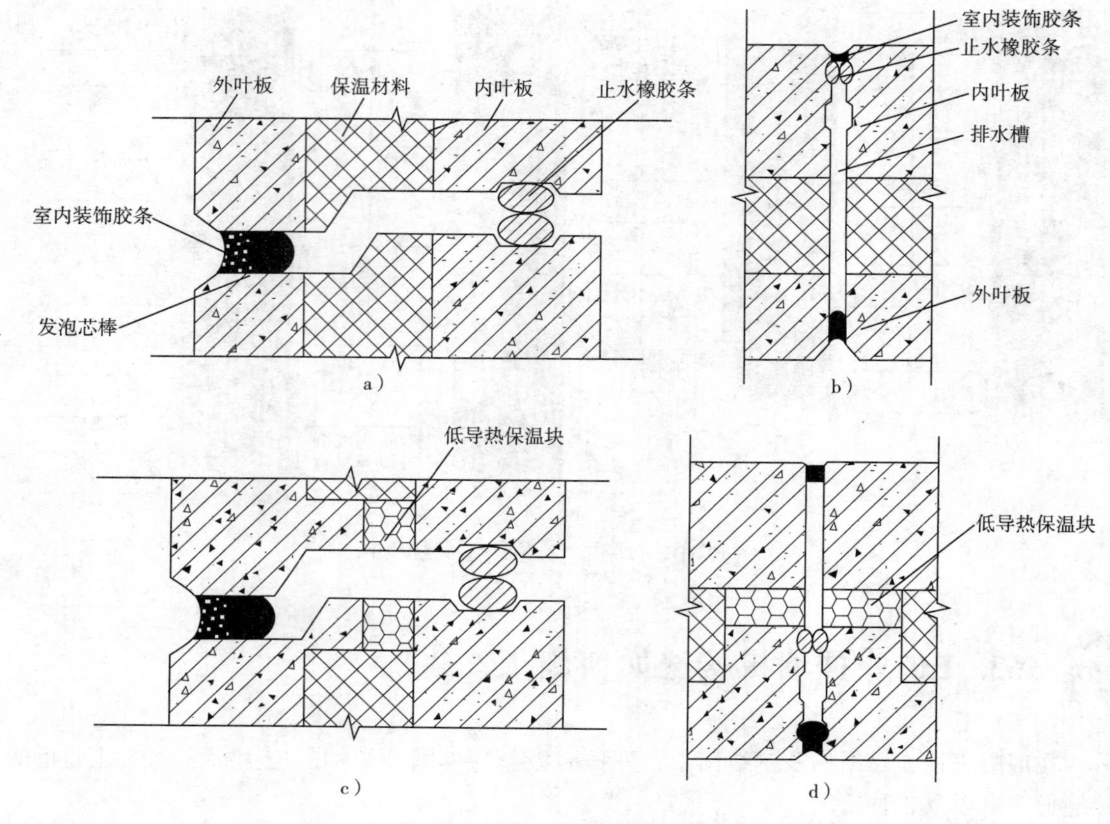

图 12-12　夹心保温板接缝构造

a）水平缝　b）竖直缝　c）水平缝　d）竖直缝

PC外挂墙板安装就位后，板缝室内外是相同的，对于板缝处的保温、防水性能要求很高，在施工过程中要引起足够的重视。并且，外挂墙板之间禁止传力，因此，板缝控制及密封胶的选择非常关键。

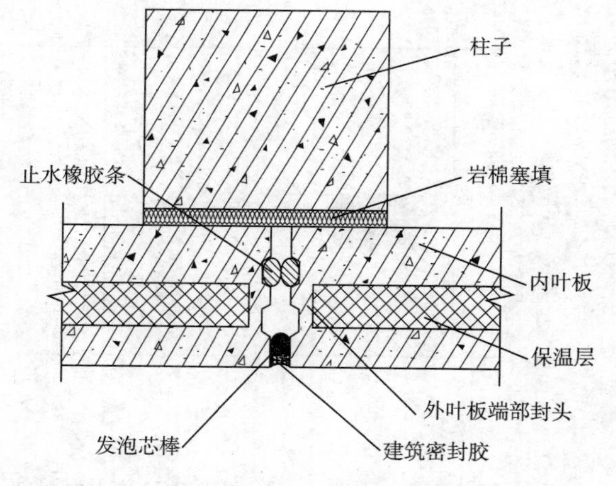

图 12-13　外叶板封头的夹心保温板接缝构造

在施工过程中需要注意如下问题：

1）严格按照设计图样要求进行板缝的施工，制定专项方案，报监理审批后认真执行。

2）外挂墙板构件接缝通常设置三道防水处理，第一道密封胶，第二道构造防水，第三道气密防水（止水胶条）。施工过程中应严格按照规范及设计要求进行封堵作业。

3）在外挂墙板安装过程中要做到精细，防止构造防水部位磕碰，一旦产生磕碰要按照预定方案进行修补，止水胶条要粘贴牢固。

4）外挂墙板是自承重构件，不能通过板缝进行传力，所以在施工时要保证外挂墙板四周空腔内不得混入硬质杂物。

5）外挂墙板构件接缝有气密条（止水胶条）时，最好在构件安装前粘接到构件上。

6）止水橡胶条应是空心的，除了密封性好、耐久性好外，还应当有较好的弹性，压缩率高。

7）有保温及防火要求的部位，要按照设计要求进行选材和填充。

8）外墙胶多选用 MS 耐候密封胶，墙缝打胶作业如图 12-8 ~ 图 12-10 所示，同时需要注意以下问题：

①密封胶的弹性要好，用来适应构件的变形。

②事先对密封防水胶的性能、质量和配合比进行检查，耐老化与使用年限要满足设计要求。打胶衬条的材质应与密封胶的材质相容。

③预制外墙板外侧水平、竖直接缝的密封防水胶封堵前，侧壁应清理干净，无浮灰，保持干燥，打胶衬条应完整顺直，如图 12-14 所示。

④密封防水胶的注胶宽度、厚度应符合设计要求，注胶应均匀、顺直、饱和、密实，表面应光滑，不得有裂缝现象。

⑤预制外墙板连接缝施工完成后应在外墙面做淋水、喷水试验，并在外墙内侧观察墙体有无渗漏。

⑥施工前打胶缝两侧须粘贴胶带或美纹纸，防止污染墙面。

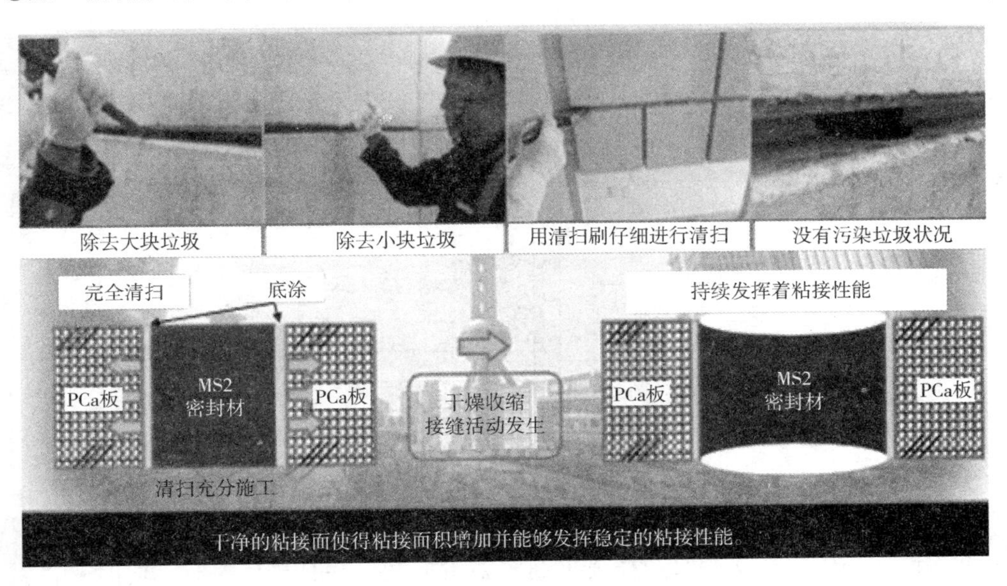

图 12-14　板缝清理

164. PC 工程女儿墙防水节点如何施工？

PC 幕墙女儿墙有以下三种形式，如图 12-15 所示。

1）PC 外挂墙板顶部附加 PC 压顶板。

2）PC外挂墙板顶部做成向内的折板。

3）在PC外挂墙板与屋面板腰墙上盖金属盖板。

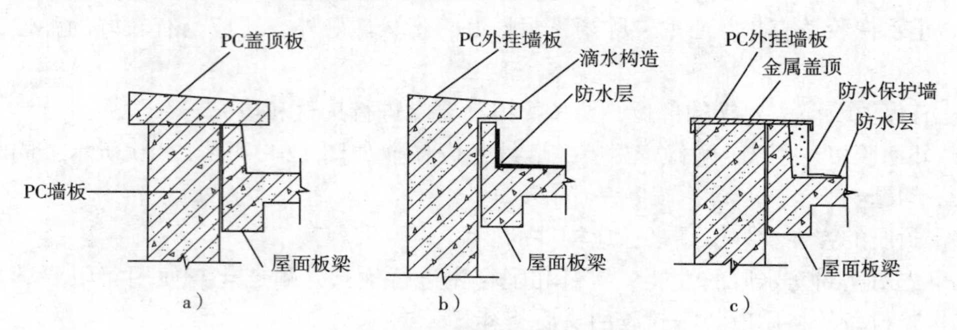

图12-15　PC幕墙女儿墙构造

a）PC盖顶板　b）PC折板盖顶　c）金属盖板

PC墙板折板盖顶方案，顶盖的坡度、泛水和滴水细部构造等都要在PC构件中实现，施工过程中要注意安装精度。

金属顶盖方案，PC板和楼板的腰板要预埋固定金属顶盖的预埋件。

PC剪力墙女儿墙的施工工艺较复杂，涉及的保温及防水材料也较多，因此，在施工过程中需要严格按照施工方案及设计要求进行施工，确保施工质量，如图12-16所示。

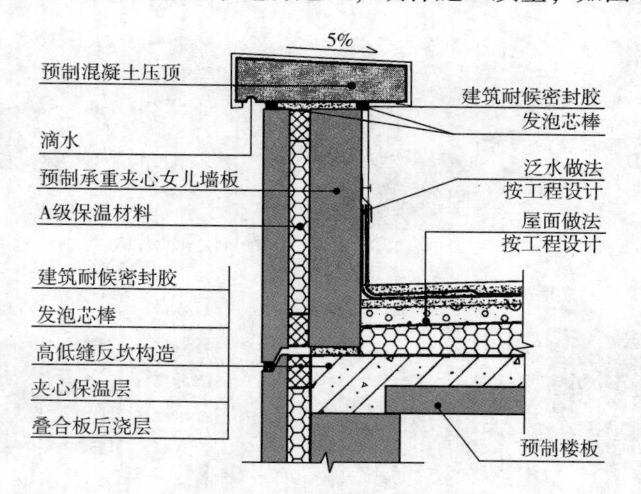

图12-16　剪力墙女儿墙构造

女儿墙防水施工要严格按照图样要求制定施工方案，并且严格执行。同时，在施工过程中还需要注意下列问题：

1）打胶工序应严格按照施工工艺进行。

2）女儿墙压顶横向坡度不应小于5%，宜向内倾斜。

3）将屋面的卷材继续铺至垂直墙面上，形成卷材防水，泛水高度不小于250mm。

4）在屋面与垂直女儿墙面的交接缝处，砂浆找平层应抹成圆弧形或45°斜面，上刷卷材胶粘剂，使卷材粘接密实，避免卷材架空或折断，并加铺一层卷材。

5）按照设计要求做好泛水上口的卷材收头固定，防止卷材在垂直墙面上下滑。一般做法是：在垂直预制墙中预留通长的凹槽，将卷材收头压入凹槽内，用防水压条钉压后再用密封材料嵌填封严，外抹水泥砂浆保护。凹槽上部的墙体也应做防水处理。

6）防水施工前，应将墙板接缝的侧面内腔清理干净。

7）密封材料嵌填应饱满、密实、均匀、顺直、表面平滑，其厚度应符合设计要求。

165. PC 工程墙脚节点如何施工？

装配式剪力墙结构首层通常现浇，墙脚构造这里不做详述。这里重点讲述一下 PC 外挂墙板结构墙脚节点施工。PC 外挂墙板墙脚节点施工分为外挂墙板在基础梁上及外挂墙板在基础梁侧，另外，还有一种墙脚设置雨水收集槽的情况。常见做法如图 12-17 所示。

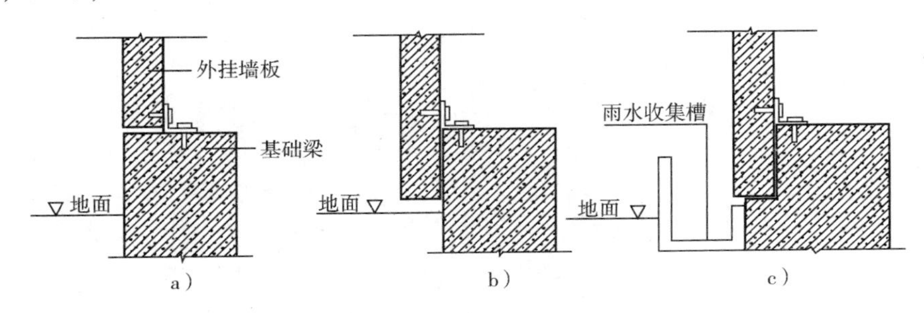

图 12-17　PC 幕墙墙脚构造

墙脚节点施工需要注意以下几点：

1）墙脚施工的关键问题是要控制好墙板的标高，保证板缝整齐、均匀。

2）保证外挂墙板不能与地面或基础直接接触，墙板下沿与地面之间的缝隙要清理干净。

3）如果 PC 幕墙在基础梁外侧，由于 PC 构件的下边距离地面较近，为防止安装 PC 构件的时候结构防水部分在构件下落过程中磕碰，可以在墙板的正下方提前垫放模板或挤塑板等，待安装完毕后取出。

166. PC 工程防火封堵如何施工？

PC 幕墙防火构造的三个部位是：有防火要求的板缝、层间缝隙和板柱之间缝隙。

（1）板缝防火构造

板缝防火构造是指板缝之间的防火封堵，如图 12-18 所示。板缝塞填防火材料的长度与耐火极限的要求和缝的宽度有关。施工时要根据设计要求塞填。

（2）层间防火构造

层间防火构造是指 PC 幕墙与楼板或梁之间的缝隙的防火封堵，如图 12-19 所示。

（3）板柱缝隙防火构造

板柱缝隙防火构造是指 PC 幕墙与柱或内墙之间缝隙的防火构造，如图 12-20 所示。

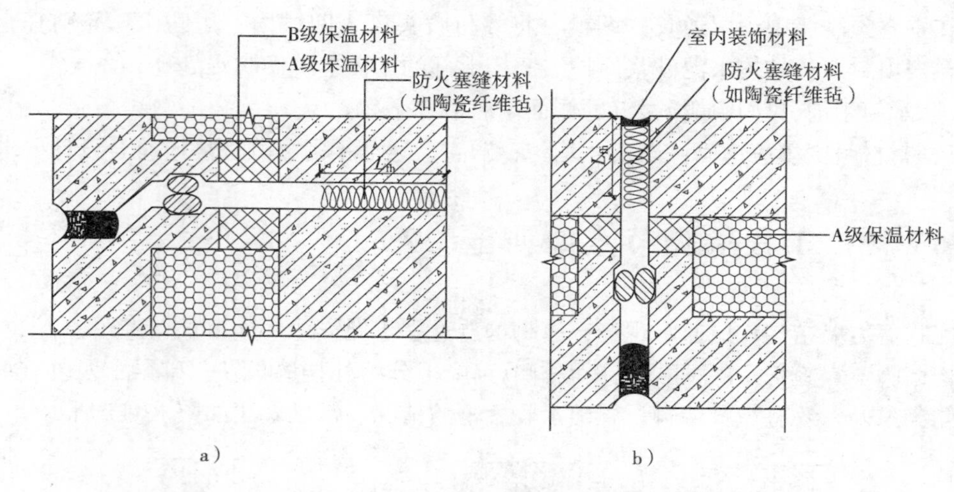

图 12-18 PC 幕墙板缝防火构造

a）水平缝 b）竖直缝

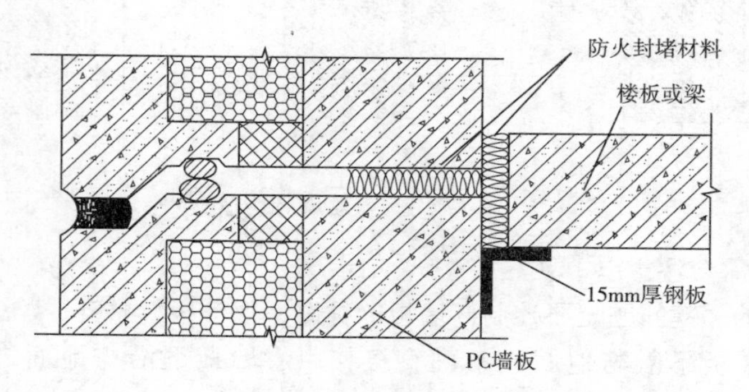

图 12-19 PC 幕墙与楼板或梁之间缝隙防火构造

对于防火封堵在施工过程中有如下要求：

1）有防火要求的构造缝在施工过程中必须严格按照图样要求保证板缝的宽度。

2）有防火要求的板缝塞填保温材料的边缘应该用 A 级防火保温材料。

3）保温材料在缝隙中的塞填长度要达到图样设计要求，同时保证塞填的材料要饱满密实。

4）塞填后，缝隙边缘要用弹性嵌缝材料封堵，弹性嵌缝材料要符合设计要求。

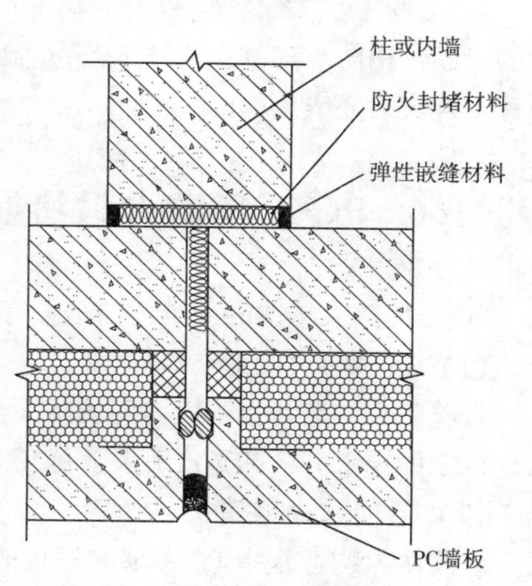

图 12-20 PC 幕墙与柱或内隔墙之间缝隙的防火构造

 167. 如何进行现场修补？

装配式建筑的现场修补包括以下几类：

1）混凝土修补，混凝土修补包括混凝土构

件的安装过程中破损修补、现浇混凝土和后浇混凝土浇筑后出现的质量缺陷修补、清水混凝土装饰表面外观缺陷的修补。

2）装饰一体化墙面的修补，包括石材反打修补、瓷砖反打修补和装饰混凝土表面修补。

混凝土修补方法如下：

(1)“麻面”修补方法

麻面即混凝土表面的麻点，对结构无大影响，通常不做处理。如需处理，方法如下：

1）稀草酸溶液将该处脱模剂油点或污点用毛刷洗净，于修补前用水湿透。

2）修补用水泥砂浆，水泥品种必须与原混凝土一致，砂为细砂，最大粒径≤1mm。

3）水泥砂浆的配比一般为1:2～1:2.5，由于数量不多，可用人工在小桶中拌匀，随拌随用。必要时可通过试验掺拌白水泥调色。

4）按刮腻子的方法，将砂浆用刮板大力压入麻点处，随即刮平直至满足外观要求。

5）修补完成后，及时覆盖湿毛巾或塑料膜养护至与原混凝土一致。

(2)“蜂窝”修补方法

小蜂窝可按麻面方法修补，大蜂窝可采用如下方法修补：

1）将蜂窝处及周边软弱部分混凝土凿除，并用高压水及钢丝刷等将结合面洗净。

2）修补用水泥砂浆，水泥品种必须与原混凝土一致，砂子宜采用中粗砂。

3）水泥砂浆的配比为1:2～1:3，并搅拌均匀，但掺量应通过试验确定以有效调整混凝土颜色。

4）按照抹灰工操作法，用抹子大力将砂浆密实压入蜂窝内，并认真刮平。在棱角部位用靠尺将棱角取直，确保外观一致。

5）修补完成后，及时覆盖保湿养护至与原混凝土一致。

(3)“孔洞”修补方法

1）将修补部位不密实混凝土及凸出骨料颗粒认真凿除干净，洞口上部向外上斜，下部方正水平为宜。

2）用高压水及钢丝刷将基层处理洁净。修补前用湿棉纱等材料填满，使孔洞周边混凝土充分湿润。

3）修补用比原混凝土强度高一级的细石混凝土或补偿收缩混凝土填补，水泥品种应与原混凝土一致。为减少或杜绝新旧混凝土间空隙，水灰比宜控制在0.5以内，并掺水泥用量0.1%以内的膨胀剂。

4）孔洞周围先涂以水泥净浆，然后用比原混凝土强度高一级的细石混凝土或补偿收缩混凝土填补并分层仔细捣实，以免新旧混凝土接触面上出现裂缝。同时，将新混凝土表面抹平抹光至满足外观要求。

(4)“漏振”修补方法

“漏振”处漏浆较少时按麻面进行修复，漏浆严重时按蜂窝处理办法进行修复。

(5) 色泽不一修补方法

对油脂引起的假分层现象，用砂纸打磨后即可现出混凝土本色，对其他原因造成的混凝土分层，当不影响结构使用时，一般不做处理，需处理时，用黑白水泥调制的接近混凝土颜色的浆体粉刷即可。当有软弱夹层影响混凝土结构的整体性时，按施工缝进行处理：

1）如夹层较小，缝隙不大，可先将杂物浮渣清除，夹层面凿成“八”字形后，用水清洗干净，在潮湿无积水状态下，用1∶2～1∶3的水泥砂浆强力填塞密实。

2）如夹层较大时，将该部位混凝土及夹层凿除，视其性质按蜂窝或孔洞进行处理。

（6）“错台”修补方法

1）将错台高出部分、跑模部分凿除并清理洁净，露出石子，新茬表面比构件表面略低，并稍微凹陷成弧形。

2）用水将新茬面冲洗干净并充分湿润。在基层处理完后，先涂以水泥净浆，再用1∶2干硬性水泥砂浆，自下而上按照抹灰工操作法大力将砂浆压入结合面，反复搓动，抹平。修补用水泥应与原混凝土品质一致，砂用中粗砂，必要时掺拌白水泥，以保证混凝土色泽一致。为使砂浆与混凝土表面结合良好，抹光后的砂浆表面应覆盖塑料薄膜养护，并用支撑模板顶紧压实。

（7）收缩裂缝修补方法

对于细微的裂缝，可向裂缝灌入水泥净浆，嵌实后覆盖养护。或将裂缝加以清洗，干燥后涂刷两遍环氧树脂进行表面封闭。对于较深的或贯穿的裂缝，应用环氧树脂灌浆后，表面再加刷环氧树脂胶泥进行封闭。

（8）“黑白斑”修补方法

黑斑用细砂纸精心打磨后，即可现出混凝土本身颜色。白斑一般情况下不做处理，当白斑处混凝土松散时可按麻面修补方法进行整修。

（9）“空鼓”修补方法

1）在墙板外侧挖小坑槽，将混凝土压入，直至饱满、无空鼓声为止。

2）如墙板空鼓严重，可在墙板上钻孔，按二次灌浆法将混凝土压入。

（10）清水混凝土构件和装饰混凝土构件的表面修补

修补用砂浆应与构件颜色一致，修补砂浆终凝后，应当采用砂纸或抛光机进行打磨，保证修补痕迹在2m处无法分辨。

（11）预制构件的修补常见的做法

1）边角处不平整的混凝土用磨机磨平，凹陷处用修补料补平。大的掉角要分两到三次修补，不要一次完成，修补时要用靠模，确保修补处与整体平面保持一致。

2）气泡（预制件上不密实混凝土或孔洞的范围不超过4mm）。将气泡表面的水泥浆凿去，露出整个气泡，并用水将表面冲洗干净。然后用修补料将气泡塞满抹平即可。

3）缺角（预制件的边角混凝土崩裂，脱落）。将崩角处已松动的混凝土凿去，并用水将崩角冲洗干净，然后用修补料将崩角处填补好。如崩角的厚度超过40mm时，要加种钢筋，分两次修补至混凝土面满足要求，并做好养护工作。

（12）有饰面产品的修补

有饰面产品的表面如果出现破损，修补很困难，而且不容易达到原来效果，因此，应该加强成品保护。万一出现破损，可以按下列方法修补：

1）石材修补方法，根据表12-1进行石材的修补。

表 12-1　石材的修补方法

石材的掉角	石材的掉角发生时，需与业主或相关人员协商之后再决定处置 修补方法应遵照下列要点：胶粘剂（环氧树脂系）+硬化剂+色粉=100∶1（按修补部位的颜色）；搅拌以上填充材后涂入石块的损伤部位，硬化后用刀片切修
石材的开裂	石材的开裂原则上要换贴，但实施前应与业主或相关人员协商并得到认可

注：本表出自《装配整体式混凝土结构预制构件制作与质量检验规程》DGJ 08—2069 条文说明 表 2　石材的修补方法。

2）瓷砖修补标准和调换方法。根据表 12-2 进行瓷砖的调换。

表 12-2　需要调换的瓷砖的标准

弯曲	2mm 以上
下沉	1mm 以上
缺角	5mm×5mm 以上
裂纹	出现裂纹的瓷砖要和业主或相关人员协商后再施工

注：本表出自《装配整体式混凝土结构预制构件制作与质量检验规程》DGJ 08—2069 条文说明 表 3　需要调换的瓷砖的标准。

3）调换瓷砖的方法。

①调换方法（瓷砖换贴处应在记录图样进行标记）。将要更换瓷砖的周围切开，并清洁破断面，在破断面上使用速效胶粘剂粘贴瓷砖。后贴瓷砖也应使用速效胶粘剂粘贴瓷砖。更换瓷砖及后贴瓷砖都要在瓷砖背面及断面进行填充，施工时要防止出现空隙。胶粘剂硬化后，缝格部位用砂浆勾缝。缝的颜色及深度要和原缝隙部位吻合。

②瓷砖调换要领及顺序。用钢丝刷刷掉碎屑，用刷子等仔细清洗。用刀把瓷砖缝中的多余部分除去，尽量不要出现凹凸不平的情况。涂层厚为 5mm 以下。

③掉角瓷砖。不到 5mm×5mm 的瓷砖掉角，用环氧树脂修补剂及指定涂料进行修补。

168. 如何进行表面处理？

PC 建筑的表面处理是指清水混凝土、装饰混凝土和装饰表面的表面处理，以达到自清洁、耐久、美观的效果。包括以下内容：

1）表面清洁。表面清洁通常使用清水清洗，清水无法清洗干净，再用低浓度磷酸清洗。

2）清水混凝土表面涂刷保护剂，如图 12-21 所示。保护剂的涂刷是为了增加自洁性，减少污染。保护剂要选择效果好的产品，保修期要尽量长一些。涂刷要均匀，使保护剂能渗透到被保护混凝土的表面。

3）大多数 PC 构件的表面处理在工厂内完成，如喷刷涂料、真石漆、乳胶漆等，在运输、工地存放和安装过程中须注意成品保护。

4）装饰混凝土表面可用稀释的盐酸溶液（浓度低于 5%）进行清洗，再用清水将盐酸溶液冲洗干净。

5）清水混凝土表面可采用清水或5%的磷酸溶液进行清洗，之后涂刷清水混凝土保护剂。

6）构件安装好后，表面处理可在“吊篮”上作业，应自上而下进行。

图 12-21　清水混凝土保护剂涂刷前后效果

第 13 章　PC 工程施工成品保护

169. PC 工程施工成品保护有哪些要求?

装配式建筑和现浇混凝土建筑有所不同，现浇混凝土建筑一般是主体结构施工完全完成后才开始进行外墙保温、抹灰、门窗安装、装修等后续施工，交叉作业内容相对少，保护点少，且相对容易保护。装配式建筑很多部品部件是预制的，在运输及施工安装过程中发生破坏和污染的概率较高，且不容易修复。尤其是装饰保温一体化外墙板、楼梯等免抹灰构件更需要注意成品保护。另外，建筑、结构、机电安装、设备管线、内装修五个系统集成作业，而且是时间跨度很近的流水作业甚至交叉作业，因此，成品保护就显得尤为重要，保护不好会造成返工，甚至是不可弥补的缺陷。

关于成品保护国家标准《装标》中对于成品保护有明确的固定：

(1) 交叉作业时，应做好工序交接，做好已完部位移交单，各工种之间明确责任主体，不得对已完成工序的成品、半成品造成破坏。

(2) 在装配式混凝土建筑施工全过程中，应采取防止构件、部品及预制构件上的建筑附件、预埋件、预埋吊件等损伤或污染的保护措施。

(3) 预制构件饰面砖、石材、涂刷、门窗等处宜采用贴膜保护或其他专业材料保护。安装完成后，门窗框应采用槽形木框保护。饰面砖保护应选用无褪色或污染的材料，以防揭膜后饰面砖表面被污染。

(4) 连接止水条、高低口、墙体转角等薄弱部位，应采用定型保护垫块或专用式套件作加强保护。

(5) 预制楼梯饰面应采用铺设模板或其他覆盖形式的成品保护措施。楼梯安装后，踏步口宜铺设木条或其他覆盖形式保护。

(6) 遇有大风、大雨、大雪等恶劣天气时，应采取有效措施对存放预制构件成品进行保护。

(7) 装配式混凝土建筑的预制构件和部品在安装施工过程、施工完成后，不应受到施工机具碰撞。

(8) 施工梯架、工程用的物料等不得支撑、顶压或斜靠在部品上。

(9) 当进行混凝土地面等施工时，应防止物料污染、损坏预制构件和部品表面。

(10) 在施工过程中还应注意下列几个问题：

1) 在构件存放阶段，要有专门的存放架体；墙体构件竖向存放，下部必须有木方垫底，构件不能直接和地面接触。墙体和墙体之间一定要留有足够的安全距离，防止吊装时相互磕碰；

2）像叠合板、空调板等易被压裂的构件，要控制叠加的层数和存放的高度。

3）楼梯安装完毕后，要进行硬覆盖防护保护。

4）安装使用的撬棍，端部要有相应的防护措施（套硬质橡胶管），防止在构件就位过程中对构件的二次损坏，或者在被撬部位提前加保护，避免撬棍直接接触预制构件。

5）灌浆过程中注意对构件的保护，防止对构件造成污染。

由于装配式建筑宜集成化和全装修，因此，还要对其他装配式建筑部品部件，如整体式收纳、集成式卫生间、集成式厨房、轻质内隔墙、吊顶架空等环节部位的成品进行保护。

170. 哪些构件、部位或哪些环节容易造成损坏和污染？如何防范？

PC装配式建筑构配件在施工过程中容易造成损坏和污染的环节及防范措施见表13-1。

表13-1 构件易损、易污部位一览表

构　件	易损、易污染部位	造成损坏、污染环节	如何防范
预制柱	预制柱阳角	装车、运输、安装环节	成品出厂前做好护角
预制梁	预制梁阳角	装车、运输、安装环节	成品出厂前做好护角
预制楼梯	楼梯踏步阳角	安装环节、安装后作为施工临时楼梯环节	1）出厂前做好楼梯踏步防护，可使用专用塑料防护或使用模板防护 2）吊装时避免与楼梯间墙壁的磕碰
预制飘窗	飘窗外挑部位及四周角部	安装环节、临时外架环节搭设及拆除环节、后浇混凝土模板拆除环节、灌浆环节	1）要求工人精细施工，禁止随意磕碰 2）灌浆时禁止灌浆料污染墙面
预制阳台	阳台转角、与后浇混凝土接触部位	安装环节、混凝土浇筑环节、临时架体拆除环节、阳台封闭环节	1）安装环节，施工人员看好作业空间，控制好起重机车速度 2）架体拆除时，严禁支撑与阳台之间的磕碰
预制墙板	墙面易污染、四角易损坏	安装环节、后浇模板支设环节、模板拆除环节、灌浆环节	1）墙板安装时，要控制好速度及角度。两块墙板距离较近时，宜用厚度适宜的模板垫隔开 2）出厂前宜用塑料薄膜包裹 3）模板的支设及拆除时要减少敲击

在装配式建筑中，整体卫浴、整体厨房、整体收纳的使用越来越多，这些装配式部品中更多地使用了板材、玻璃等装饰材料，因此，在安装过程中也应该注意破损及污染。由于部件体积较大，安装时要注意转角部位的保护，避免磕碰，一旦磕碰将很难修复。验收前不宜撕掉其上的保护膜。

171. 如何进行工序间成品保护交接?

PC 装配式建筑中使用混凝土预制构件很多，涉及成品保护的工序和环节也非常多。在预制构件安装好后，如果保护不到位，后续工序会有很大的概率将构件损坏。因此各个工序间的成品保护交接就显得非常重要。《装标》中对于成品保护交接有明确的规定：“交叉作业时，应做好工序交接，做好已完部位移交单，各工种之间明确责任主体。”

在预制构件安装就位，调整加固后，紧接着会有钢筋工程、模板工程、架体工程、混凝土工程等后续施工。在本层施工结束或者项目施工结束后还有四拆工程：模板拆除、支撑拆除、安全设施拆除、起重设备拆除，四拆工程也可能会对主体的预制构件造成损坏。因此，各道工序在衔接过程中要有书面交接单，经下一道工序的施工人员检查，确认上一道工序的 PC 成品保护良好，没有问题后，两道工序的负责人在交接单上做好记录，签字确认。责任主体明确，会让所有工序的人员都提高成品保护意识。

172. 如何保护清水混凝土、装饰混凝土和反打石材、瓷砖构件表面?

清水混凝土、装饰混凝土和反打石材、瓷砖混凝土构件安装后不再做装饰面，因此，该类混凝土构件表面的保护就非常重要，一旦损坏较难修复，而且很难达到原效果。对这三类 PC 构件的表面保护要注意以下几点：

1）预制墙板进场后按照指定地点摆放在墙板架上，摆放时将木方垫在墙板下，避免其与地面直接接触损坏。

2）带面砖的预制墙板堆放、吊装以及混凝土浇筑过程中的饰面采用 4mm 厚聚乙烯膜防污染保护。

3）预制墙板四角采用橡塑材料成品保护阳角；吊装墙板时与各塔式起重机信号工协调吊装，避免碰撞造成损坏。

4）出厂前构件表面带保护膜的，要在上层湿作业完成及其他可能导致磕碰的工序完成后拆掉保护膜。

5）出厂前构件表面不带保护膜的，如果在施工过程中可能会损坏或者污染构件表面的，要有临时保护覆盖措施。

6）在打胶作业或涂刷清水混凝土保护剂作业时，要注意避免吊篮磕碰混凝土表面。

7）打胶作业要在混凝土缝隙两侧粘贴美纹纸，避免污染墙面。

173. 如何保护安装在 PC 构件上的门窗?

PC 构件门窗的安装有三种情况：

1）门窗带玻璃一次性浇筑成型。该类情况，既要保护窗框又要保护玻璃。宜在玻璃上做好标识，同时安装过程中要精细，避免玻璃因刮碰而破损。

2）门窗框与PC构件一体成型，不带玻璃。该类情况需要保护窗框。宜用聚苯乙烯压块保护窗框。

3）只在窗口预留木砖，窗户在主体结构施工结束后安装。该类情况需要保护窗口，可采用现场废弃多层板制作成C形构件保护窗洞口下部不被损坏。

总体而言对门窗安装的保护要求如下：

1）PC构件生产过程中，要求混凝土强度达到龄期方可吊装，以免门窗框挤压变形。

2）PC构件拆模中避免对门窗框的硬性碰撞。

3）吊装、转运过程中封车绳索不可与门窗框绑扎、避免接触。

4）PC构件安装后要求保护门窗表面保护膜的完整，禁止从窗口向室内运料。

5）门、窗口可利用废弃多层板制作U形构件，保护门、窗洞口下部不被损坏，门框定制防护架。

6）门、窗口防护拆除时，防护材料不可与门、窗框产生摩擦、划伤。

7）门窗玻璃外保护膜在外架拆除时可撕掉（底层除外），内保护膜在室内精装修最后一遍乳胶漆完成前撕掉。撕掉后，装饰单位对门窗100%检查后，由装修施工单位用纸板进行二次保护。

8）禁止人员踩踏门窗，不得在门窗框架上安放脚手架、悬挂物品，经常进行施工作业的门窗洞口，在上表面用厚木板等材料钉成C形盒将门窗框下槛保护好，并用废报纸等柔软材料填充密实，防止门窗变形损坏。

9）打玻璃、墙体密封胶时须贴保护胶带，防止打胶时污染玻璃和型材表面。

10）清除门窗型材和玻璃表面污染物时，保护胶纸妥善剥离，不得使用金属利器或硬物擦洗，防止划伤门窗表面。当使用清洁剂时，不得使用对型材、玻璃、配件有腐蚀性的清洁剂。

174. 如何保护建筑部品？

建筑部品部件是具有相对独立功能的建筑产品，是由建筑材料、单项产品构成的部件、构件的总成，是构成成套技术和建筑体系的基础。包括：

1）木制品、幕墙和铝合金门窗。

2）装饰部件。

3）外挂墙板、保温墙、预制板、叠合梁、预制楼梯、叠合楼板等预制建筑构件。

4）消防系统的安装。

5）集成式卫浴、集成式厨房、集成式收纳柜、轻质内隔墙板等。

对建筑部品保护须做到以下几点：

（1）交叉保护措施

1）搞好土建与安装、装饰工程的协调配合，科学地安排工序，尽量减少相互工种间的干扰，并根据工程的特点，做好交叉作业的保护，对水电施工做好预留、预埋工作，限制其随意剔槽凿孔。

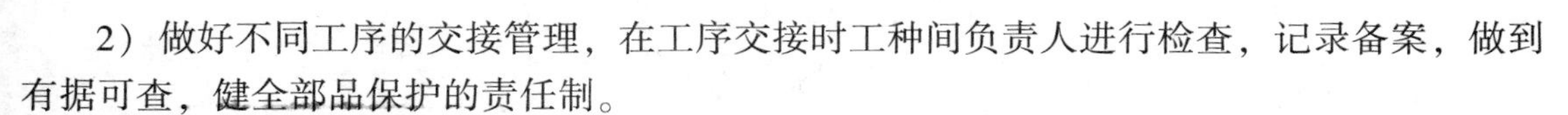

2）做好不同工序的交接管理，在工序交接时工种间负责人进行检查，记录备案，做到有据可查，健全部品保护的责任制。

（2）自身产品保护措施

1）在编制施工组织设计和具体施工安排时应合理安排施工工序，避免倒工序施工而影响部品保护、破坏部品。

2）建筑部品必须有专门的场所放置，并派专人管理。

3）交叉施工阶段，上下工序的交接双方要派人在施工现场监护，确保上道工序的成品不受损坏。

4）采取护、包、盖、封等成品保护手段，防止部品损坏或污染等情况的发生，护是指提前保护，包是指进行包裹，盖是表面覆盖，封是指局部封闭。

5）对已施工完毕的楼层在验收后应在楼层加锁，并派专人看管，直到验收交付使用为止。

6）加强值班，监督进出人员遵守规定，有效保护好建筑部品。

7）恢复保护：设置隔离区域，禁止非本项目的施工人员进出和通过，派专人监护。

175. 拆除成品保护材料有什么要求?

成品保护的拆除很关键，如果拆除时操作不当，会导致对成品的破坏。在成品保护拆除前应制定专项方案，对作业人员进行技术交底。确保拆除过程高效，同时保护好成品。

1）按照厂家提供的说明要求进行拆除。

2）按照施工组织设计的要求，在拆除时间及拆除方式上按相关要求进行拆除。

3）拆除使用工具时要防止损坏构件。

4）成品保护材料拆除，防止摩擦成品表面。

5）窗口等外墙防护材料，拆除时防止跌落室外。

6）拆除中要注意防火、防电。

7）拆除后材料统一堆放倒运楼下，同时防止倒运过程中硬物对结构二次损伤。

第 14 章　PC 工程施工质量要点与工程验收

176. PC 工程施工常见质量问题是什么？

PC 装配式建筑施工环节容易出现的质量问题、危害、原因和预防措施见表 14-1。

表 14-1　PC 常见质量问题一览表

环节	序号	问　　题	危　　害	原　　因	检　　查	预防与处理措施
1. 材料与部件采购	1.1	套筒、灌浆料选用了不可靠的产品	影响结构耐久性	或设计没有明确要求或没按照设计要求采购；不合理的降低成本	总包企业质量总监、工厂总工、驻厂监理	1）设计应提出明确要求 2）按设计要求采购 3）套筒与灌浆料应采用一家的产品 4）工厂进行试验验证
	1.2	夹心保温板拉结件选用了不可靠产品	连接件损坏，保护层脱落造成安全事故。影响外墙板安全	或设计没有明确要求或没按照设计要求采购；不合理的降低成本	总包企业质量总监、工厂总工、驻厂监理	1）设计应提出明确要求 2）按设计要求采购 3）采购经过试验及项目应用过的产品 4）工厂进行试验验证
	1.3	预埋螺母、螺栓选用了不可靠产品	脱模、转运、安装等过程存在安全隐患，容易造成安全事故或构件损坏	为了图便宜没选用专业厂家产品	总包企业质量总监、工厂总工、驻厂监理	1）总包和工厂技术部门选择厂家 2）采购有经验的专业厂家的产品 3）工厂做试验检验
	1.4	接缝橡胶条弹性不好	结构发生层间位移时，构件活动空间不够	1）设计没有给出弹性要求 2）没按照设计要求选用 3）不合理的降低成本	设计负责人、总包企业质量总监、监理	1）设计应提出明确要求 2）按设计要求采购 3）样品做弹性压缩量试验
	1.5	接缝用的建筑密封胶不适合用于混凝土构件接缝	接缝处年久容易漏水影响结构安全	没按照设计要求；不合理的降低成本	设计负责人、总包企业质量总监、工地监理	1）按设计要求采购 2）采购经过试验及项目应用过的产品

（续）

环节	序号	问　题	危　害	原　因	检　查	预防与处理措施
2. 构件制作	2.1	混凝土强度不足	形成结构安全隐患	搅拌混凝土时配合比出现错误或原材料使用出现错误	试验室负责人	混凝土搅拌前由试验室相关人员确认混凝土配合比和原材料使用是否正确，确认无误后，方可搅拌混凝土
	2.2	混凝土表面蜂窝、孔洞、夹渣	构件耐久性差，影响结构使用寿命	漏振或振捣不实，浇筑方法不当、不分层或分层过厚，模板接缝不严、漏浆，模板表面污染未及时清除	质量检查员	浇筑前要清理模具，模具组装要牢固，混凝土要分层振捣，振捣时间要充足
	2.3	混凝土表面疏松	构件耐久性差，影响结构使用寿命	漏振或振捣不实	质量检查员	振捣时间要充足
	2.4	混凝土表面龟裂	构件耐久性差，影响结构使用寿命	搅拌混凝土时水灰比过大	质量检查员	要严格控制混凝土的水灰比
	2.5	混凝土表面裂缝	影响结构可靠性	构件养护不足，浇筑完成后混凝土静养时间不到就开始蒸汽养护或蒸汽养护脱模后温差较大造成	质量检查员	在蒸汽养护之前混凝土构件要静养两个小时，脱模后要放在厂房内保持温度，构件养护要及时
	2.6	混凝土预埋件附近裂缝	造成埋件握裹力不足，形成安全隐患	构件制作完成后，在模具上固定埋件的螺钉拧下过早造成	质量检查员	固定预埋件的螺钉要在养护结束后拆卸
	2.7	混凝土表面起灰	构件抗冻性差，影响结构稳定性	搅拌混凝土时水灰比过大	质量检查员	要严格控制混凝土的水灰比
	2.8	露筋	钢筋没有保护层，钢筋生锈后膨胀，导致构件损坏	漏振或振捣不实或保护层垫块间隔过大	质量检查员	制作时振捣不能形成漏振，振捣时间要充足，工艺设计给出保护层垫块间距
	2.9	钢筋保护层厚度不足	钢筋保护层不足，容易造成露筋现象，导致构件耐久性降低	构件制作时预先放置了错误的保护层垫块	质量检查员	制作时要严格按照图样上标注的保护层厚度来安装保护层垫块

（续）

环节	序号	问题	危害	原因	检查	预防与处理措施
2. 构件制作	2.10	外伸钢筋数量或直径不对	构件无法安装，形成废品	钢筋加工错误，检查人员没有及时发现	质量检查员	钢筋制作要严格检查
	2.11	外伸钢筋位置误差过大	构件无法安装	钢筋加工错误，检查人员没有及时发现	质量检查员	钢筋制作要严格检查
	2.12	外伸钢筋伸出长度不足	连接或锚固长度不够，形成结构安全隐患	钢筋加工错误，检查人员没有及时发现	质量检查员	钢筋制作要严格检查
	2.13	套筒、浆锚孔、钢筋预留孔、预埋件位置误差	构件无法安装，形成废品	构件制作时检查人员和制作工人没能及时发现	质量检查员	制作工人和质量检查员要严格检查
	2.14	套筒、浆锚孔、钢筋预留孔不垂直	构件无法安装，形成废品	构件制作时检查人员和制作工人没能及时发现	质量检查员	制作工人和质量检查员要严格检查
	2.15	缺棱掉角、破损	外观质量不合格	构件脱模强度不足	质量检查员	构件在脱模前要有试验室给出的强度报告，达到脱模强度后方可脱模
	2.16	尺寸误差超过容许误差	构件无法安装，形成废品	模具组装错误	质量检查员	组装模具时制作工人和质检人员要严格按照图样尺寸组模
	2.17	夹心保温板连接件处空隙太大	造成冷桥现象	安装保温板工人不细心	质量检查员	安装时安装工人和质检人员要严格检查
	2.18	叠合板挠度	导致拼装后楼面不平	叠合板堆放不规范	质量检查员	叠合板堆放时上下层的木方要对齐，不要堆放过久
	2.19	墙板预埋PVC线管无法穿线	后期开凿墙面更换穿线管极其困难	1）制作过程中穿线管端口未封堵或封堵不严 2）振捣过程中，振捣棒将线管打坏	质量检查员	1）将预埋穿线管的端口封堵严实 2）振捣过程中，要认真，振捣人员要知道线管位置，振捣时避免打到线管
	2.20	预埋件跑位	在施工过程中导致管线无法连接	1）制作时预埋件未固定牢靠 2）混凝土浇筑时，碰到预埋件	质量检查员	1）构件生产时必须将预埋件固定牢靠 2）混凝土浇筑时尽量避免碰到预埋件

（续）

环节	序号	问　题	危　害	原　因	检　查	预防与处理措施
2. 构件制作	2.21	叠合板钢筋污染	混凝土叠合层浇筑后握裹力减弱	浇筑前未对桁架钢筋进行覆盖	质量检查员	桁架钢筋覆盖，可采用角钢制作工装覆盖，然后浇筑混凝土
3. 堆放、运输	3.1	支承点位置不对	构件断裂，成为废品	1）设计没有给出支承点的规定 2）支承点没按设计要求布置 3）摆放不平整 4）支垫高度不一	工厂质量总监	设计须给出堆放的技术要求；工厂和施工企业严格按设计要求堆放
	3.2	构件磕碰损坏	外观质量不合格	1）吊点设计不平衡 2）吊运过程中没有保护构件	质量检查员	1）设计吊点考虑重心平衡 2）吊运过程中要对构件进行保护，落吊时速度要慢
	3.3	构件被污染	外观质量不合格	堆放、运输和安装过程中没有做好构件保护	质量检查员	要对构件进行遮盖，工人不能带油手套去摸构件
4. 安装	4.1	与 PC 构件连接的钢筋误差过大，加热烤弯钢筋	钢筋热处理后影响强度及结构安全	现浇钢筋或外露钢筋定位不准确	质量检查员、监理	1）现浇混凝土时专用模板定位 2）浇筑混凝土前严格检查
	4.2	套筒或浆锚预留孔堵塞	灌浆料灌不进去或者灌不满影响结构安全	残留混凝土浆料或异物进入	质量检查员	1）固定套管的胀拉螺栓锁紧 2）脱模后出厂前严格检查
	4.3	灌浆不饱满	影响结构安全的重大隐患	工人责任心不强或作业时灌浆泵发生故障	质量检查员、监理	1）配有备用灌浆设备 2）质量检查员和监理全程旁站监督
	4.4	安装误差大	影响美观和耐久性	构件几何尺寸偏差大或者安装偏差大	质量检查员、监理	1）及时检查模具 2）调整安装偏差
	4.5	临时支撑点数量不够或位置不对	构件安装过程支撑受力不够影响结构安全和作业安全	制作环节遗漏或设计环节不对	质量检查员	1）及时检查 2）设计与安装生产环节要沟通
	4.6	后浇筑混凝土钢筋连接不符合要求	影响结构安全的隐患	作业空间窄小或工人责任心不强	质量检查员、监理	1）后浇区设计要考虑作业空间 2）做好隐蔽工程检查

（续）

环节	序号	问　题	危　害	原　因	检　查	预防与处理措施
4. 安装	4.7	后浇混凝土蜂窝、麻面、胀模	影响结构耐久性	混凝土质量、振捣、模板固定不牢	监理	1）严格要求混凝土质量 2）按要求进行加固现浇模板 3）振捣及时方法得当
	4.8	构件破损严重	很难复原，影响耐久性或结构防水	安装工人不够熟练	质量检查员、监理	加强人员培训，规范作业
	4.9	防水密封胶施工质量差	影响耐久性及防水性	密封胶质量问题或打胶施工人员不专业	质量检查员、监理	1）选择优质的密封胶 2）对打胶人员进行规范培训
	4.10	楼层标高出现偏差	影响结构验收	施工放线人员标高出现问题或者PC构件安装出现偏差	监理、质量检查员	1）认真核对放线是否有问题 2）质检员在墙板安装就位后认真检查标高，并做好记录
	4.11	个别木工加固后墙板移位	影响结构成型质量	木工加固不注意使墙板移位	质量检查员、监理	1）木工加固后浇混凝土模板时要小心，尽量不要扰动PC墙板 2）木工加固后对墙板进行二次调整

177. PC工程施工最关键的质量环节是什么？

PC工程施工有一些关键的质量环节，这些环节会影响整体结构质量，因此必须予以重视。

1）现浇层外伸连接钢筋定位环节。现浇层外伸连接钢筋定位不准会直接影响到上层预制墙板或柱的套筒无法顺利安装，一旦遇到此类问题处理非常麻烦。因此，应采用事先制作好的定位钢板定位钢筋。

2）吊装环节。吊装环节是PC工程施工的核心工序，吊装的质量和进度将直接影响主体结构质量及整体施工进度。PC构件吊装通常需要三次调整，分别是构件吊装就位后的第一次调整，钢筋绑扎后的第二次调整，模板加固后的第三次调整。只有做好这三次调整才能保证混凝土浇筑后PC墙板不移位、偏位。另外，吊装环节灌浆区域的分仓、封堵，墙板及叠合板的支撑均很重要，在施工时应予以重视。

3）灌浆环节。灌浆质量的好坏直接影响到竖向构件的连接，如果灌浆质量出现问题，将对整体的结构质量产生致命影响。因此，灌浆过程必须严格管控，要有专职质检员及监理旁站，并且留下影像资料。同时，选用的灌浆料要符合设计要求，灌浆人员要经过严格的培训才能上岗。灌浆采用压浆法从下口灌注时，灌浆料从上口流出后及时封堵出浆口，保持压力 30s 后再封堵灌浆口。冬季施工时环境温度应在 5℃以上，并且保证 48h 凝结硬化过程中连接部位温度不低于 10℃。灌浆后 12h 不得使构件和灌浆层受到震动、碰撞。

4）后浇混凝土环节。后浇混凝土是 PC 构件横向连接的关键，要保证混凝土标号符合设计标准，浇筑振捣要密实，浇筑后要按规范要求进行养护。

5）外挂墙板螺栓固定环节。外挂墙板螺栓固定质量的好坏直接影响到外围护结构的安全，因此要按设计及规范要求施工。特别注意不要把柔性支座锁紧成固定支座。

6）外墙打胶环节。外墙打胶关系到 PC 装配式结构的防水。尤其是外挂墙板结构，板缝贯通室内外，打胶质量一旦出现问题，将产生严重的漏水事故。而且一旦发生将很难找到漏水点，因此，打胶环节一定要使用符合设计标准的原材料，同时打胶人员要经过严格的培训。

178. PC 工程施工各工序检查要点是什么？如何实行自检、互检与交接检？

《装标》第 11 章详细叙述了 PC 工程施工的质量验收环节。对预制构件、预制构件安装与连接、部品安装、设备与管线安装等关键施工环节的质量检查点，包括主控项目和一般项目的检验方法及检查数量做了详细规定。这些主控项目和一般项目均是各个工序的检查要点。

质量保证措施实施三阶段质量控制，即事前、事中、事后控制。事后质量控制以质量检查为主，项目部严格执行“三检”制度，即“自检、互检、交接检”。

1）自检是指分项工程工序施工过程和完成后作业者或班组对该工程的自我检查，必须强化施工过程中的自检力度，发现问题及时处理，将问题彻底解决在施工过程中。

2）互检是作业者或班组互相检查。互检合格后，方可进行下工序施工。各班组进行互检，对存在的问题要及时汇报、处理，专职检查、工地质检员要深入每道工序，严把每道质量关，做到不合格者不进行下工序施工，督促每一班组做好每一工序的质量。

3）工序交接检查。由施工单位技术负责人，专职质检员组织，由交接工序作业负责人、质检员检查参加，对已完工程产品质量检查验收，质量达到标准要求的工序，填写工序交接单，完备交接手续，达不到质量标准要求的工序不能交接，必须采取措施进行处理。

179. PC 工程验收的依据是什么？

第 9 章，136 问已经详细探讨了 PC 结构工程的验收，这里给出整体工程的验收依据。包括：

（1）PC 装配式结构

国家标准《装配式混凝土建筑技术标准》（GB/T 51231—2016）

国家标准《混凝土结构工程施工质量验收规范》（GB 50204—2015）

行业标准《装配式混凝土结构技术规程》（JGJ 1—2014）

国家标准《建筑工程施工质量验收统一标准》（GB 50300—2013）

行业标准《钢筋套筒灌浆连接应用技术规程》（JGJ 355—2015）

（2）PC隔墙、PC装饰一体化、PC构件一体化门窗

国家标准《建筑装饰装修工程质量验收规范》（GB 50210—2001）

行业标准《外墙饰面砖工程施工及验收规程》（JGJ 126—2015）

（3）与PC构件一体化的保温节能

行业标准《外墙外保温工程技术规程》（JGJ 144—2004）

（4）设置在PC构件中的避雷带和电线、通信线、穿线导管

国家标准《建筑物防雷工程施工与质量验收规范》（GB 50601—2010）

国家标准《建筑电气工程施工质量验收规范》（GB 50303—2015）

（5）工程档案

国家标准《建设工程文件归档规范》（GB/T 50328—2014）

（6）工程所在地关于PC工程的地方标准

如辽宁省地方标准《装配式混凝土结构构件制作、施工与验收规程》（DB21/T 2568—2016）

（7）工程设计文件和工程施工承包合同

PC工程相应的验收程序如下：

1）建设单位主持验收会议。

2）建设、勘察、设计、施工、监理单位汇报。

3）审阅建设、勘察、设计、施工、监理单位的工程档案资料；商品住宅工程要听取参会的购房户意见。

4）验收组实地查验工程质量。

5）验收组成员发表意见（大型复杂工程要分专业组审议）。

6）验收组形成工程竣工验收意见并签署《工程竣工验收报告》。

180. 如何做质量控制记录？

质量控制记录是工程验收的重要依据，在施工过程中应对各个环节的施工质量做好记录。根据PC装配式工程验收的主控项目和一般项目相关规定的检验方法及检查数量制作相应表格，按要求做好记录。

例如，PC装配式建筑质量控制的关键点，PC构件外形尺寸质量控制和PC构件安装后的整体结构尺寸质量控制如下：

（1）PC构件尺寸偏差检查

需要检查尺寸误差、角度误差和表面平整度误差。预制构件尺寸允许偏差及检验方法见表5-3，表5-3来自《装配式混凝土结构技术规程》（JGJ 1—2014）中11.4.2。检查项目同时应当拍照记录与质量检验记录表（表5-3）一并存档。

(2) PC 装配式结构的尺寸偏差

装配式结构的尺寸允许偏差应符合设计要求，并应符合表 14-2 的规定。

表 14-2　装配式结构尺寸允许偏差及检验方法

<table>
<tr><th colspan="3">项　　目</th><th>允许偏差/mm</th><th>检 验 方 法</th></tr>
<tr><td rowspan="3">构件中心线对轴线位置</td><td colspan="2">基础</td><td>15</td><td rowspan="3">尺量检查</td></tr>
<tr><td colspan="2">竖向构件（柱、墙、桁架）</td><td>10</td></tr>
<tr><td colspan="2">水平构件（梁、板）</td><td>5</td></tr>
<tr><td>构件标高</td><td colspan="2">梁、柱、墙、板底面或顶面</td><td>±5</td><td>水准仪或尺量检查</td></tr>
<tr><td rowspan="3">构件垂直度</td><td rowspan="3">柱、墙</td><td><5m</td><td>5</td><td rowspan="3">经纬仪或全站仪量测</td></tr>
<tr><td>≥5m 且<10m</td><td>10</td></tr>
<tr><td>≥10m</td><td>20</td></tr>
<tr><td>构件倾斜度</td><td colspan="2">梁、桁架</td><td>5</td><td>垂线、钢尺量测</td></tr>
<tr><td rowspan="5">相邻构件平整度</td><td colspan="2">板端面</td><td>5</td><td rowspan="5">钢尺、塞尺量测</td></tr>
<tr><td rowspan="2">梁、板底面</td><td>抹灰</td><td>5</td></tr>
<tr><td>不抹灰</td><td>3</td></tr>
<tr><td rowspan="2">柱墙侧面</td><td>外露</td><td>5</td></tr>
<tr><td>不外露</td><td>10</td></tr>
<tr><td>构件搁置长度</td><td colspan="2">梁、板</td><td>±10</td><td>尺量检查</td></tr>
<tr><td>支座、支垫中心位置</td><td colspan="2">板、梁、柱、墙、桁架</td><td>10</td><td>尺量检查</td></tr>
<tr><td rowspan="2">墙板接缝</td><td colspan="2">宽度</td><td rowspan="2">±5</td><td rowspan="2">尺量检查</td></tr>
<tr><td colspan="2">中心线位置</td></tr>
</table>

针对 PC 预制构件进场检验批质量验收记录见表 5-5

181. 如何进行分项工程质量验收?

国家标准《建筑工程施工质量验收统一标准》(GB 50300—2013) 将建筑工程质量验收划分为单位工程、分部工程、分项工程和检验批。其中分部工程较大或较复杂时，可划分为若干子分部工程。

质量验收划分不同，验收抽样、要求、程序和组织都不同。例如，就验收组织而言，对于分项工程，由专业监理工程师组织施工单位项目专业技术负责人等进行验收；对于分部工程，则由总监理工程师组织施工单位负责人和项目技术负责人等进行验收。设计单位项目负责人和施工单位技术、质量部门负责人应参加主体结构、节能分部工程的验收。

2014 年版的行业标准《装配式混凝土结构技术规程》(JGJ 1—2014) 中规定“装配式结构应按混凝土结构子分部进行验收；当结构中部分采用现浇混凝土结构时，装配式结构部分可作为混凝土结构子分部工程的分项工程进行验收。”但 2015 年版的国家标准《混凝土结构工程施工质量验收规范》(GB 50210—2015) 将装配式建筑划为分项工程。如此，装配式结构应按分项工程进行验收。

PC 装配式建筑中与 PC 有关的项目验收划分见表 14-3。

表14-3 装配式建筑中与PC有关的项目验收划分

序号	项目	分部工程	子分部工程	分项工程	备注
1	PC装配式结构	主体结构	混凝土结构	装配式结构	
2	PC预应力板			预应力工程	
3	PC构件螺栓		钢结构	紧固件连接	
4	PC外墙板	建筑装饰装修	幕墙	PC幕墙	参照《点挂外墙板装饰工程技术规程》(JGJ 321—2014)
5	PC外墙板接缝密封胶		幕墙	PC幕墙	
6	PC隔墙		轻质隔墙	板材隔墙	参照《建筑用轻质隔墙条板》(GB/T 23451—2009)
7	PC一体化门窗		门窗	金属门窗、塑料门窗	
8	PC构件石材反打		饰面板	石材安装	参照《金属与石材幕墙工程技术规范》(JGJ 133—2001)
9	PC构件饰面砖反打		饰面砖	外墙饰面砖粘贴	参照《外墙饰面砖工程施工及验收规程》(JGJ 126—2015)
10	PC构件的装饰安装预埋件		细部	窗帘盒、橱柜、护栏等	参照《钢筋混凝土结构预埋件》(16G362)
11	保温一体化PC构件	建筑节能	围护系统节能	墙体节能、幕墙节能	参照《建筑节能工程施工质量验收规范》(GB 50411—2007)
12	PC构件电气管线	建筑电气	电气照明	导管敷设	参照《建筑电气工程施工质量验收规范》(GB 50303—2015)
13	PC构件电气槽盒			槽盒安装	
14	PC构件灯具安装预埋件			灯具安装	
15	PC构件设置的给水排水暖气管线	建筑给水排水及供暖	室内给水	管道及配件安装	参照《建筑给水排水及采暖工程施工质量验收规范》(GB 50242—2002)
16			室内排水	管道及配件安装	
17			室内热水	管道及配件安装	
18			室内供暖系统	管道、配件及散热器安装	
19	PC构件整体浴室安装预埋件		卫生器具	卫生器具安装	
20	PC构件卫生器具安装预埋件			卫生器具安装	
21	PC构件空调安装预埋件	通风与空调			参照《通风与空调工程施工质量验收规范》(GB 50243—2016)
22	PC构件中的避雷带及其连接	智能建筑	防雷与接地	接地线、接地装置	参照《智能建筑工程质量验收规范》(GB 50339—2013)
23	PC构件中的通信导管		综合布线系统		

182. 如何进行工程竣工验收?

PC 装配式结构工程竣工验收，要符合《混凝土结构工程施工质量验收规范》（GB 50204—2015）中关于传统现浇混凝土结构相关规定，也要符合《装标》第 11 章关于装配式混凝土结构验收的相关规定。《装标》的一般规定如下：

（1）装配式混凝土建筑施工应按现行国家标准《建筑工程施工质量验收统一标准》（GB 50300—2013）的有关规定进行单位工程、分部工程、分项工程和检验批的划分和质量验收。

（2）装配式混凝土建筑的装饰装修、节点安装等分部工程应按国家现行有关标准进行质量验收。

（3）装配式混凝土结构工程应按混凝土结构子分部工程进行验收，装配式混凝土结构子分部工程应按混凝土结构的子分部工程的分项工程验收，混凝土结构子分部中其他分项工程应符合现行国家标准《混凝土结构工程施工质量验收规范》（GB 50204—2015）的有关规定。

（4）装配式混凝土结构工程施工用的原材料、部品、构配件均应按检验批进行进场验收。

（5）装配式混凝土结构连接节点及叠合构件浇筑混凝土前，应进行隐蔽工程验收。隐蔽工程验收内容详见第 143 问。

（6）混凝土结构子分部工程验收时，除应符合现行国家标准《混凝土结构工程施工质量验收规范》（GB 50204—2015）的有关规定提供文件和记录外，尚应提供下列文件和记录：

1）工程设计文件、预制构件安装施工图和加工制作详图。

2）预制构件、主要材料及配件的质量证明文件、进场验收记录、抽样复验报告。

3）预制构件安装施工记录。

4）钢筋套筒灌浆型式检验报告、工艺检验报告和施工检验记录、抽样复验报告。

5）后浇混凝土部位的隐蔽工程检查验收文件。

6）后浇混凝土、灌浆料、坐浆材料强度检测报告。

7）外墙防水施工质量检查记录。

8）装配式结构分项工程质量验收文件。

9）装配式工程的重大质量问题的处理方案和验收记录。

10）装配式工程的其他文件和记录。

PC 装配式工程须进行结构实体检验：

（1）装配式混凝土结构子分部工程分段验收前，应进行结构实体检验。结构实体检验应由监理单位组织施工单位实施，并见证实施过程。参照国家标准《混凝土结构工程施工质量验收规范》（GB 50204—2015）第 8 章，现浇结构分项工程。

（2）结构实体检验应包括混凝土强度、钢筋保护层厚度、结构位置与尺寸偏差以及合同约定的项目，必要时可检验其他项目，除结构位置与尺寸偏差外的结构实体检验项目，应由具有相应资质的检测机构完成。预制构件实体性能检验报告应由构件生产单位提交施工总承包单位，并由专业监理工程师审查备案。

(3) 钢筋保护层厚度、结构位置与尺寸偏差按照《混凝土结构工程施工质量验收规范》(GB 50204—2015) 执行。

(4) 预制构件现浇接合部位实体检验应进行以下项目检测：

1) 接合部位的钢筋直径、间距和混凝土保护层厚度。

2) 接合部位的后浇混凝土强度。

(5) 对预制构件混凝土、叠合梁、叠合板后浇混凝土和灌浆料的强度检验，应以在浇筑地点制备并与结构实体同条件养护的试件强度为依据。混凝土强度检验用同条件养护试件的留置、养护和强度代表值应按《混凝土结构工程施工质量验收规范》(GB 50204—2015) 附录 D 的规定进行，也可按国家现行标准规定采用非破损或局部破损的检测方法检测。

(6) 当未能取得同条件养护试件强度或同条件养护试件强度被判为不合格，应委托具有相应资质等级的检测机构按国家有关标准的规定进行检测。

部品安装验收，设备及管线验收，内装修验收等分项工程验收完成及 PC 结构实体检验完成后，就具备了竣工验收的条件。可依据国家标准《混凝土结构工程施工质量验收规范》(GB 50204—2015) 及各地方标准进行竣工验收。

183. PC 工程验收需要提供哪些文件与记录？

工程验收需要提供文件与记录，以保证工程质量实现可追溯性的基本要求。行业标准《装配式混凝土结构技术规程》(JGJ 1—2014) 中关于装配式混凝土结构工程验收需要提供的文件与记录规定：要按照国家标准《混凝土结构工程施工质量验收规范》(GB 50204—2015) 的规定提供文件与记录；并列出了 10 项文件与记录。

(1)《混凝土结构工程施工质量验收规范》规定的文件与记录

国家标准《混凝土结构工程施工质量验收规范》(GB 50210—2015) 规定验收需要提供的文件与记录：

1) 设计变更文件。

2) 原材料质量证明文件和抽样复检报告。

3) 预拌混凝土的质量证明文件和抽样复检报告。

4) 钢筋接头的试验报告。

5) 混凝土工程施工记录。

6) 混凝土试件的试验报告。

7) 预制构件的质量证明文件和安装验收记录。

8) 预应力筋用锚具、连接器的质量证明文件和抽样复检报告。

9) 预应力筋安装、张拉及灌浆记录。

10) 隐蔽工程验收记录。

11) 分项工程验收记录。

12) 结构实体检验记录。

13）工程的重大质量问题的处理方案和验收记录。

14）其他必要的文件和记录。

（2）《装配式混凝土结构技术规程》（JGJ 1—2014）列出的文件与记录

1）工程设计文件、预制构件制作和安装的深化设计图。

2）预制构件、主要材料及配件的质量证明文件、现场验收记录、抽样复检报告。

3）预制构件安装施工记录。

4）钢筋套筒灌浆、浆锚搭接连接的施工检验记录。

5）后浇混凝土部位的隐蔽工程检查验收文件。

6）后浇混凝土、灌浆料、坐浆材料强度检测报告。

7）外墙防水施工质量检验记录。

8）装配式结构分项工程质量验收文件。

9）装配式工程的重大质量问题的处理方案和验收记录。

10）装配式工程的其他文件和记录。

（3）其他工程验收文件与记录

在装配式混凝土结构工程中，灌浆最为重要，辽宁省地方标准《装配式混凝土结构构件制作、施工与验收规程》（DB21/T 2568—2016）特别规定：钢筋连接套筒、水平拼缝部位灌浆施工全过程记录文件（含影像资料）。

（4）PC 构件制作企业需提供的文件与记录

PC 构件制作环节的文件与记录是工程验收文件与记录的一部分，已经在第 22 章进行了介绍。辽宁省地方标准《装配式混凝土结构构件制作、施工与验收规程》（DB21/T 2568—2016）列出了 10 项文件与记录，可供参考。为了验收文件与记录的完整性，本节再列出如下：

1）经原设计单位确认的预制构件深化设计图、变更记录。

2）钢筋套筒灌浆连接、浆锚搭接连接的型式检验合格报告。

3）预制构件混凝土用原材料、钢筋、灌浆套筒、连接件、吊装件、预埋件、保温板等产品合格证和复检试验报告。

4）灌浆套筒连接接头抗拉强度检验报告。

5）混凝土强度检验报告。

6）预制构件出厂检验表。

7）预制构件修补记录和重新检验记录。

8）预制构件出厂质量证明文件。

9）预制构件运输、存放、吊装全过程技术要求。

10）预制构件生产过程台账文件。

第15章　PC施工安全与环境保护

184. PC工程施工安全应执行哪些标准？

（1）国家标准《装标》的有关规定

关于PC工程安全施工，《装标》在10.8条中给出如下主要规定：

1）装配式混凝土建筑施工应执行国家、地方、行业和企业标准的安全生产法规和规章制度，落实安全生产责任制。

2）施工单位应对重大危险源有预见性，建立健全安全管理保障体系，制定安全专项方案，对危险性较大分部分项工程应经专家论证通过后进行施工。

3）施工单位应对从事预制构件吊装作业及相关人员进行安全培训与交底，识别预制构件进场、卸车、存放、吊装、就位各环节的作业风险，并制定防控措施。

4）安装作业开始前，应对安装作业区进行围护并做出明显的标识，拉警戒线，根据危险源级别安排进行旁站，严禁与安装作业无关的人员进入。

5）施工作业使用的专用吊具、吊索、定型工具式支撑、支架等，应进行安全验算，使用中进行定期、不定期检查，确保其安全状态。

（2）其他标准的规定

1）国家标准：《混凝土结构工程施工规范》（GB 50666—2011）。

2）行业标准：《建筑施工高处作业安全技术规范》（JGJ 80—2016）；《建筑机械使用安全技术规程》（JGJ 33—2012）；《施工现场临时用电安全技术规范》（JGJ 46—2015）。

除以上规定外，还要加强对施工安全生产的科学管理，并推行绿色施工，预防安全事故的发生，保障施工人员的安全健康，提高施工管理水平，实现安全生产管理工作的标准化等。

185. PC工程施工安全防护的特点和重点是什么？

（1）PC工程施工安全防护的特点

与现浇混凝土工程施工相比，PC工程施工安全的防护特点是：

1）起重作业频繁。

2）起重量大幅度增加。

3）大量的支模作业变为了临时支撑。

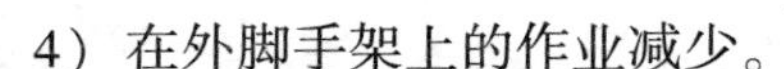

4）在外脚手架上的作业减少。

（2）PC 工程施工安全防护的重点

1）分析重大危险源。国家标准《装标》要求，应根据 PC 工程特点对重大风险源进行分析，并予以公示列出清单，同时《装标》还要求对吊装人员进行安全培训与交底。（《装标》10.8.2、10.8.3 条）

2）PC 工程施工风险源清单。

①起重机的架设。

②吊装吊具的制作。

③构件在车上翻转。

④构件卸车。

⑤构件临时存放场地的倾覆。

⑥水平运输工程中的倾覆。

⑦构件起吊的过程。

⑧吊装就位作业。

⑨临时支撑的安装。

⑩后浇混凝土支模。

⑪后浇混凝土拆模。

⑫及时灌浆作业。

⑬临时支撑的拆除。

3）重点防范清单。

①起重机的安全。

②吊装架及吊装绳索的安全。

③吊装作业过程的安全。

④外脚手架上作业时的安全。

⑤边缘构件安装作业时的安全。

⑥交叉作业时的安全。

186. 高处作业和吊装作业安全防范要点是什么？

（1）高处作业安全防范要点

1）装配式混凝土建筑施工应执行国家、地方、行业和企业的安全生产法规和规章制度，落实各级各类人员的安全生产责任制。

2）安装作业使用专用吊具、吊索等，施工使用的定型工具式支撑、支架等，应进行安全验算，使用中进行定期、不定期检查，确保其安全状态。（《装标》10.8.5 条）

3）根据《建筑施工高处作业安全技术规范》（JGJ 80—2016）的规定，PC 构件吊装人员应穿安全鞋、佩戴安全帽和安全带。在构件吊装过程中有安全隐患或者安全检查事项不合格时应停止高处作业。

4）吊装过程中摘钩以及其他攀高作业应使用梯子，且梯子的制作质量与材质应符合规范或设计要求，确保安全。

5）吊装过程中的悬空作业处，要设置防护栏杆或者其他临时可靠的防护措施。

6）使用的工器具和配件等，要采取防滑落措施，严禁上下抛掷。构件起吊后，构件和起重机下严禁站人。

7）夹心保温外墙板后浇混凝土连接节点区域的钢筋连接施工时，不得采用焊接连接。(《装标》10.8.7条)

（2）吊装作业安全防范要点

《装标》10.8.6条中给出如下规定：

1）预制构件起吊后，应先将预制构件提升300mm左右后，停稳构件，检查钢丝绳、吊具和状态，确认吊具安全且构件平稳后，方可缓慢提升构件。

2）起重机吊装区域内，非作业人员严禁进入；吊运预制构件时，构件下方严禁站人，应待预制构件降落至距地面1m以内方准作业人员靠近，就位固定后方可脱钩。

3）起重机操作应严格按照操作规程操作，操作人员需持证上岗。

4）遇到雨、雪、雾天气，或者风力大于5级时，不得进行吊装作业。

5）高处应通过揽风绳改变预制构件方向，严禁高处直接用手扶预制构件。

6）夜间施工光线昏暗不能吊装。

7）吊装就位的构件，斜支撑没有固定好不能撤掉吊钩。

除以上《装标》规定以外，还应当对构件进行试吊，异形构件吊装过程要检查构件是不是平衡，如果不平衡需要技术人员现场调整。避免因构件不平衡出现事故。

187. 如何检查起重机、吊具？

安装作业中使用的起重机、吊具、吊索，应首先进行安全验算，安全验算通过后才能开始使用。同时，也要在使用中定期或不定期地进行检查，以确保其始终处于安全状态。

在实际操作中，应至少包含以下检查项目：

（1）使用前的检查

1）对起重机本身影响安全的部位进行检查。

2）支撑架检查。

3）当支撑架设在PC构件上时，要确保构件已经灌浆，且强度达到要求后才可以架设起重机。

4）吊索吊具使用前应检查其完整性，检查吊具表面是否有裂纹，吊索或吊链是否有断裂现象，吊装带是否有破损断丝等现象。

（2）运行中的检查

1）起重机运行中应做好日常运行记录以及日常维护保养记录。

2）各连接件无松动。

3）钢丝绳及连接部位符合规定。

4）润滑油、液压油及冷却液符合规定，及时补充。

5）经常检查起重机的制动器。

6）吊装过程中发现起重机有异常现象要及时停车。

188. 如何检查构件支撑系统？

在施工中使用的定型工具式支撑、支架等系统，应首先进行安全验算，安全验算通过后才能开始使用。同时，也要在使用中定期或不定期地进行检查，以确保其始终处于安全状态。

在实际操作中，应至少包含以下检查项目：

1）斜支撑的地锚浇筑在叠合层上的时候，钢筋环一定要确保与桁架筋连接在一起。

2）斜支撑架设前，要对地锚周边的混凝土用回弹仪测试，如果强度过低应当由工地技术员与监理共同制定解决办法与应对措施。

3）检查支撑杆规格、位置是否与设计要求一致，特别是水平构件（详见本书第 4 章第 43 问表 4-8 装配式建筑构件预制构件安装临时支撑体系一览表）。

4）检查支撑杆上下两个螺栓是否扭紧。

5）检查支撑杆中间调节区定位销是否固定好。

6）检查支撑体系角度是否正确。

7）检查斜支撑是否与其他相邻支撑冲突，若有冲突应及时调整。

189. PC 工程施工作业有哪些环境条件限制？

PC 工程施工作业在遇到以下气候环境时，应停止作业：

1）遇到雨、雪、雾天气不能施工。

2）风力大于 5 级时，不得进行吊装作业。

3）吊装作业与灌浆作业涉及安全，不应安排在夜间施工。

4）施工环境温度低于 5℃时要采取加热保温措施，使结构构件灌浆套筒内的温度达到产品说明书要求。

190. PC 工程施工需制定哪些安全操作规程？

PC 工程施工各个环节安全操作规程，应根据这些环节作业的特点和国家有关标准规定制定。其主要的安全操作规程如下：

1）部品部件卸车和运输操作规程。

2）PC 构件翻转操作规程。

3）PC 构件吊装操作规程。

4）部品吊装操作规程。

5）临时支撑架设操作规程。

6）灌浆制浆操作规程。

7）浆锚搭接操作规程。

8）后浇混凝土模板支护操作规程。

9）钢筋连接操作规程。

10）现场焊接操作规程。

191. PC工程施工安全培训的内容是什么？

PC工程施工安全管理规定是施工现场安全管理制度的基础，目的是规范施工现场的安全防护，使其标准化、定型化。每个PC工程项目在开工以前以及每天班前会上都要进行安全交底，也就是要进行PC工程施工的安全培训，其主要内容如下：

1）施工现场一般安全规定。

2）构件堆放场地安全管理。

3）与受训者有关的作业环节的操作规程。

4）岗位标准。

5）设备的使用规定。

6）机具的使用规定。

7）劳保护具的使用规定。

192. PC工程施工主要环节须采取哪些安全措施？

为预防安全事故的发生，PC工程施工主要环节须提前采取以下安全措施：

1）构件卸车时按照装车顺序进行，避免车辆失去平衡导致车辆倾斜。

2）构件储存场、存放地应设置临时固定措施或者采用专用插放支架存放。

3）斜支撑的地锚在隐蔽工程检查的时候要检查地锚钢筋是否与桁架筋连接在一起。

4）吊装作业开工前将作业区进行维护并做出标识，拉警戒线，并派专人看管，严禁与安装无关人员进入（《装标》10.8.4条）。

5）吊运构件时，构件下方严禁站人，应待构件降至1m以内方准作业人员靠近。

6）吊装边缘构件时作业人员要佩戴救生索。

7）楼梯安装后若使用应安装临时防护栏杆。

8）高空作业应佩戴安全带，且安全钩应固定在指定的安全区域。

图15-1　临时防护栏杆

9）高空临边作业时应做好临时防护栏，如图15-1

所示。

10）加强对吊装工具、锁具、机械过程检查。

193. 吊装区域如何设立标识、警戒线和进行旁站管理？

安装作业开始前，一般应对安装作业区进行围护并做出明显的警戒标识。不具备条件的，视具体情况也可选择用警戒线或者雪糕筒作为警戒标识。特殊情况下，还可根据危险源级别来安排是否进行旁站管理。无论选择哪种方式，其目的都是严禁与安装作业无关的人员进入。如图 15-2 ~ 图 15-5 所示。

图 15-2　吊装边缘构件作业时用于挂安全带的救生绳

图 15-3　叠合楼板吊装时用来挂安全带的救生绳

图 15-4　吊装区域雪糕筒警戒

图 15-5　工地上的警示标识

194. 构件安装后的临时支撑如何确保安全？

构件安装后的临时支撑是装配式建筑安装过程承受施工荷载，保证构件定位的有效措施之一。为确保临时支撑安全，临时支撑的位置、数量以及角度等参数，都应在预制构件的深化设计过程中经过设计计算。且在施工进行前应进行安全验算，在使用过程中应定期、不定期进行检查，确保其安全状态。

计算、验算或检查临时支撑时，应确保其符合以下规定：

1）支撑点的位置、数量、角度要按照设计要求设置，且每个预制构件的临时支撑不宜少于 2 道。

2）对预制柱、墙板的上部斜支撑，其支撑点距离底部的距离不宜小于高度的 2/3，且不应小于高度的 1/2。

3）构件安装就位后，可通过临时支撑对构件的位置和垂直度进行微调。

4）PC 柱、PC 墙等竖向构件的临时支撑拆除时间，可参照灌浆料制造商的要求来确定；如北京建茂公司生产的 CGMJM-VI 型高强灌浆料，要求灌浆后灌浆料同条件试块强度达到 35MPa 后方可进入后续施工（扰动），通常环境温度在 15℃以上时，24h 内构件不得受扰动；环境温度在 5～15℃时，48h 内构件不得受扰动，拆除支撑要根据设计荷载情况确定。

 195. 如何架设构件安装和外围护结构施工的脚手架？

装配式建筑中常用的外墙脚手架有两种，一种是整体爬升脚手架（图 15-6），一种是附墙式脚手架（图 15-7、图 15-8）。

图 15-6　整体爬升脚手架

图 15-7　附墙式脚手架一

图 15-8　附墙式脚手架二

脚手架的特点是架设在预制构件上，这就要求工厂在生产构件时把架设脚手架的预埋件提前埋设进去，隐蔽结点检查时要检查脚手架的预埋件是否符合设计要求。无论采用哪种脚手架，事先都要经过设计及安全验算。

196. PC 工程文明施工有哪些要求?

PC 工程文明施工应符合以下要求：

1）PC 施工要有整套的施工组织设计或施工方案，施工总平面布置紧凑、施工场地规划合理，符合环保、市容、卫生要求。

2）有健全的施工组织管理机构和指挥系统，岗位分工明确，工序交叉合理，交接责任明确。

3）构件堆放场地有严格的成品保护措施和制度，大小临时设施和各种材料、构件、半成品按平面布置堆放整齐。

4）施工场地平整，道路畅通，排水设施得当，水电线路整齐，机具设备状况良好，使用合理。施工作业符合消防和安全要求。

5）搞好环境卫生管理，包括施工区、生活区环境卫生和食堂卫生管理。

6）文明施工应贯穿施工结束后的清场。

7）降低声、光污染，减少夜间施工对居民的干扰（《装标》第 10. 8. 10 条）。

8）高空使用的工具应防止坠落。

9）避开经常性吊装作业区的专用通道。

10）临时支撑杆的堆放要有指定的地点。

11）结构吊装时，部品要有序存放，不要影响结构吊装。

12）部品部件的包装物要及时清理，指定地方堆放。

13）现场设立回收建筑垃圾点（参见本书第 4 章第 56 问图 4-33）。

197. PC 工程施工环境保护有哪些要求?

PC 工程施工的环境保护重点在于施工现场道路、构件堆放场地等的现场清洁，施工过程中各种连接材料、构件安装临时支撑材料的使用和拆除回收等环节中。在每一个环节，都应严格按照安全文明工地要求去执行，并做到以下规定：

1）PC 项目开工前应制定施工环境保护计划，落实责任人，并应组织实施。

2）预制构件运输和驳运过程中，应保持车辆的整洁，防止对道路的污染，减少道路扬尘，施工现场出口应设置洗车池。

3）在施工现场应加强对废水、污水的管理，现场应设置污水池和排水沟。废水、废弃涂料、胶料应统一处理，严禁未经过处理直接排入下水管道。

4）装配整体式混凝土结构施工中产生的胶粘剂、稀释剂等易燃、易爆化学制品的废弃物应及时收集送至指定存储器内，按规定回收，严禁未经处理随意丢弃和堆放（《装标》

第10.8.9条)。

5）装配式结构施工应选用绿色、环保材料。

6）预制混凝土叠合夹心保温墙板和预制混凝土夹心保温外墙板内保温系统的材料，采用粘贴板块或喷涂工艺的保温材料，其组成材料应彼此相容，并应对人体和环境无害。

7）应选用低噪声设备和性能完好的构件装配起吊机械进行施工，机械、设备应定期维护保养。

8）构件吊装时，施工楼层与地面联系不得选用扩音设备，应使用对讲机等低噪声器具或设备。

9）在预制结构施工期间，应严格控制噪声和遵守现行国家标准《建筑施工场界环境噪声排放标准》（GB 12523—2011）的规定（《装标》第10.8.8条款)。

10）预制构件夜间运输时要告知运输车驾驶员禁止鸣笛。

11）检查不合格的构件不能在工地处理，要运回工厂处置。

第 16 章　PC 施工成本控制

198. PC 工程施工成本与造价由哪些构成？

严格意义上说，PC 工程施工总造价中是包含构件造价、运输造价和安装自身的造价这三部分的，安装取费和税金也都是以总造价为基数计算的。但因为构件造价和运输造价通常已经由构件厂承担了，所以大多数从业者考虑 PC 工程施工成本与造价时，仅考虑安装自身的造价这一部分。按照这个思路，安装自身的造价主要包括以下六个部分：

1）安装部件、附件和材料费。

2）安装人工费与劳动保护用具费。

3）水平、垂直运输、吊装设备、设施费。

4）脚手架、安全网等安全设施费。

5）设备、仪器、工具的摊销；现场临时设施和暂设费。

6）人员调遣费；工程管理费、利润、税金等。

199. PC 工程施工与现浇混凝土建筑的施工成本有什么不同？

PC 工程施工与现浇混凝土建筑的施工成本，从构成上大致相同，都是包含了人工费、材料费、机械费、组织措施费、规费、企业管理费、利润、税金等。但由于建造方式、施工工艺的不同，在各个环节上的成本也不尽相同，具体分析如下：

（1）人工费

装配式混凝土结构建筑比现浇混凝土结构建筑，施工现场会减少人工。

1）PC 工程现场吊装、灌浆作业人工增加。

2）模板、钢筋、浇筑、脚手架人工减少。

3）现场用工大量转移到工厂。如果工厂自动化程度高，总的人工减少，且幅度较大；如果工厂自动化程度低，人工相差不大。

随着中国人口老龄化的出现、人口红利的消失，人工成本越来越高，当有一天人工成本高于材料成本时，就更能彰显出装配式建筑的优势。

（2）材料费

装配式混凝土结构建筑比现浇混凝土结构建筑，材料费有增加有减少。

1）结构连接处增加了套管和灌浆料或浆锚孔的约束钢筋、波纹管等。

2）钢筋增加，包括钢筋的搭接、套筒或浆锚连接区域箍筋加密；深入支座的锚固钢筋增加或增加了锚固板。

3）增加预埋件。

4）叠合楼盖厚度增加20mm。

5）夹心保温墙板增加外叶板和连接件（提高了防火性能）。

6）钢结构建筑使用的预制楼梯增加连接套管。

7）落地灰以及混凝土损耗减少了。

8）模板减少了。

9）养护用水减少了。

10）建筑垃圾减少了。

11）减少了竖向支撑。

（3）机械费

装配式混凝土结构建筑现场需要装配化施工，因此机械费会增加。

1）现场起重机起重量较传统现浇增加。

2）集成化程度高的项目现场起重设备使用频率减少了。

3）灌浆需要专用机械。

（4）组织措施费

PC工程施工组织措施费是减少的。

1）现场工棚、仓库等临时设施减少。

2）冬季施工成本大幅度减少。

3）现场垃圾及其清运大幅度减少。

（5）管理费、规费、利润、税金

管理费和利润由企业自己调整计取，规费和税金是非竞争性取费，费率由政府主管部门确定，总的来看变化不大，可排除对造价的影响。

通过分析不难看出，PC工程施工成本中人工费、措施费是减少的；材料费和机械费是增加的；管理费、规费、利润、税金等对其成本影响不大。

200. PC工程施工控制成本的主要环节是什么？如何降低施工成本？

PC工程施工环节成本可压缩空间并不大，整个装配式混凝土建筑的成本压缩，主要是由规范、设计、甲方等环节决定的。但是，PC工程施工也不是说在控制成本上无所作为，也有必要尽可能地降低成本。

（1）施工企业本身可降低的成本

1）降低材料费。多数环节材料费是没法降低的，套筒、灌浆料、密封胶等根本没有压缩空间。材料方面所能降低成本的环节主要是通过保证后浇混凝土区的精度、光滑度、衔接性。如此，脱模后表面简单处理就可以了，与预制构件表面一样，可以减少抹灰成本。

2）降低人工费。目前，人工费降不下来的主要原因在于：现场现浇量多，工人数量减少有限；安装工人不熟练，作业人员偏多；窝工现象比较严重。

降低人工费的途径：提高工人专业技能减少作业人员；采用委托专业劳务企业承包的方式减少窝工。

3）设备摊销成本。做好施工计划管理，尽可能缩短工期，降低重型塔式起重机的设备租金或摊销费用。

（2）施工企业以外环节对施工环节降低成本的作用

1）适宜的设计拆分。

①施工企业应在项目早期参与装配式混凝土建筑的结构设计，要考虑构件拆分和制作、运输、施工等环节的合理性。

②构件拆分时，尽可能减少构件规格，而且 PC 构件重量应在施工现场起重设备的起重范围内。

③优化设计，满足降低成本的要求。

2）通过技术进步和规范的调整，尽可能减少工地现浇混凝土量，简化连接节点构造。

3）通过全装修环节的性价比提高和集成化优势降低工程总成本。

4）实现管线分离，可以减少诸如楼板接缝环节的麻烦。